设计师

Photoshop 实战版

深入学习 图像处理与平面制作

刘芳舒 编著

清华大学出版社
北京

内 容 简 介

本书通过22个经典案例，详细介绍了Photoshop图像处理与平面制作的核心功能，随书赠送了130多个案例素材与效果、270多分钟同步教学视频，帮助读者逐步精通Photoshop软件，从新手成为图像处理与平面制作的高手！

22个平面设计案例，其类型包括数码照片、创意剪影、图像合成、文字特效、光影调色、AI创意、企业标识、卡片设计、海报广告、DM广告、展架广告、画册广告、网站主页、横幅广告、微店广告、淘宝首页、电商详页、H5设计、微博广告、直播长页、书籍包装以及手提袋包装，应有尽有。30个Photoshop核心功能，包括新建文件、创建选区、图像调色、Camera Raw调色、"图层"面板、混合模式、图层样式、画笔工具、移除工具、渐变工具、创成式填充、灰度蒙版、剪贴蒙版、通道、路径、滤镜等，讲解全面细致。

本书既适合想学习Photoshop软件的初、中级读者，也适合进行Photoshop图像处理与平面制作的读者，特别适合图像处理人员、照片处理人员、影楼后期修片人员、平面广告设计人员、网络广告设计人员、新媒体广告设计人员等，同时也可作为各类计算机培训机构、中职中专、高职高专等的辅导教材。

图书在版编目(CIP)数据

设计师：深入学习图像处理与平面制作：Photoshop实战版 / 刘芳舒编著. —北京：清华大学出版社，2024.5

ISBN 978-7-302-66159-7

Ⅰ. ①设… Ⅱ. ①刘… Ⅲ. ①图像处理软件 Ⅳ. ① TP391.413

中国国家版本馆CIP数据核字(2024)第086279号

责任编辑：韩宜波
封面设计：徐　超
版式设计：方加青
责任校对：翟维维
责任印制：沈　露

出版发行：清华大学出版社
　　网　　址：https://www.tup.com.cn，https://www.wqxuetang.com
　　地　　址：北京清华大学学研大厦A座　　**邮　　编：**100084
　　社 总 机：010-83470000　　**邮　　购：**010-62786544
　　投稿与读者服务：010-62776969，c-service@tup.tsinghua.edu.cn
　　质 量 反 馈：010-62772015，zhiliang@tup.tsinghua.edu.cn
印 装 者：三河市君旺印务有限公司
经　　销：全国新华书店
开　　本：185mm×260mm　　**印　　张：**15.75　　**字　　数：**383千字
版　　次：2024年6月第1版　　**印　　次：**2024年6月第1次印刷
定　　价：88.00元

产品编号：104127-01

前言
FOREWORD

策划起因

在这个数字化的时代，图像处理和平面设计的重要性变得前所未有，信息传递、品牌建设和创意表达不再仅仅依赖于文字，而是更多地寄托在视觉元素上。在这个激动人心的创意领域中，Adobe Photoshop傲然屹立，成为无数创作者的得力助手。Photoshop是目前世界上最优秀的平面设计软件之一，广泛应用于图像处理、摄影后期、图形制作、广告设计、影像编辑、建筑效果图设计等领域。

Photoshop不仅仅是一款软件，更是一个创意工具箱，它为设计师和艺术家提供了丰富多彩的画布，让他们能够将概念转化为可视的杰作，无论是数字绘画、合成图像还是照片修复，Photoshop都能够在后期处理中实现更多的创意和修复效果。它还为市场营销人员和品牌设计师提供了强大的设计工具，使他们能够打造出独特而令人难忘的品牌形象，从而在消费者心中占据一席之地。

本书立足于这款软件的实际操作及行业应用，紧随软件的不断升级，完全从一个初学者的角度出发，循序渐进地讲解该软件的核心知识点，并通过大量实例演练，让读者在最短的时间内成为Photoshop操作高手。

系列图书

为帮助读者全方位成长，笔者团队特别策划了“深入学习”系列图书，从短视频的运镜、剪辑、特效、调色，到视音频的编辑、平面广告设计、AI智能绘画，应有尽有。该系列图书如下：

- 《运镜师：深入学习脚本设计与分镜拍摄（短视频实战版）》
- 《剪辑师：深入学习视频剪辑与爆款制作（剪映实战版）》
- 《音效师：深入学习音频剪辑与配乐（Audition实战版）》
- 《特效师：深入学习影视剪辑与特效制作（Premiere实战版）》
- 《调色师：深入学习视频和电影调色（达芬奇实战版）》

- 《视频师：深入学习视音频编辑（EDIUS实战版）》
- 《设计师：深入学习图像处理与平面制作（Photoshop实战版）》
- 《绘画师：深入学习AIGC智能作画（Midjourney实战版）》

该系列图书最大的亮点，就是以案例反映技巧，让读者在实战中精通软件。目前市场上的同类书，大多侧重于对软件操作的介绍，比较零碎，学完了并不一定能制作出中、大型的作品效果，而本书安排了小、中、大型案例，采用效果展示和驱动式写法，由浅入深，循序渐进，层层剖析。

本书思路

本书为上述系列图书中的《设计师：深入学习图像处理与平面制作（Photoshop实战版）》，具体的写作思路与特色如下。

❶ 22个主题，案例实战：主题涵盖了数码照片、创意剪影、图像合成、文字特效、光影调色、AI创意、企业标识、卡片设计、海报广告、DM广告、展架广告、画册广告、网站主页、横幅广告、微店广告、淘宝首页、电商详页、H5设计、微博广告、直播长页、书籍包装以及手提袋包装。

❷ 30个功能，核心讲解：通过案例实战，从零开始，循序渐进地讲解了Photoshop的核心功能，如新建文件、创建选区、图像调色、Camera Raw调色、“图层”面板、混合模式、图层样式、画笔工具、移除工具、渐变工具、创成式填充、灰度蒙版、剪贴蒙版、通道、路径、滤镜等，帮助读者从入门到精通Photoshop软件。

❸ 提供130多个案例素材与效果：为方便读者学习，书中提供了案例的素材文件和效果文件。

❹ 赠送270多分钟的同步教学视频：为了读者可以高效和轻松地学习，书中全部案例都录制了同步高清教学视频，用手机扫描章节中的二维码直接观看。

本书提供案例的素材文件、效果文件及视频文件，扫一扫下面的二维码，推送到自己的邮箱后下载获取。

温馨提示

在编写本书时，是基于Photoshop 2024软件版本截取的操作图片，但书从编辑到出版需要一定的时间，在这段时间里，软件的界面与功能会有所调整或变化，如有的内容删除了，有的内容增加了，这是软件开发商进行的更新，很正常，请在阅读时，根据书中的思路，举一反三，进行学习即可，不必拘泥于细微的变化。

本书由淄博职业学院的刘芳舒老师编著。在此感谢胡杨、向小红、刘慧等人在本书编写时提供的素材帮助。

由于作者知识水平有限，书中难免有疏漏之处，恳请广大读者批评、指正。

编　者

目录
CONTENTS

第4章 文字特效：制作《琥珀》/ 26

第5章 光影调色：制作《旅游风光》/ 35

第6章 AI创意：制作《草原风光》/ 46

第7章 企业标识：制作《房产Logo》/ 54

第8章 卡片设计：制作《企业名片》/ 63

第13章 网站主页：制作《汽车广告》/ 133

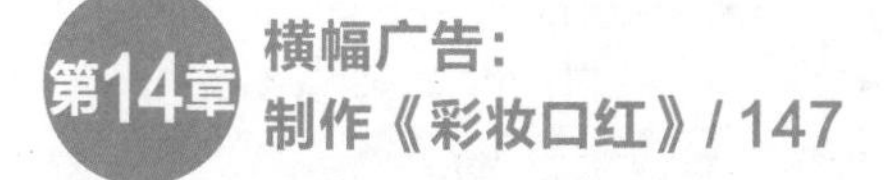

第14章 横幅广告：制作《彩妆口红》/ 147

第15章 微店广告：制作《新品上市》/ 159

第16章 淘宝首页：制作《化妆品广告》/ 170

KAZI LANS
360° MEX
合适各类肤质
达芬奇影视调色 全面精通
160多个实战案例
290分钟视频讲解
420多个素材效果
作品展示
招聘
RECRUIT
2025/8/18
中国 · 上海
Konni 康尼微单数码相机
为了永恒精彩
康尼永不止步
4K高清呈现

人生百年
人生百年

独特设计 投资
打开幸福生活的

第1章 数码照片：制作《黄昏色调》

优秀的摄影作品不仅要有合理的构图、丰富的色彩及画面的空间感，还需要进行必要的后期处理，而Photoshop则是目前处理照片最强大的软件之一，通过Photoshop可以对风光照片进行美化和修饰，从而得到高质量的照片。

1.1 《黄昏色调》效果展示

黄昏时，太阳低于地平线，光线经过较长的大气路径，散射和吸收了较多的蓝色光，而留下了更多的红、橙和黄色光，使得黄昏时的色调呈现出温暖的气息，整个景象具有一种浪漫和诗意的感觉。我们可以将自己拍摄的照片处理成黄昏色调，使画面更有意境感。

在处理《黄昏色调》数码照片之前，首先来欣赏本案例的照片效果，并了解案例的学习目标、制作思路、知识讲解和要点讲堂。

1.1.1 效果欣赏

《黄昏色调》数码照片的效果如图1-1所示。

图1-1 《黄昏色调》照片效果

1.1.2 学习目标

知识目标	掌握黄昏色调照片的处理方法
技能目标	（1）掌握打开照片文件的操作方法 （2）掌握调整照片曝光度的操作方法 （3）掌握调整照片色调的操作方法 （4）掌握恢复照片暗部细节的操作方法 （5）掌握去除画面污点的操作方法
本章重点	调整照片的曝光度与色调
本章难点	恢复照片的暗部细节
视频时长	5分34秒

1.1.3 制作思路

本案例首先介绍打开照片文件的方法，然后调整照片的亮度和对比度，接下来通过“自然饱和度”“曲线”与“色阶”功能调整照片的色调，最后恢复照片的细节，去除画面上的污点，使照片效果更加完美。图1-2所示为《黄昏色调》的制作思路。

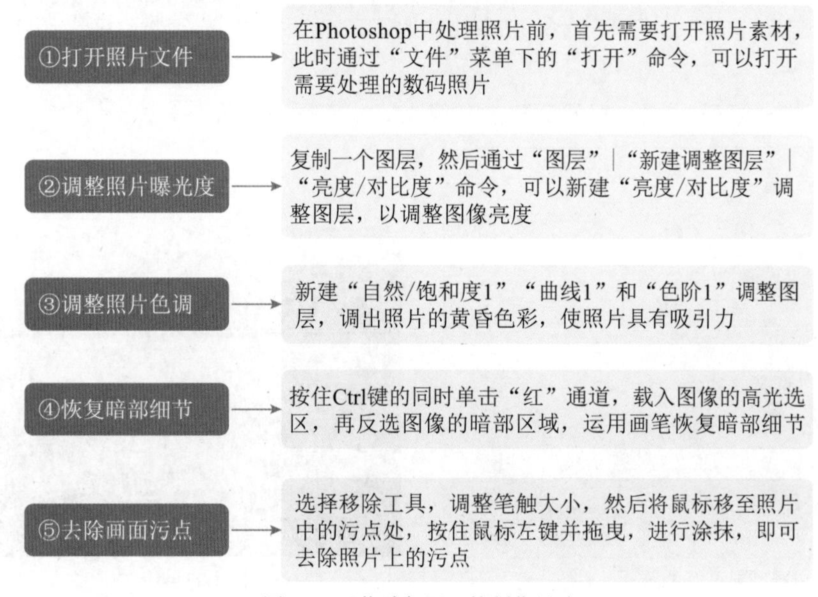

图1-2 《黄昏色调》的制作思路

1.1.4 知识讲解

黄昏时分的光线由于天空、云彩和地面之间的强烈对比，能产生迷人的光影效果，这些对比增强了景色的戏剧性，使得一些细节更为突出。本案例主要介绍使用“亮度/对比度”“自然饱和度”“曲线”以及“色阶”等功能调出黄昏暖色调效果的方法。

1.1.5 要点讲堂

在本章内容中，会使用到Photoshop的一些常用功能，如通过“打开”命令可以打开一个图像文件，也可以同时打开多个文件。

本章还用到了一个处理照片污点的常用工具——“移除工具”，使用该工具可以一键智能去除画面中的干扰元素，大幅度提高了Photoshop处理图像的效率。去除照片污点的方法很简单，只需选择工具箱中的“移除工具”，移动鼠标指针至图像上的污点处，按住鼠标左键拖曳对图像进行涂抹，即可去除画面中的多余元素。

1.2 《黄昏色调》制作流程

本节将为读者介绍将数码照片处理成黄昏色调的操作方法，包括打开照片文件、调整照片曝光度和照片色调、恢复暗部细节以及去除画面污点等内容。

1.2.1 打开照片文件

扫码看视频

在Photoshop中经常需要打开一个或多个照片文件进行编辑和修改，Photoshop可以打开多种格式的文件，也可以同时打开多个文件。下面介绍打开照片文件的操作方法。

STEP 01 选择“文件”|“打开”命令，在弹出的“打开”对话框中，选择需要打开的照片文件，如图1-3所示。

STEP 02 单击“打开”按钮，即可打开选择的照片文件，如图1-4所示。

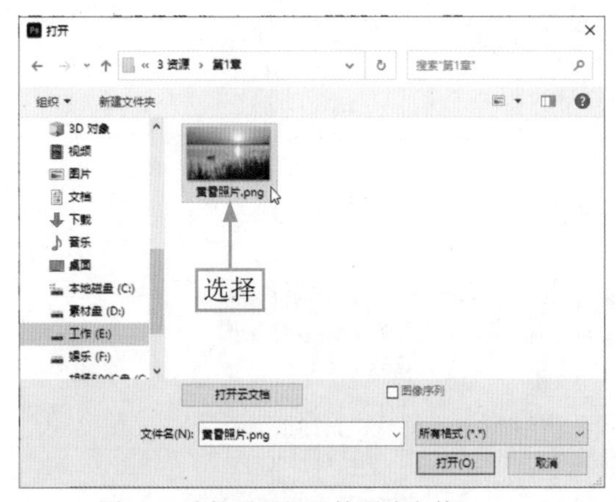

图1-3 选择需要打开的照片文件

图1-4 打开的照片文件

1.2.2 调整照片曝光度

扫码看视频

“亮度/对比度”命令主要用于对照片中每个像素的亮度或对比度进行调整，此调整方式方便、快捷，但不适用于较为复杂的图像。下面介绍调整照片曝光度的操作方法。

STEP 01 按Ctrl+J组合键，复制图层，得到“图层1”图层，如图1-5所示。

STEP 02 选择“图层”|“新建调整图层”|“亮度/对比度”命令，如图1-6所示。

图1-5 复制图层

图1-6 选择“亮度/对比度”命令

专家指点

在Photoshop中新建调整图层时，用户可以对图像进行颜色填充和色调调整，而不会永久地修改图像中的像素，即颜色和色调更改位于调整图层内，该图层像一层透明的膜一样，下层图像及其调整后的效果可以透过它显示出来。

STEP 03 执行上述操作后，弹出“新建图层”对话框，如图1-7所示。

STEP 04 单击“确定”按钮，即可创建“亮度/对比度1”调整图层，如图1-8所示。

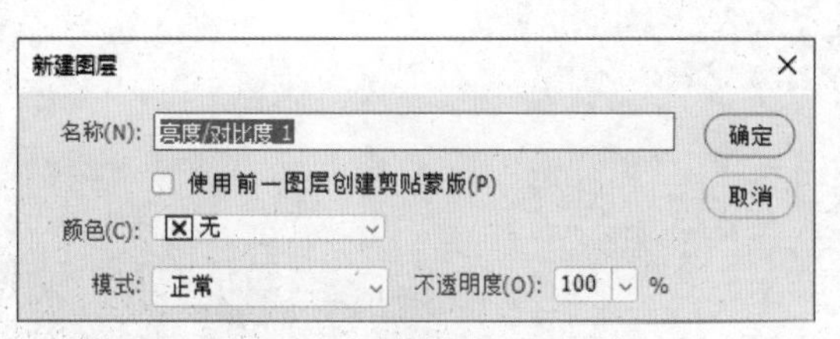

图1-7 “新建图层”对话框

图1-8 创建调整图层

STEP 05 在“属性”面板中，设置“亮度”为-50、“对比度”为64，如图1-9所示，以降低画面亮度，提高画面对比度。

STEP 06 执行操作后，查看调整照片曝光度后的效果，如图1-10所示。

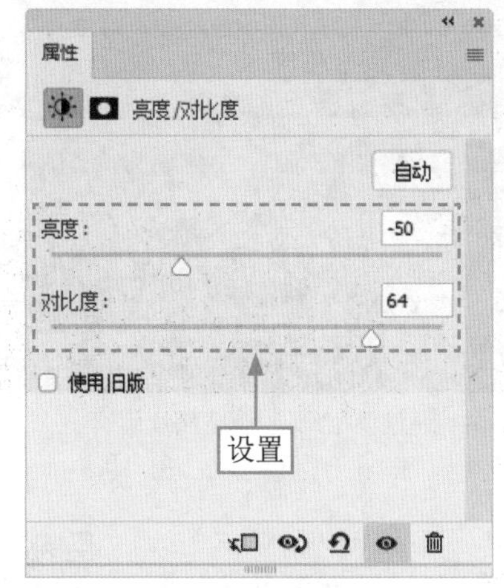

图1-9 设置参数

图1-10 照片曝光效果

1.2.3 调整照片色调

扫码看视频

在Photoshop中，使用“自然饱和度”命令可以调整整幅图像或单个颜色分量的饱和度和亮度值；使用“曲线”命令可以对图像的亮调、中间调和暗调进行适当调整；使用“色阶”命令可以调整图像的阴影、中间调和高光的强度级别，校正图像的色调范围和色彩平衡。下面介绍调整照片色调的操作方法。

STEP 01 新建“自然/饱和度1”调整图层，在“属性”面板中设置“自然饱和度”为+22、“饱和度”为+35，如图1-11所示。

STEP 02 执行操作后，即可调整照片的自然饱和度，提升黄昏的暖色调，效果如图1-12所示。

STEP 03 新建“曲线1”调整图层，在“属性”面板中设置“输入”为150、“输出”为109，使画面色彩的对比度更明显，设置图层的“不透明度”为50%，效果如图1-13所示。

STEP 04 新建“色阶1”调整图层，在“属性”面板中依次设置黑色、灰色、白色滑块的属性为28、1.23、255，效果如图1-14所示。

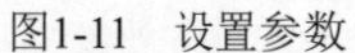

图1-11 设置参数

图1-12 提升黄昏的暖色调效果

图1-13 通过“曲线1”调整照片色调

图1-14 通过“色阶1”调整照片色调

1.2.4 恢复暗部细节

在Photoshop中，使用图层通道与蒙版功能可以恢复画面的暗部细节，提升黄昏色调的质感，具体操作步骤如下。

扫码看视频

STEP 01 在“图层”面板中，复制“图层1”图层，即可得到“图层1拷贝”图层，将其更名为“图层2”图层，并移至“图层”面板的最上方。按住Alt键的同时，单击“图层”面板底部的“图层蒙版”按钮，为“图层2”图层新建一个黑色的图层蒙版，如图1-15所示。

STEP 02 打开“通道”面板，按住Ctrl键的同时单击“红”通道，载入图像的高光选区，选择“选择”|“反选”命令，反选图像的暗部区域，如图1-16所示。

图1-15　新建图层蒙版

图1-16　反选图像的暗部区域

STEP 03 选择“画笔工具”，设置前景色为白色，在工具属性栏中设置“画笔大小”为80、“不透明度”为20%，在图像前景中的暗部区域进行涂抹，恢复图像的暗部细节，按Ctrl+D组合键，取消选区，效果如图1-17所示。

图1-17　恢复图像的暗部细节

1.2.5　去除画面污点

扫码看视频

通过上一小节的效果，我们可以看出照片右下角有一些多余的虚影元素需要移除，这样才能使画面更加干净。下面介绍使用“移除工具”去除画面虚影的操作方法。

STEP 01 在工具箱中选择“移除工具”，在工具属性栏中设置“大小”为100，调整移除工具的笔触大小，然后将鼠标指针移至照片右下角的虚影区域，按住鼠标左键拖曳，对前景中的污点进行涂抹，如图1-18所示。

STEP 02 鼠标拖曳至合适位置后，释放鼠标左键，即可自动对图像进行修饰处理，使黄昏照片显得更加干净，画面更具有吸引力，效果如图1-19所示。

图1-18 对前景中的污点进行涂抹

图1-19 最终效果

第2章 创意剪影：制作《雪山风光》

创意剪影是一种艺术形式，通过在光源背后创造出对比鲜明的黑色轮廓，以强调形状和轮廓而非细节，呈现出简约、抽象、独特的效果，这种艺术手法消除了多余的细节，使主体成为相对较亮的轮廓，产生神秘感，激发观众的想像力。

2.1 《雪山风光》效果展示

雪山风光的剪影效果强调形状而简化细节，使画面更富有艺术感，观赏者更容易专注于雪山的壮美轮廓，通过冷暖色调的巧妙对比增强画面的层次感，会为大自然的神奇美景注入独特而引人入胜的视觉魅力，突显雪山的壮丽与自然之美。

在处理《雪山风光》数码照片之前，首先来欣赏本案例的照片效果，并了解案例的学习目标、制作思路、知识讲解和要点讲堂。

2.1.1 效果欣赏

《雪山风光》创意剪影效果如图2-1所示。

图2-1 《雪山风光》创意剪影效果

2.1.2 学习目标

知识目标	掌握创意剪影的处理方法
技能目标	（1）掌握设置图层混合模式的操作方法 （2）掌握调出雪山渐变色彩的操作方法 （3）掌握调整照片色彩平衡的操作方法 （4）掌握保存照片并导出JPG格式图像的操作方法
本章重点	调出雪山渐变色彩
本章难点	调整照片色彩平衡
视频时长	7分01秒

2.1.3 制作思路

本案例首先介绍设置图层混合模式的方法，然后通过相关图层功能调出照片的渐变色彩，接下来调整照片的色彩平衡，最后导出JPG格式的图像。图2-2所示为《雪山风光》的制作思路。

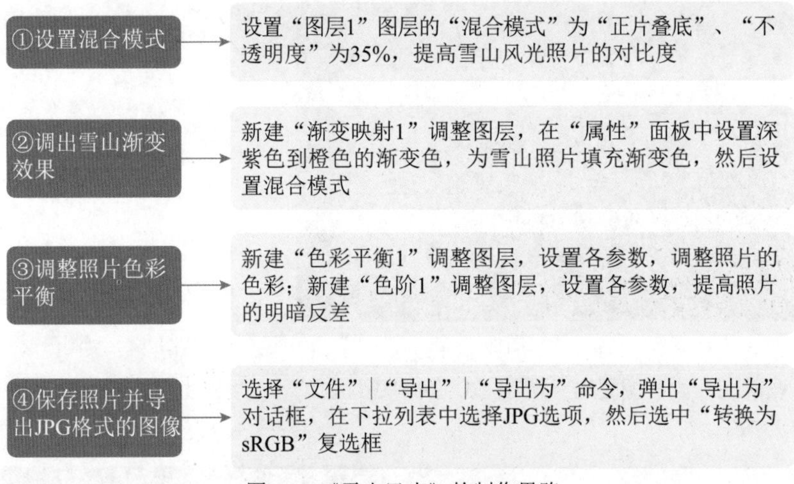

图2-2　《雪山风光》的制作思路

2.1.4 知识讲解

太阳落山，霞光四射，画面十分唯美。当拍摄的时机过早时，我们可以根据需要制作出雪山剪影的照片，在后期处理中，通过图层的混合模式增加照片的明暗度，使用“渐变映射”命令将照片云彩渲染成金黄色调，再使用渐变工具填充照片的边缘区域，加强暗调，最后通过“色彩平衡”“色阶”等命令进行调整，修饰照片的明暗对比度，打造出雪山剪影的效果。

2.1.5 要点讲堂

在本章内容中，有一个比较常用的图层混合模式——正片叠底，该模式是将图像的原有颜色与混合色复合，任何颜色与黑色复合产生黑色，与白色复合保持不变。选择该模式后，Photoshop将上下两个图层的颜色相乘再除以255，最终得到的图层颜色比上下两个图层的颜色都要暗一点，可用来添加阴影和细节，提高画面对比度。

2.2 《雪山风光》制作流程

本节将为读者介绍将雪山风光照片处理成创意剪影效果的操作方法，包括设置图层混合模式、调出雪山渐变色彩、调整照片色彩平衡以及保存照片并导出为JPG格式图像等内容。

2.2.1 设置图层混合模式

扫码看视频

在Photoshop中，图层的混合模式用于控制图层之间像素与颜色相互融合的效果，不同的混合模式会得到不同的效果。下面介绍通过图层混合模式提高画面对比度的操作方法。

STEP 01 ▶▶ 选择“文件”|“打开”命令，打开“雪山风光.jpg”素材图像，如图2-3所示。

STEP 02 ▶▶ 按Ctrl+J组合键，复制图层，得到“图层1”图层，如图2-4所示。

图2-3 打开素材图像　　图2-4 复制图层

STEP 03 ▶▶ 设置“图层1”图层的“混合模式”为“正片叠底”、“不透明度”为35%，即可提高画面的对比度，效果如图2-5所示。

图2-5 提高画面的对比度

STEP 04 ▶▶ 单击“图层”面板底部的“添加图层蒙版”按钮■，为“图层1”图层添加图层蒙版。选择“画笔工具”，设置前景色为黑色、“不透明度”为35%，涂抹天空区域，还原较暗的天空部分，效果如图2-6所示。

图2-6 还原较暗的天空部分

2.2.2　调出雪山渐变色彩

在Photoshop中，通过“渐变映射1”调整图层和“渐变工具”，可以调出雪山的渐变色彩，制作出雪山创意剪影效果，具体操作步骤如下。

STEP 01 新建“渐变映射1”调整图层，在“属性”面板中设置“方法”为“古典”，然后单击渐变条，如图2-7所示。

STEP 02 弹出“渐变编辑器”对话框，在下方设置深紫色（RGB：41、10、89）到橙色（RGB：255、124、0）的渐变色，如图2-8所示。

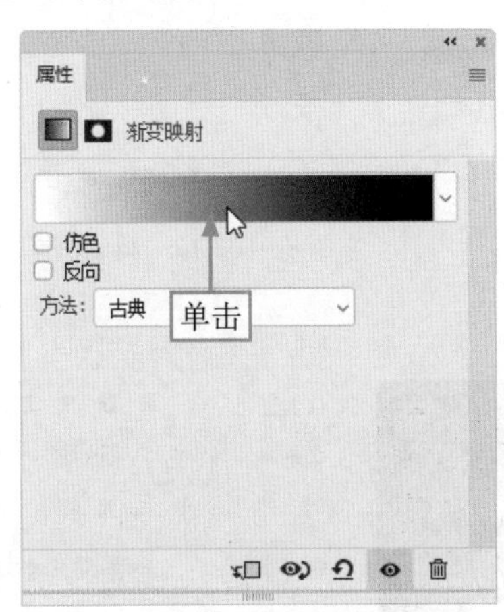

图2-7　单击渐变条

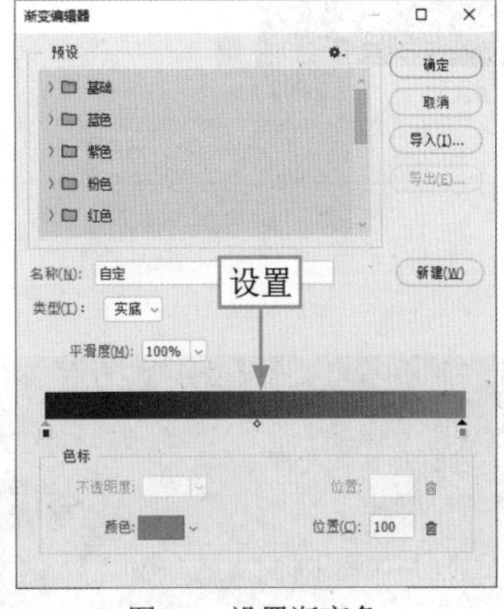

图2-8　设置渐变色

STEP 03 单击“确定”按钮，为雪山照片填充渐变色，效果如图2-9所示。

STEP 04 打开“图层”面板，设置“渐变映射1”调整图层的“混合模式”为“强光”，效果如图2-10所示。

图2-9　为雪山照片填充渐变色

图2-10　设置混合模式后的效果

STEP 05 选择“渐变工具”，设置前景色的RGB值分别为5、40、60，如图2-11所示。

STEP 06 在“图层”面板中单击“创建新图层”按钮，新建“图层2”图层，如图2-12所示。

STEP 07 在渐变工具属性栏中，单击“线性渐变”按钮，使用渐变工具在照片的顶端向下拖曳鼠标填充渐变，并设置“图层2”图层的“混合模式”为“柔光”，如图2-13所示。

专家指点

“柔光”模式会将上层图像以柔光的方式施加到下层，当前图层中的颜色决定了图像变亮或是变暗。如果当前图层中的像素比50%灰色亮，则图像变亮；如果像素比50%灰色暗，则图像变暗。

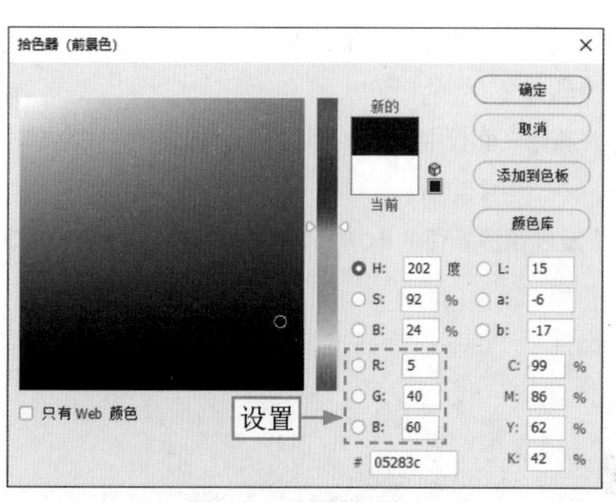

图2-11　设置前景色

图2-12　新建图层

图2-13　填充渐变色并设置混合模式

STEP 08 选择“渐变填充1”图层的蒙版缩览图，然后选择“画笔工具”，设置前景色为黑色，在照片上的天空部分进行涂抹，隐藏一部分渐变效果，如图2-14所示。

图2-14　隐藏一部分渐变效果

2.2.3 调整照片色彩平衡

色彩平衡是图像后期处理中的一个重要环节，通过调整色彩平衡可以校正画面偏色的问题，调出个性化的色彩，实现更好的画面效果。下面介绍调整照片色彩平衡的操作方法。

STEP 01 新建“色彩平衡1”调整图层，设置“色调”为“中间调”，设置相应的参数值依次为+33、+8、−11；设置“色调”为“高光”，设置相应的参数值依次为+46、+13、0。调整照片色彩平衡后的效果如图2-15所示。

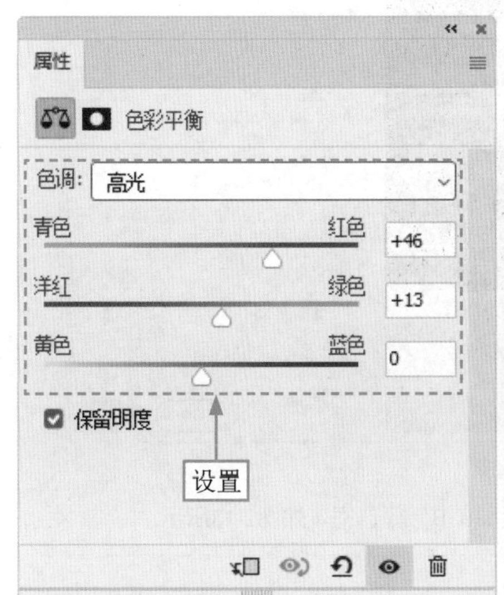

图2-15 调整照片的色彩平衡

STEP 02 新建“色阶1”调整图层，设置黑、灰、白3个滑块的颜色依次为20、1.11、255，如图2-16所示，以提高照片的明暗反差，完成雪山剪影效果的制作。

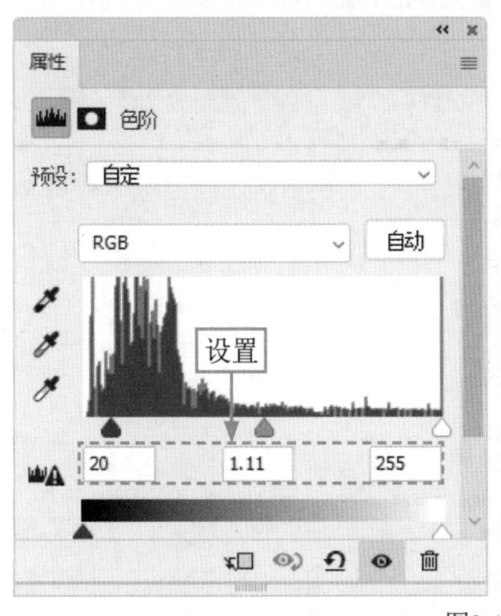

图2-16 提高照片的明暗反差

2.2.4 保存照片并导出为 JPG 格式图像

在Photoshop中处理好图像后，接下来就可以将效果文件导出为JPG格式的图像，方

便用户上传至其他媒体平台，与网友分享自己的摄影作品，具体操作步骤如下。

STEP 01 ▶▶ 在菜单栏中，选择“文件”|“导出”|“导出为”命令，弹出“导出为”对话框，在右侧的“文件设置”选项组中，单击“格式”下拉按钮，在打开的下拉列表中选择JPG选项，如图2-17所示。

图2-17　选择JPG选项

STEP 02 ▶▶ 在下方的“色彩空间”选项组中，选中“转换为sRGB”复选框，如图2-18所示。

专家指点

sRGB是一种专业的色彩模式，也是一种通用的色彩标准，可以使导出的图像色彩更加准确，不会产生太大的色彩变化。

STEP 03 ▶▶ 单击“导出”按钮，弹出“另存为”对话框，设置文件的导出名称，如图2-19所示，单击“保存”按钮，即可将图像导出为JPG格式。

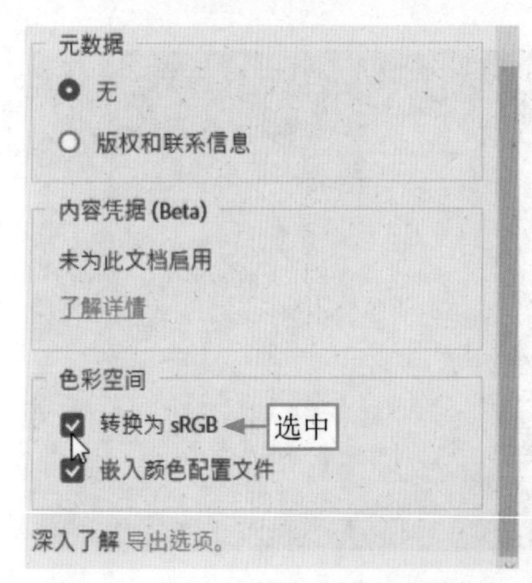

图2-18　选中“转换为sRGB”复选框

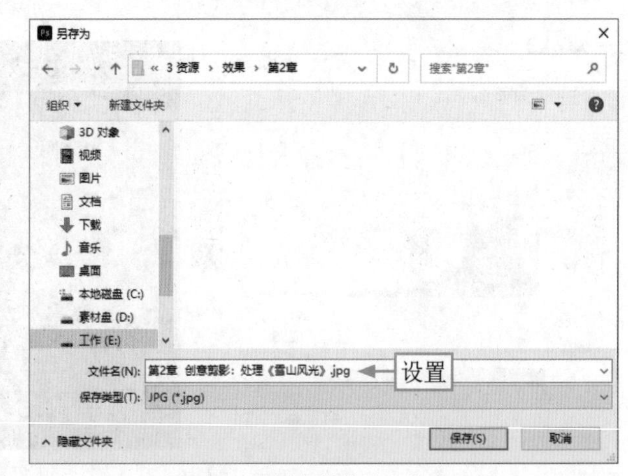

图2-19　设置文件的导出名称

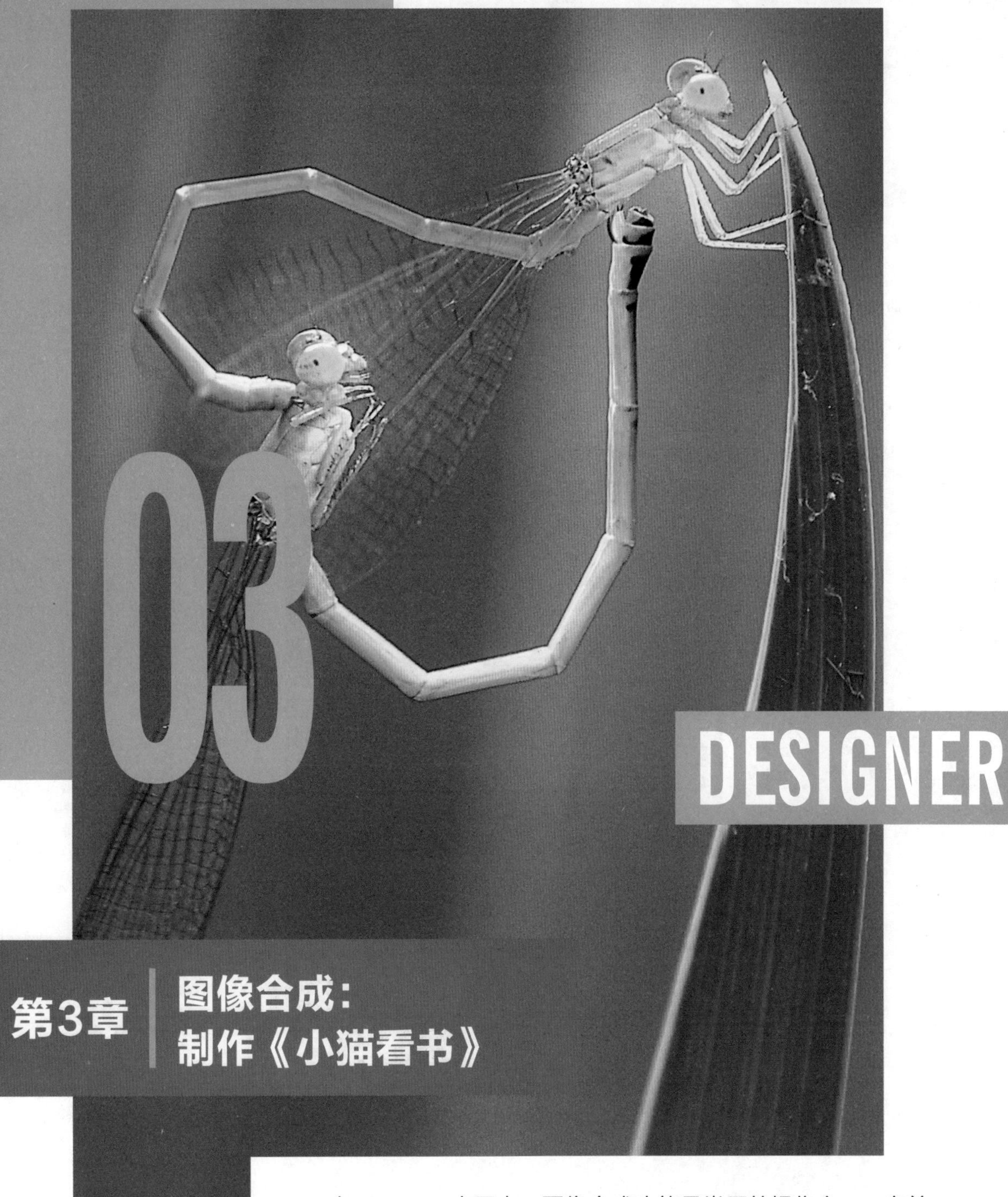

第3章 图像合成：制作《小猫看书》

在Photoshop应用中，图像合成功能是常用的操作之一，完美、独特以及个性夸张的图像合成创意作品通常会给人一种强烈的视觉冲击感，更加容易吸引观众的眼球。本章主要介绍制作《小猫看书》图像合成的操作方法。

3.1 《小猫看书》效果展示

图像合成是将多个图像或图像元素结合在一起，以创建一个新的合成图像的过程，包括调整图像元素的位置、大小和颜色等属性，以及应用各种效果和蒙版技术使它们融合在一起，形成一个整体，创造出独特、创意丰富的图像，超越了原始图像的限制。

在制作《小猫看书》图像合成效果之前，首先来欣赏本案例的图像效果，并了解案例的学习目标、制作思路、知识讲解和要点讲堂。

3.1.1 效果欣赏

《小猫看书》的图像合成效果如图3-1所示。

图3-1 《小猫看书》图像合成效果

3.1.2 学习目标

知识目标	掌握图像合成的方法
技能目标	（1）掌握对图像进行初步合成的操作方法 （2）掌握使用图层蒙版合成图像的操作方法 （3）掌握精细合成图像其他部分的操作方法
本章重点	使用图层蒙版合成图像
本章难点	精细合成图像其他部分
视频时长	13分55秒

3.1.3 制作思路

本案例首先介绍初步合成图像的方法，然后使用图层蒙版对图像进行合成操作，最后精细合成图像的其他部分。图3-2所示为《小猫看书》的制作思路。

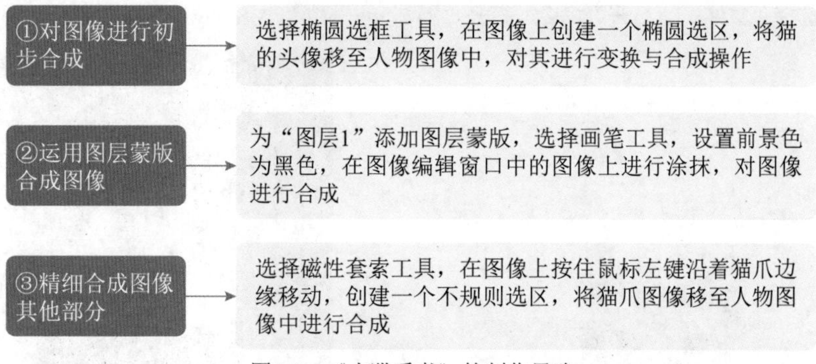

图3-2 《小猫看书》的制作思路

3.1.4 知识讲解

在本案例中，这个创意合成图像呈现了一个小男孩正在看书，但其脑袋和手被替换成了猫的脑袋和爪子，创造出了一幅幽默而独特的画面。通过将人物与动物元素相融合，使画面呈现出趣味性并产生较强的视觉冲击力，引发观者的好奇心和思考。

创意构图和巧妙的合成处理使画面看起来自然而有趣，传递了创作者的想象力和对童趣的表达，为观众提供了一种轻松愉悦的观赏体验。本案例主要使用椭圆选框工具、画笔工具、仿制图章工具、磁性套索工具等制作出《小猫看书》的图像合成效果。

3.1.5 要点讲堂

在本章内容中，讲到了一个重要的选区抠图工具，即“椭圆选框工具”◌，该工具主要用于创建椭圆或正圆选区，用户还可以在工具属性栏中进行相应选项的设置。

与创建椭圆选区有关的技巧如下。

按Shift＋M组合键，可快速选择椭圆选框工具。

按住Shift键，可创建正圆选区。

按住Alt键，可创建以起点为中心的椭圆选区。

按Alt＋Shift组合键，可创建以起点为中心的正圆选区。

3.2 《小猫看书》制作流程

本节将为读者介绍制作《小猫看书》图像合成的操作方法，包括对图像进行初步合成、使用图层蒙版合成图像以及精细合成图像其他部分等内容。

3.2.1 对图像进行初步合成

首先使用“椭圆选框工具”◯抠取需要的图像部分，然后将抠取的图像与另一图像进行合成，具体操作步骤如下。

STEP 01 选择“文件”|“打开”命令，打开“猫咪.jpg”和“小孩.png”素材图像，如图3-3所示。

图3-3 打开两幅素材图像

STEP 02 确认“猫咪”素材图像为当前图像编辑窗口，选择“椭圆选框工具”◯，如图3-4所示。

STEP 03 在图像编辑窗口中按住鼠标左键并拖曳，创建一个椭圆选区，如图3-5所示。

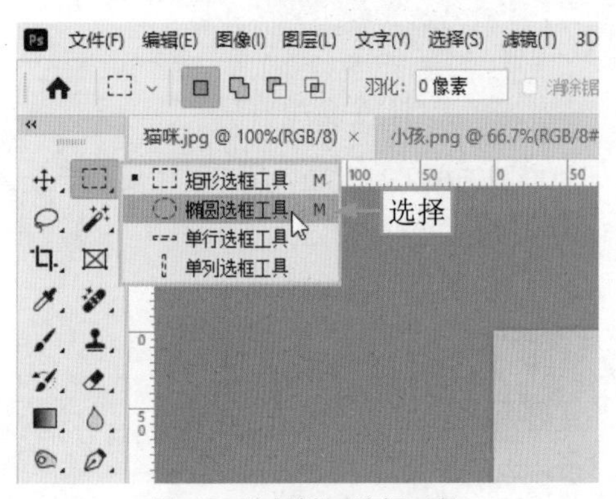

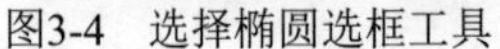

图3-4 选择椭圆选框工具

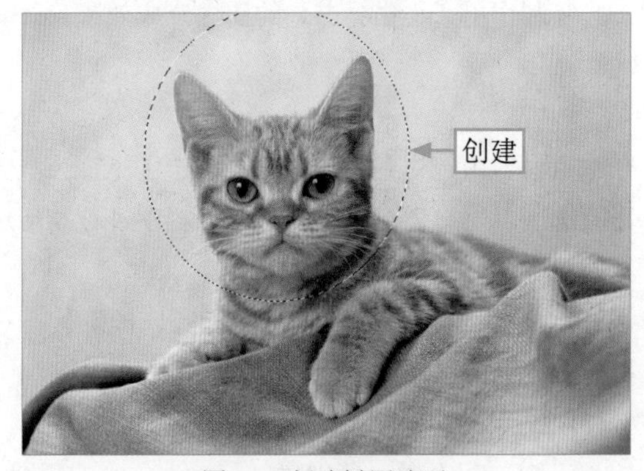

图3-5 创建椭圆选区

STEP 04 使用“移动工具”✥将鼠标指针移至椭圆选区内，按住鼠标左键并拖曳，将猫的头像移至人物图像中，效果如图3-6所示。

STEP 05 “图层”面板中将自动生成“图层1”图层，如图3-7所示。

STEP 06 按Ctrl+T组合键，调出变换控制框，如图3-8所示。

STEP 07 拖曳四周的控制柄，对猫的头像进行旋转，然后将猫的头像调至合适大小，并把它移动至人物图像的合适位置，按Enter键确认变换操作，效果如图3-9所示。

图3-6　粗略合成图像

图3-7　自动生成“图层1”图层

图3-8　调出变换控制框

图3-9　移至合适位置

3.2.2　使用图层蒙版合成图像

在Photoshop中，图层蒙版可以控制图层的可见性，使某些图像呈透明或半透明显示，从而实现平滑的过渡和融合效果。下面介绍使用图层蒙版合成图像的操作方法。

STEP 01 ▶▶ 按D键，恢复系统默认的前景色和背景色，单击“图层”面板底部的“图层蒙版”按钮■，为“图层1”添加图层蒙版，如图3-10所示。

STEP 02 ▶▶ 选择“画笔工具”，设置前景色为黑色，在工具属性栏中设置“大小”为80像素、“硬度”为90%，在图像编辑窗口中的蓝色区域上进行涂抹，擦除蓝色区域的图像部分，效果如图3-11所示。

STEP 03 ▶▶ 按Ctrl+T组合键，再次调整小猫头像的大小和位置，如图3-12所示。

STEP 04 ▶▶ 选择“画笔工具”，在工具属性栏中设置“大小”为80像素、“硬度”为30%，在小猫头像的四周进行涂抹，使图像可以更好地融合，效果如图3-13所示。

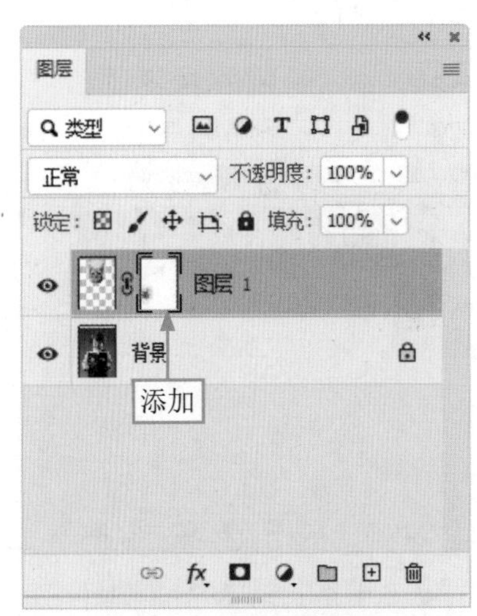

图3-10　添加图层蒙版

图3-11　擦除蓝色区域

图3-12　调整头像的大小和位置

图3-13　使图像更好地融合

专家指点

画笔工具是图像处理时使用最多的工具之一，利用画笔工具结合图层蒙版进行操作，可以控制图像的显示效果，对图像进行合成操作。在画笔工具属性栏中，单击“点按可打开‘画笔预设’选取器”按钮，在弹出的面板中，拖曳“大小”滑块或者在数值框中输入相应的数值，可以调整画笔的大小；“硬度”数值框可以用来设置画笔笔尖的硬度，硬度是指画笔的软硬程度，画笔硬度的调整会影响笔触的特性和最终生成的图像效果。

STEP 05 选择“背景”图层，按Ctrl＋J组合键，复制“背景”图层，得到“背景 拷贝”图层，再隐藏“背景”图层。选择“仿制图章工具”，在工具属性栏中设置“不透明度”为100%、“大小”为50像素，在图像编辑窗口中按住Alt键的同时，在图像区域中单击鼠标左键进行取样，效果如图3-14所示。

STEP 06 释放Alt键，在需要修复的图像区域上单击鼠标左键或拖曳鼠标，该图像区域将被修复。使用同样的方法，对其他图像区域进行修复，效果如图3-15所示。

图3-14 单击鼠标左键进行取样

图3-15 对图像区域进行修复

3.2.3 精细合成图像其他部分

将小猫的头像合成以后，接下来合成小猫的两只爪子，使图像看起来更具创意效果。下面介绍精细合成图像其他部分的操作方法。

STEP 01 切换至“猫咪”素材图像编辑窗口，选择“磁性套索工具”，在图像上按住鼠标左键沿着猫爪边缘移动，为猫爪图像区域创建一个不规则选区，如图3-16所示。

STEP 02 选择“选择”|“修改”|“平滑”命令，弹出“平滑选区”对话框，设置“取样半径”为20，单击“确定”按钮，平滑选区；选择“选择”|“修改”|“羽化”命令，弹出“羽化选区”对话框，设置“羽化半径”为1，单击“确定”按钮，羽化选区，如图3-17所示。

图3-16 创建不规则选区

图3-17 平滑并羽化选区

STEP 03 选择“移动工具”，将鼠标指针移至猫爪选区内，按住鼠标左键并拖曳，将猫爪图像移至人物图像中，效果如图3-18所示，此时“图层”面板中将自动生成“图层2”图层。

STEP 04 按Ctrl+T组合键，调出变换控制框，调整猫爪图像的大小、位置和角度，效果如图3-19所示。

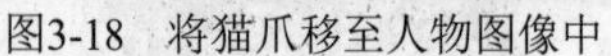

图3-18　将猫爪移至人物图像中　　图3-19　调整猫爪的形态

STEP 05 ▶▶ 在变换控制框内单击鼠标右键，在弹出的快捷菜单中选择“变形”命令，调出网格变换控制框，对图像进行变形操作，效果如图3-20所示。

STEP 06 ▶▶ 复制“图层2”图层，得到“图层2 拷贝”图层，按Ctrl＋T组合键，调出变换控制框，单击鼠标右键，在弹出的快捷菜单中选择“水平翻转”命令，水平翻转图像，调整图像的位置，如图3-21所示。

图3-20　对猫爪进行变形操作　　图3-21　调整猫爪的位置

STEP 07 ▶▶ 按照同样的方法，对图像进行变换操作，将图像调整至满意效果后，按Enter键确认，效果如图3-22所示。

STEP 08 ▶▶ 选择“背景 拷贝”图层，使用“仿制图章工具”对图像的相应区域进行修复，使画面整体效果更加协调，效果如图3-23所示。至此，完成《小猫看书》效果的制作。

图3-22　对猫爪进行变换操作

图3-23　最终效果

第4章 文字特效：制作《琥珀》

伴随着科技的发展与进步，文字效果变得越来越多样化、个性化、时尚化，在杂志、图书、动漫、户外广告、平面设计、企业标识、影视传媒等行业中的应用也越来越广泛。本章通过《琥珀》文字特效的讲解，让读者掌握制作质感文字的操作方法。

4.1 《琥珀》效果展示

琥珀样式的文字通常采用暖色调，如琥珀色、棕色或橙色，以模拟琥珀石的自然颜色，为文字赋予温暖的感觉。琥珀石具有半透明的特点，因此琥珀样式的文字效果也会包含一些细微的纹理、斑点或半透明的元素，使文字呈现出微妙的透明感，看起来更加自然。

在制作《琥珀》文字效果之前，首先来欣赏本案例的文字效果，并了解案例的学习目标、制作思路、知识讲解和要点讲堂。

4.1.1 效果欣赏

《琥珀》文字效果如图4-1所示。

图4-1 《琥珀》文字效果

4.1.2 学习目标

知识目标	掌握琥珀文字的制作方法
技能目标	（1）掌握输入文字内容的操作方法 （2）掌握制作云彩文字的操作方法 （3）掌握调出琥珀文字的操作方法 （4）掌握调整文字明暗对比的操作方法
本章重点	制作云彩文字
本章难点	调出琥珀文字
视频时长	8分20秒

4.1.3 制作思路

本案例首先介绍输入“琥珀”文字内容的方法，然后使用“云彩”滤镜制作云彩样式的文字效果，接下来通过图层样式调出琥珀样式的文字特效，最后调整文字的明暗对比。图4-2所示为《琥珀》文字的制作思路。

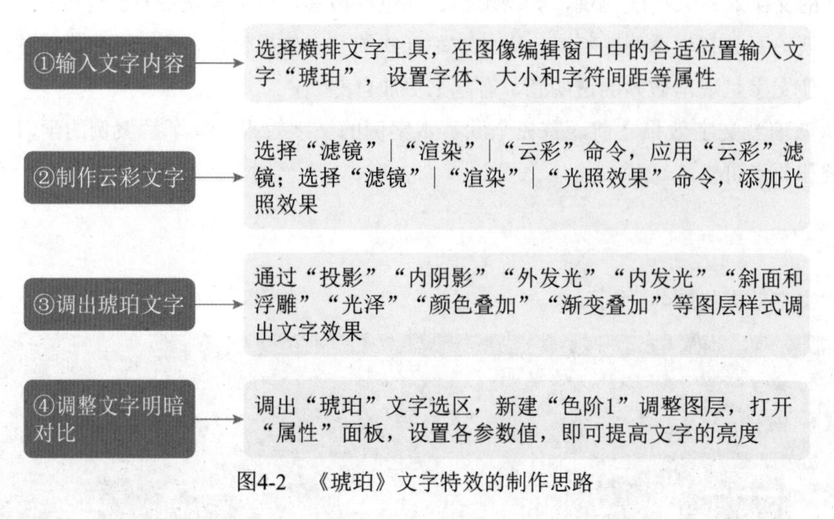

图4-2 《琥珀》文字特效的制作思路

4.1.4 知识讲解

对文字进行艺术化处理是Photoshop的强项，琥珀样式的文字效果通过色调、纹理和光泽等元素，成功模拟琥珀石的外观，为文字赋予一种独特的韵味和温暖的风格，这种文字效果给人一种古老和沉稳的感觉，与琥珀石这种古老材质的特性相符合。在本案例中，首先使用“横排文字工具”**T**输入“琥珀”文字内容，然后通过各种图层样式的叠加应用，调出琥珀样式的文字效果，最后增强明暗反差，使文字更具吸引力。

4.1.5 要点讲堂

在本章内容中，有两个比较重要的Photoshop功能，一是滤镜功能，如“渲染”滤镜下的“云彩”滤镜和“光照效果”滤镜，它们可以在图像中产生云彩与光照效果，常用于创建3D形状、云彩图案和折射图案等，同时产生不同的光源效果等。二是图层样式，它可以为当前图层添加特殊效果，如投影、内阴影、内发光、外发光、斜面和浮雕等样式，在不同的图层中应用不同的图层样式，可以使整幅图像或文字更加富有真实感和突出性，为图像的编辑操作带来了极大的便利。

4.2 《琥珀》文字制作流程

本节将为读者介绍制作《琥珀》文字特效的操作方法，包括输入文字内容、制作云彩文字、调出琥珀文字以及调整文字明暗对比等内容。

4.2.1 输入文字内容

制作《琥珀》文字效果时，首先需要使用“横排文字工具”T输入相应的文字内容，并设置相应的字体格式，具体操作步骤如下。

STEP 01 ▶▶ 选择“文件”|“打开”命令，打开“文字背景.jpg”素材图像，如图4-3所示。

STEP 02 ▶▶ 选择工具箱中的“横排文字工具”T，在图像编辑窗口中的合适位置输入文字“琥珀”，如图4-4所示。

图4-3 打开素材图像

图4-4 输入文字

专家指点

文字效果在平面设计中扮演着多重角色，除了传递信息外，它通过独特的字体、颜色和阴影等元素，塑造品牌形象，为设计增添视觉吸引力。Photoshop除了提供丰富的文字属性设计及版式编排功能外，还允许对文字的形状进行编辑，以便制作出更多、更丰富的文字效果。在Photoshop中，提供了多种文字类型，主要包括横排文字、直排文字、段落文字、选区文字以及路径文字等。

STEP 03 ▶▶ 打开“字符”面板，在其中设置字体、大小和字符间距等属性，并适当调整文字的位置，效果如图4-5所示。

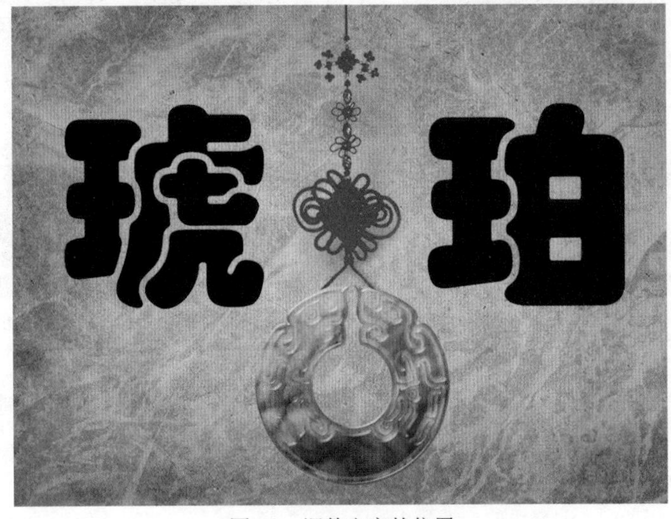

图4-5 调整文字的位置

4.2.2 制作云彩文字

扫码看视频

在Photoshop中，通过“滤镜”菜单下的“云彩”命令，可以制作出云彩效果，然后载入文字选区，便可制作出云彩文字，具体操作步骤如下。

STEP 01 ▶▶ 按D键，恢复默认的前景色和背景色，新建“图层1”图层，选择“滤镜”|“渲染”|“云彩”命令，应用“云彩”滤镜，制作出云彩效果，如图4-6所示。

STEP 02 ▶▶ 选择“滤镜”|“渲染”|“光照效果”命令，进入相应界面，在右侧的“属性”面板中设置“光照类型”为“无限光”、“光泽”为34、“金属质感”为61，如图4-7所示。

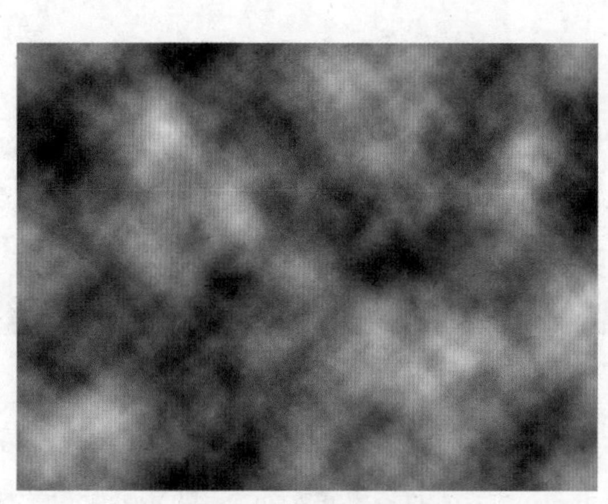

图4-6 制作出云彩效果

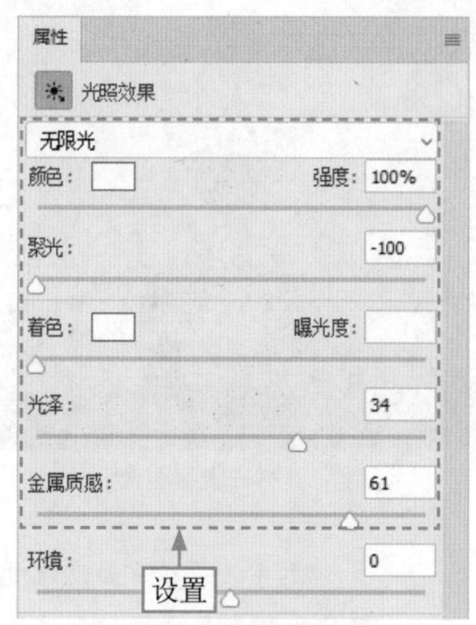

图4-7 设置参数

STEP 03 ▶▶ 设置完成后，单击界面上方的“确定”按钮，即可添加光照效果，如图4-8所示。

STEP 04 ▶▶ 按住Ctrl键的同时，单击“琥珀”文字图层前面的缩览图，调出文字选区，选择“图层”|“图层蒙版”|“显示选区”命令，为“图层1”添加图层蒙版，并显示选区内的图像，效果如图4-9所示。

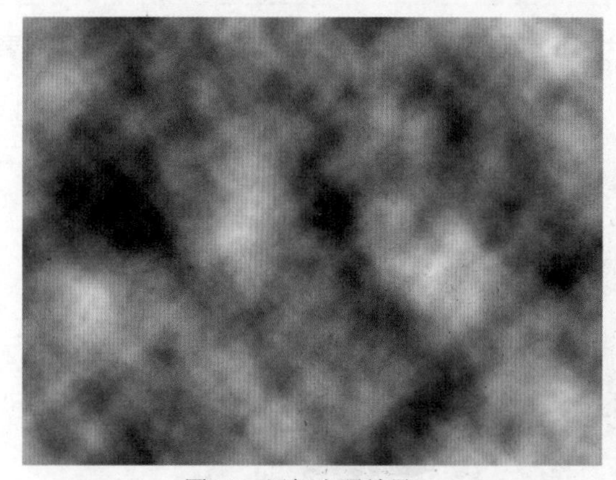

图4-8 添加光照效果

图4-9 显示选区内的图像

4.2.3 调出琥珀文字

扫码看视频

使用“图层样式”对话框中的“投影”“内阴影”“外发光”“内发光”“斜面和浮雕”以及“光泽”等功能，可以制作出琥珀文字效果，具体操作步骤如下。

STEP 01 ▶▶ 双击“图层1”图层缩览图，弹出“图层样式”对话框，选中“投影”复选框，设置“投影颜色”为棕色（RGB值分别为129、90、22），然后设置“不透明度”为75%、“角度”为90度、“距离”为16像素、“扩展”为0、“大小”为11像素，图像效果如图4-10所示。

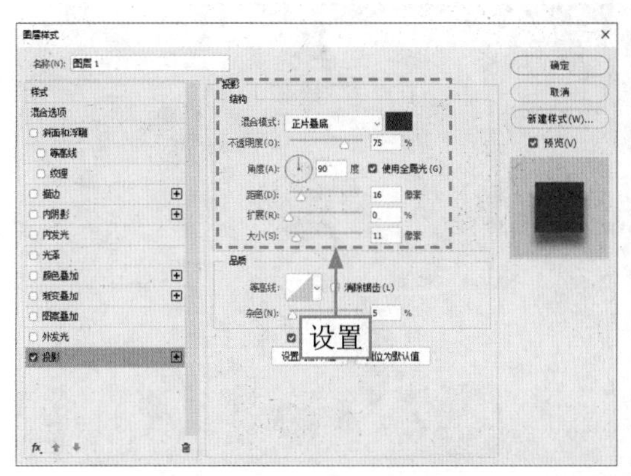

图4-10　“投影”参数设置与图像效果

STEP 02 ▶▶ 选中“内阴影”复选框，设置“内阴影颜色”为橙色（RGB值分别为255、186、0），然后设置“不透明度”为85%、“距离”为11像素、“阻塞”为25%、“大小”为22像素，图像效果如图4-11所示。

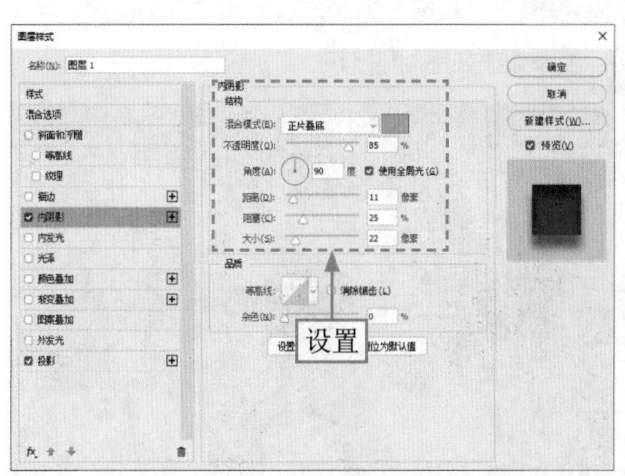

图4-11　“内阴影”参数设置与图像效果

STEP 03 ▶▶ 选中“外发光”复选框，设置“外发光颜色”为蓝色（RGB值分别为77、194、255），然后设置“混合模式”为“明度”、“不透明度”为60%、“大小”为22像素、“范围”为50%，图像效果如图4-12所示。

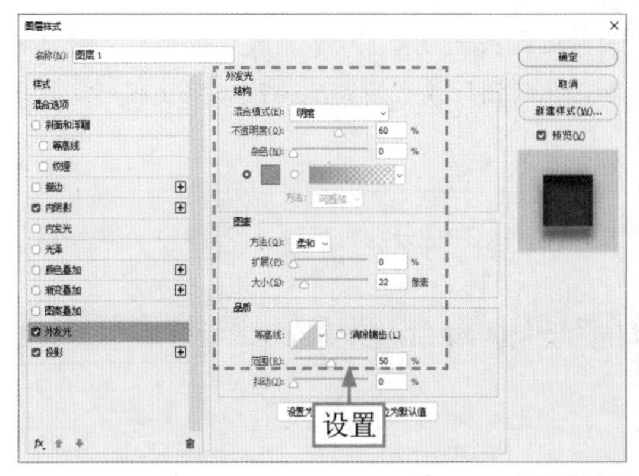

图4-12　“外发光”参数设置与图像效果

STEP 04 ▶▶ 选中“内发光”复选框，设置“内发光颜色”为草绿色（RGB值分别为154、150、49），然后设置“混合模式”为“正片叠底”、“不透明度”为50%、“大小”为8像素，图像效果如图4-13所示。

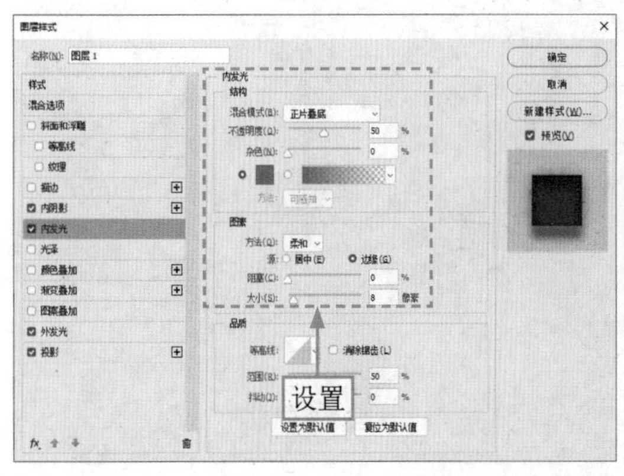

图4-13 “内发光”参数设置与图像效果

STEP 05 ▶▶ 选中“斜面和浮雕”复选框，单击“光泽等高线”右侧的图标，弹出“等高线编辑器”对话框，在“映射”选项组中添加一个节点，并设置“输入”、“输出”分别为75%、57%，单击“确定”按钮，再设置“深度”为100%、“大小”为11像素、“软化”为3像素、“角度”为90度、“高度”为65度、高光模式的“不透明度”为100%、阴影模式的“不透明度”为0，图像效果如图4-14所示。

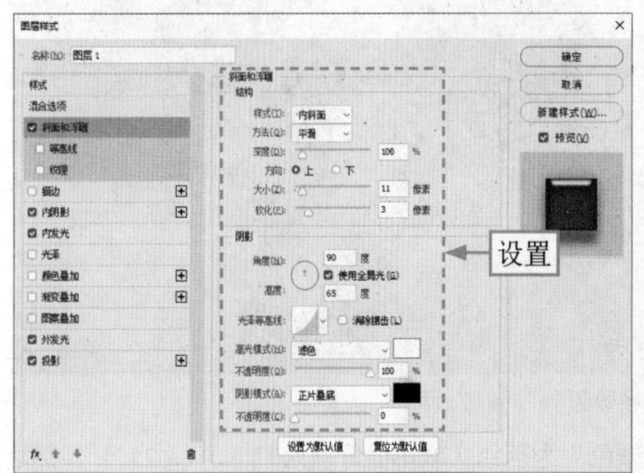

图4-14 “斜面和浮雕”参数设置与图像效果

专家指点

“投影”图层样式主要用于模拟光源照射生成的阴影，可以使平面文字产生立体感；使用“内发光”图层样式，可以为所选图层中的文字增加内发光效果；“斜面和浮雕”图层样式可以制作出各种凹陷和凸出的图像或文字，从而使文字具有一定的立体效果。

STEP 06 ▶▶ 选中“光泽”复选框，设置“光泽颜色”为橙色（RGB值分别为255、177、96），再设置各参数，如图4-15所示。

STEP 07 ▶▶ 选中“颜色叠加”复选框，设置“叠加颜色”为橙色（RGB值分别为255、175、4），再设置各参数，如图4-16所示。

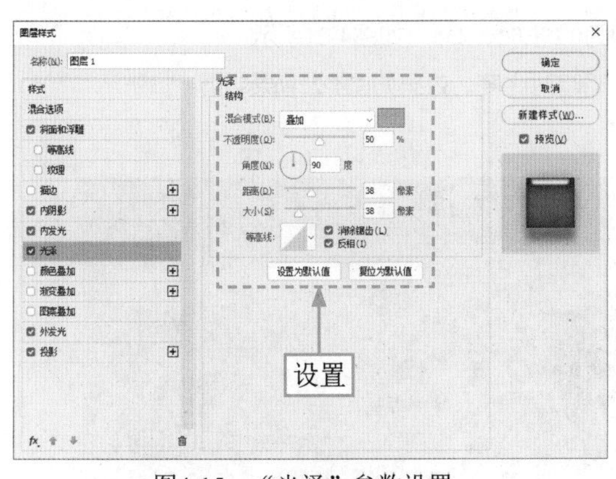

图4-15 “光泽”参数设置

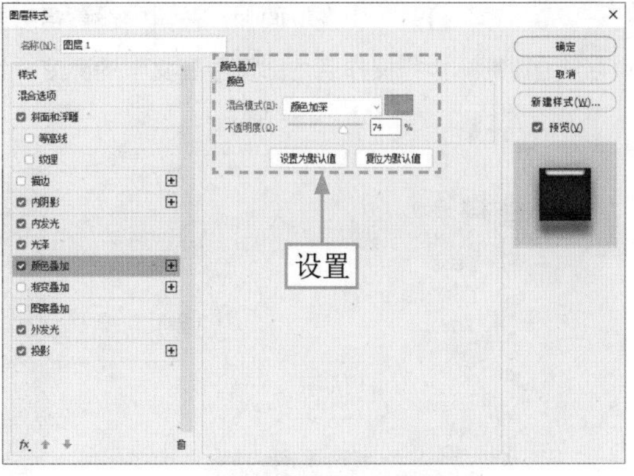

图4-16 “颜色叠加”参数设置

STEP 08 选中“渐变叠加”复选框，设置“渐变”为黑白渐变色，再设置各参数，如图4-17所示。

STEP 09 设置完成后，单击“确定”按钮，添加相应的图层样式，文字效果如图4-18所示。

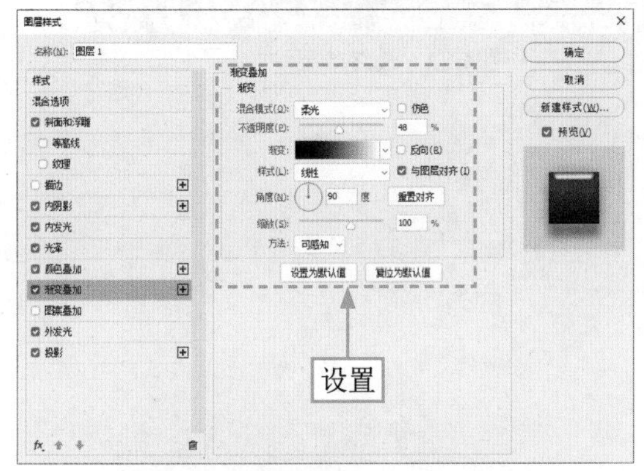

图4-17 “渐变叠加”参数设置

图4-18 添加图层样式后的文字效果

4.2.4 调整文字明暗对比度

通过“色阶”调整图层可以调整文字的明暗对比效果，具体操作步骤如下。

STEP 01 按住Ctrl键的同时，单击“琥珀”文字图层前面的缩览图，调出文字选区，如图4-19所示。

STEP 02 新建“色阶1”调整图层，如图4-20所示。

图4-19 调出文字选区

图4-20 新建“色阶1”调整图层

STEP 03 ▶▶ 打开“属性”面板，在其中设置各参数值为0、1.00、235，如图4-21所示。

STEP 04 ▶▶ 执行操作后，即可提高文字的亮度，增强明暗对比度，效果如图4-22所示。

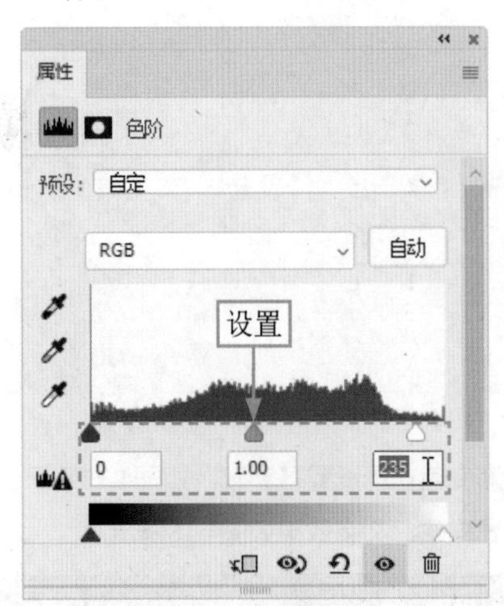

图4-21 设置参数

图4-22 最终效果

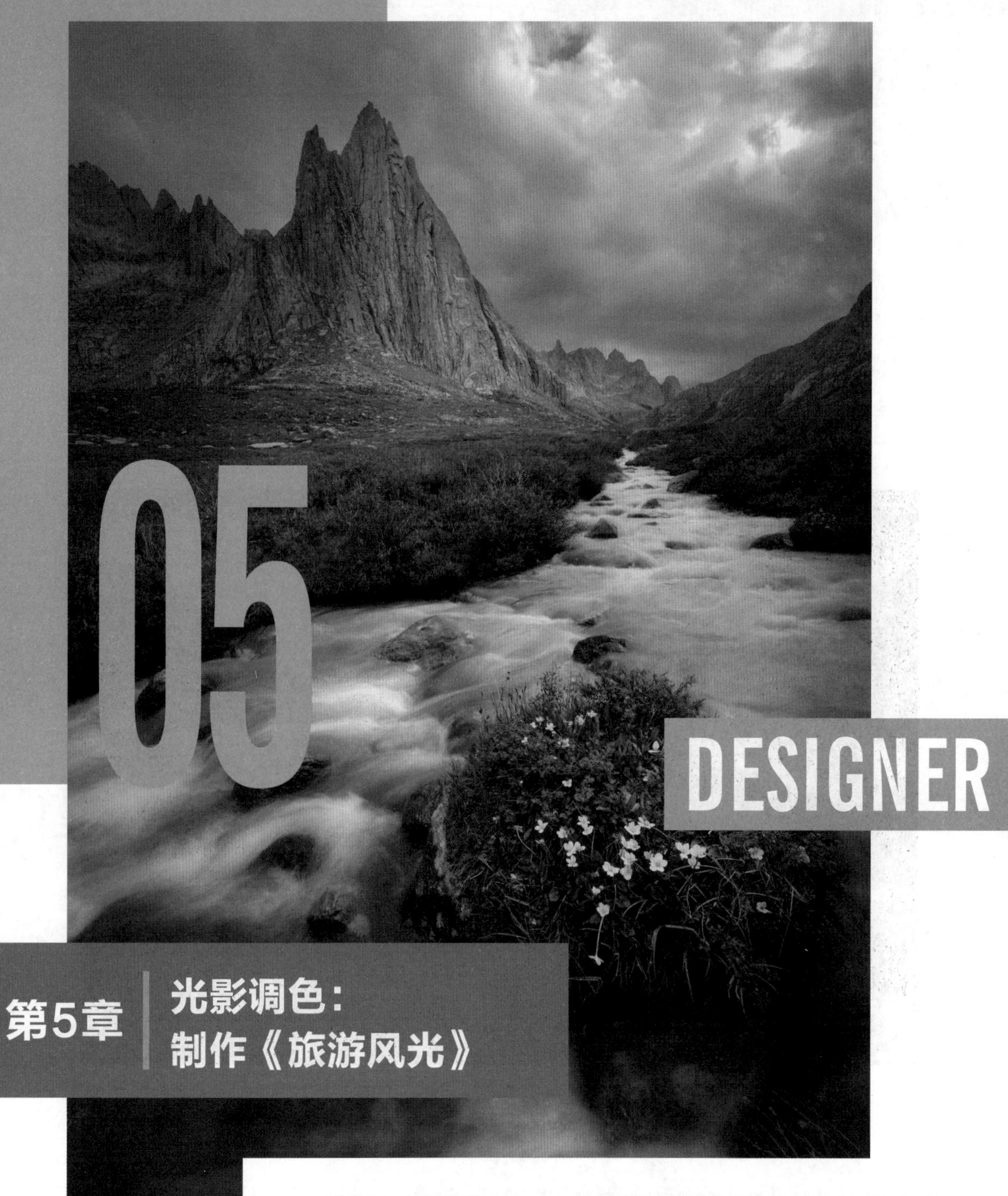

第5章 光影调色：制作《旅游风光》

光影是一幅作品的灵魂，它能使画面产生强烈的质感、肌理感和光泽感，还能使画面具有强烈的空间感和立体感，让照片更具生命的活力，更加吸引观众的眼球。本章主要介绍制作《旅游风光》的操作方法，讲解如何提升画面的光影和层次感，通过对不同光影、明暗的调节，帮助读者更好地了解影调关系。

5.1 《旅游风光》效果展示

影调是指画面的明暗层次、虚实对比，以及色彩的色相和明暗之间的关系，从而形成画面的空间感和立体感，影调可以强化画面的质感氛围和表现意图。在风光摄影中，画面中的线条、形态、色彩等元素是由影调来体现的。

在制作《旅游风光》效果之前，首先来欣赏本案例的图像效果，并了解案例的学习目标、制作思路、知识讲解和要点讲堂。

5.1.1 效果欣赏

《旅游风光》的效果如图5-1所示。

图5-1 《旅游风光》效果

5.1.2 学习目标

知识目标	掌握《旅游风光》的制作方法
技能目标	（1）掌握对照片进行景深合成的操作方法 （2）掌握对照片进行曝光合成的操作方法 （3）掌握用灰度蒙版调出光影感的操作方法 （4）掌握完善画面细节及修复照片的操作方法
本章重点	用灰度蒙版调出光影感
本章难点	完善画面细节及修复照片
视频时长	17分25秒

5.1.3 制作思路

本案例首先介绍了对照片进行景深合成的方法，然后对照片进行曝光合成，接着用灰度蒙版调出照片的光影感，最后完善画面细节并修复照片。图5-2所示为《旅游风光》的制作思路。

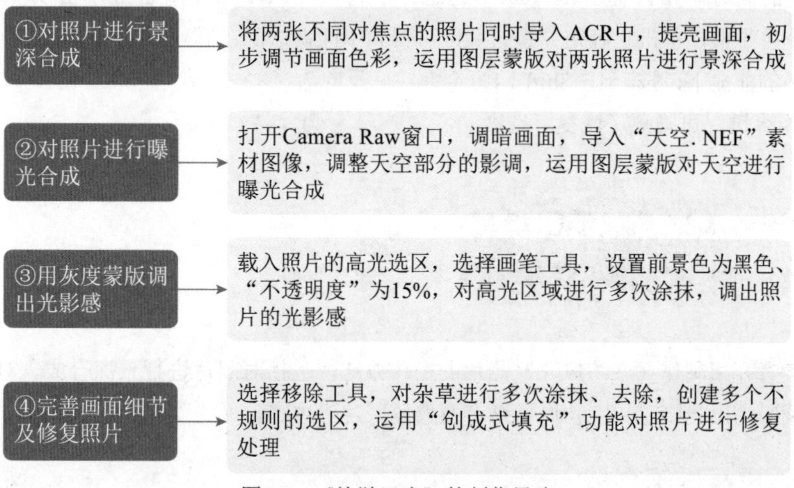

图5-2 《旅游风光》的制作思路

5.1.4 知识讲解

影调的概念最初来自于黑白图像，是指黑白灰层次的变化与过渡。影调分为3种类型：暗调（低调）、中间调（灰调）以及亮调（高调），它们由不同的亮度值来体现。

画面除了明暗关系形成影调外，从色彩关系上还可分为冷色调、暖色调、对比色调以及统一色调等，不同的色相、色彩明度也会形成不同的影调，不同色调对情绪的影响及氛围的表达有不同的效果。色调与影调，两者构成摄影影调的整体概念。

在本案例拍摄的风光照片中，通过对近景和远景分别对焦拍摄，后期再进行景深合成，使每个部分都非常清晰；通过对地景和天空进行分区曝光拍摄，再进行曝光合成，得到了每个部分最好的光影。最后，调整照片的色彩和色调，完善画面的细节，得到一张高质量的作品。

5.1.5 要点讲堂

在本章内容中，介绍了一个非常重要的光影处理技术，即灰度蒙版。所谓灰度蒙版，其实就是通道选区与蒙版的结合，“通道”面板中有红、绿、蓝3个灰度通道，这3个通道我们可以将其理解为：白色代表选择，黑色代表不选择。白显黑挡，白色显示，黑色不显示。

按住Ctrl键，可以将红、绿、蓝3个灰度图像发白的部位选择出来；按住Ctrl键的同时单击任意通道，该通道白色的区域就会被选择出来，越白的部位，选择得越彻底，而灰色部位则属于半选择，黑色则代表没有选择。在通道中所生成的选区并非是非黑即白，选区是有过渡的，使得选区过渡柔和，这样更利于不同像素的图层自然地融合。而要用好灰度蒙版，还需要结合其他选区工具才能更为完美。

在通道中生成的选区，我们都可以将其以通道的形式存储起来，便于观察和下次调取。在当前选区下，单击“通道”面板底部的“将选区存储为通道”按钮◘，目前的高光选区就会存储为Alpha 1通道。通道生成后，单击Alpha 1通道，画面就变成了Alpha 1通道的灰度图像。下面总结一些关于通道和选区操作的快捷键。

按住Ctrl键的同时单击鼠标左键，可载入高光选区。

按住Ctrl＋Shift组合键的同时连续单击鼠标左键，可扩大选区。

按住Ctrl＋Shift＋Alt组合键的同时连续单击鼠标左键，可缩小选区。

按住Ctrl键的同时单击鼠标左键（RGB通道），再按住Ctrl＋Alt组合键单击鼠标左键（RGB通道），弹出一个警告框，单击“确定”按钮后，可得到中间调选区。

在产生选区的前提下，按Ctrl＋Shift＋I组合键，可反向选择。

按Ctrl＋H组合键，可隐藏（恢复）选区。

5.2 《旅游风光》制作流程

本节将为读者介绍制作《旅游风光》照片的操作方法，包括对照片进行景深合成、对照片进行曝光合成、用灰度蒙版调出光影感、完善画面细节及修复照片等内容。

5.2.1 对照片进行景深合成

在拍摄风光照片时，要勇敢地尝试和突破最近对焦距离，景深合成能让你的作品得到更多的张力和质感。通过多点对焦，然后再进行景深合成来达到全景深的清晰范围。

在本小节内容中，一共用了两张照片素材，一张是对近景溪水的慢门拍摄，这张照片的远山是模糊的；而另一张照片的近景是模糊的，对焦点在远山，远山清晰可见。我们首先需要对这两张照片进行景深合成，具体操作步骤如下。

STEP 01 将“地景1.NEF”和“地景2.NEF”两张不同对焦点的照片同时导入ACR（全称为Adobe Camera Raw）中，按Ctrl＋A组合键全选这两张照片，展开“基本”选项区，设置“曝光”为+1.00、“对比度”为+18、“高光”为-80、“阴影”为+15、“白色”为+6、“自然饱和度”为+33、“饱和度”为+8，这一步主要是提亮画面，初步调节画面色彩，如图5-3所示。

图5-3 初步调节画面色彩

STEP 02 展开“光学”选项区，在“配置文件”选项卡中选中“删除色差”复选框，单击“打开对象”按钮，即可在Photoshop中打开调好的图像，将“地景2.NEF”素材图像复制并粘贴至“地景1.NEF”图像编辑窗口中，效果如图5-4所示。

图5-4　在Photoshop中打开调好的图像

STEP 03 在“地景1”图层上单击鼠标右键，在弹出的快捷菜单中选择“栅格化图层”命令，对图层进行栅格化处理，并重命名为“图层1”图层。选择该图层，单击“图层”面板底部的“图层蒙版”按钮，添加一个白色的蒙版，如图5-5所示。

STEP 04 选择画笔工具，设置前景色为黑色，在工具属性栏中设置画笔“大小”为700像素、“不透明度”为100%，将鼠标移至前景中的草地和溪水处，按住鼠标左键并拖曳，对草地和溪水部分进行涂抹，使其清晰地显示出来，对“地景1”和“地景2”素材进行景深合成，“图层”面板中的蒙版效果如图5-6所示。

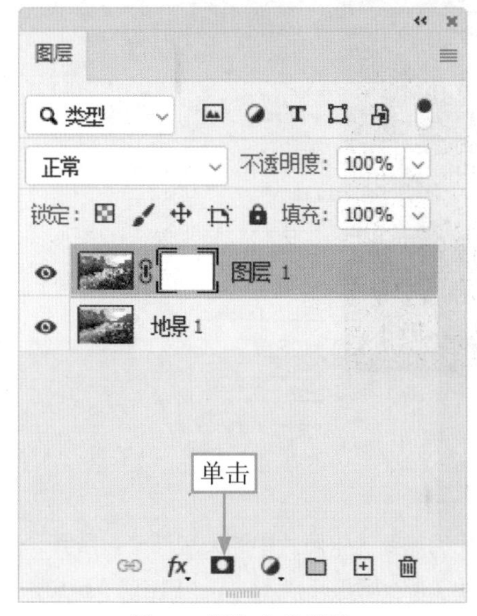

图5-5　添加白色蒙版

图5-6　对素材进行景深合成

STEP 05 对两张素材进行合成后，图像效果如图5-7所示。

图5-7　对素材进行景深合成后的效果

5.2.2　对照片进行曝光合成

扫码看视频

对照片进行景深合成后，整个画面都非常清晰地显示出来了，接下来需要对天空与地面进行曝光合成，追求更为极致的画面表现，具体操作步骤如下。

STEP 01 在“图层”面板中，选择所有图层，进行合并操作，按Ctrl＋J组合键，复制一个图层，得到“图层1拷贝”图层。选择“滤镜”|“Camera Raw滤镜”命令，打开Camera Raw窗口，展开“基本”选项区，设置“曝光”为–1.90、“对比度”为–17、“高光”为–13、“阴影”为+13、“白色”为+6，如图5-8所示。这一步主要是调暗画面，最后单击“确定”按钮。

图5-8　设置参数调暗画面

STEP 02 将“天空.NEF”素材图像导入ACR中，我们需要这张照片中的天空部分，展开“基本”选项区，设置“曝光”为+1.00、“对比度”为+6、“高光”为–18、“阴影”为+52、“白色”为–10、“黑色”为+31、“自然饱和度”为+30、“饱和度”为+7，适当提亮画面，调整天空部分的影调，如图5-9所示。

图5-9 调整天空部分的影调

STEP 03 ▶▶ 设置完成后，单击“打开对象”按钮，即可在Photoshop中打开调好的图像，将其复制并粘贴至地景图像中，生成“天空”图层，并重命名为“图层2”图层。选择“选择”|“天空”命令，为天空创建选区，选择“选择”|“存储选区”命令，弹出“存储选区”对话框，设置“名称”为“天空”，如图5-10所示。

图5-10 设置选区名称

STEP 04 ▶▶ 单击“确定”按钮，即可保存天空选区。按Ctrl＋D组合键，取消选区。按住Alt键的同时单击“图层蒙版”按钮，为“图层2”图层添加一个黑色蒙版，如图5-11所示。

STEP 05 ▶▶ 按住Ctrl键的同时单击“通道”面板中的“天空”蒙版缩览图，如图5-12所示。

STEP 06 ▶▶ 载入天空选区，使用白色的画笔工具在天空区域涂抹，对天空进行曝光合成，并取消选区，效果如图5-13所示。

图5-11　添加黑色蒙版

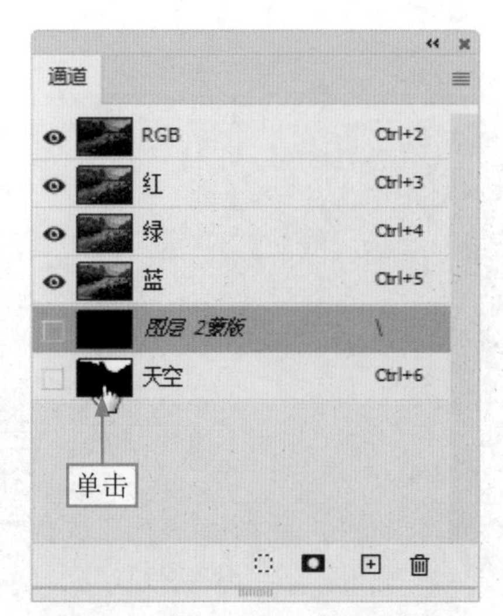

图5-12　单击“天空”蒙版缩览图

图5-13　对天空进行曝光合成

5.2.3　用灰度蒙版调出光影感

后期修图的关键在于分区域调整，分区域调整就需要精准的选区，而通道选区则是所有选区工具中最精准的，过渡性也是最自然的，它与蒙版的结合，就是所谓的灰度蒙版，已经成为风光摄影后期高级技法必须要掌握和使用的关键内容。下面介绍使用灰度蒙版调出地面光影与层次感的操作方法，具体步骤如下。

STEP 01 合并“图层1拷贝”与“图层2”图层，得到“图层2”图层，为其添加一个白色蒙版，如图5-14所示。

STEP 02 在“通道”面板中，按住Ctrl键的同时单击“红”通道，载入照片的高光选区，按住Ctrl＋Alt组合键的同时，单击“天空”蒙版缩览图，如图5-15所示。

STEP 03 执行操作后，即可得到溪水部分的高光选区。返回“图层”面板，选择图层中的白色蒙版，选择画笔工具，设置前景色为黑色、“不透明度”为15%，按Ctrl＋H组合键，隐藏选区，方便我们观察图像的变化，然后在溪流部分的高光区域进行涂抹。涂抹完成后，溪流被提亮了，效果如图5-16所示。

图5-14　添加白色蒙版

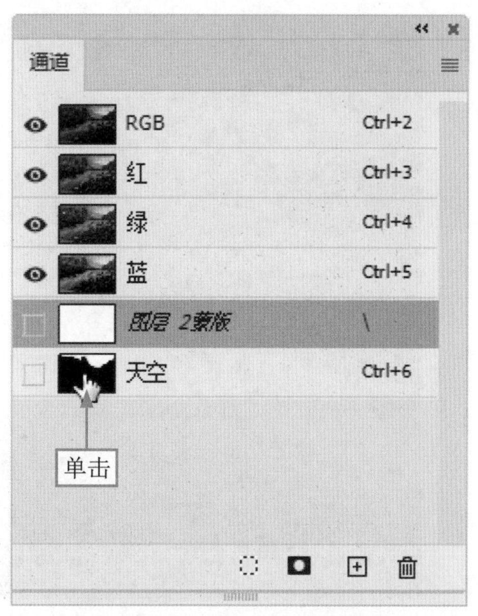

图5-15　单击“天空”蒙版缩览图

图5-16　提亮溪流

STEP 04 在“通道”面板中，按住Ctrl＋Shift组合键的同时再次单击“红”通道，扩大选区，载入山脉部分的高光选区，按Ctrl＋H组合键，隐藏选区，然后在山脉部分的高光区域进行涂抹。涂抹完成后，效果如图5-17所示。

STEP 05 按Ctrl＋Shift＋Alt＋E组合键，盖印图层，得到“图层3”图层，打开Camera Raw窗口，展开“效果”选项区，设置“晕影”为–45，为照片添加暗角效果，使光影集中在照片的中心；展开“基本”选项区，设置“色调”为–9，使照片偏冷蓝色调，单击“确定”按钮，效果如图5-18所示。

图5-17　对部分高光区域进行多次涂抹

图5-18　使照片偏冷蓝色调

5.2.4　完善画面细节并修复照片

照片中有一些多余的杂草需要去除，以使画面更为干净、简洁；使用“高反差保留”命令可以锐化图像，该命令主要用于增强图像的细节和边缘，下面介绍具体操作方法。

STEP 01 在工具箱中选择“移除工具”，将鼠标移至图像编辑窗口中的杂草处，按住鼠标左键并拖曳，多次对杂草进行涂抹、去除，使画面更加简洁，效果如图5-19所示。

STEP 02 在照片中创建多个不规则的选区，使用“创成式填充”功能对左侧的小黄花与右侧的杂草进行修复处理，重生成相应图像（在第6章中，对“创成式填充”功能进行了详细讲解，读者可以参考该章节的操作步骤进行照片处理），效果如图5-20所示。

图5-19　多次对杂草进行涂抹、去除

图5-20　重生成相应图像

STEP 03 打开“小黄花.psd”素材图像，使用“移动工具”将素材图像拖曳至旅游风光图像编辑窗口中，适当调整图像的位置，效果如图5-21所示。至此，完成《旅游风光》的制作。

图5-21　最终效果

第6章 AI创意：制作《草原风光》

Adobe Photoshop 2024版中集成了很多的AI（Artificial Intelligence，人工智能）功能，其中最强大的就是“创成式填充”功能，该功能是Firefly在Photoshop中的实际应用，让这一代Photoshop成为创作者和设计师不可或缺的工具。本章主要介绍使用“创成式填充”功能进行AI绘画，制作出《草原风光》的操作方法。

6.1 《草原风光》效果展示

AI创意制作是指在图像处理中使用人工智能技术来创造独特的、意境丰富的效果，包括利用机器学习和深度学习算法，以及基于神经网络的模型，对图像进行智能分析、理解和生成。通过智能算法的应用，赋予图像处理更高层次的创造性和艺术性，为图像处理领域引入了更多的创新和可能性。

在制作《草原风光》之前，首先来欣赏本案例的照片效果，并了解案例的学习目标、制作思路、知识讲解和要点讲堂。

6.1.1 效果欣赏

《草原风光》的效果如图6-1所示。

图6-1 《草原风光》效果

6.1.2 学习目标

知识目标	掌握《草原风光》的处理方法
技能目标	（1）掌握处理照片中电线的操作方法 （2）掌握添加几朵紫色小花的操作方法 （3）掌握添加一片蓝色湖的操作方法
本章重点	添加一片蓝色的湖
本章难点	处理照片中的电线
视频时长	3分54秒

6.1.3 制作思路

本案例首先介绍了处理照片中电线的方法，然后通过“创成式填充”功能在风光照片中添加几朵紫色小花，最后生成一片蓝色的湖。图6-2所示为《草原风光》的制作思路。

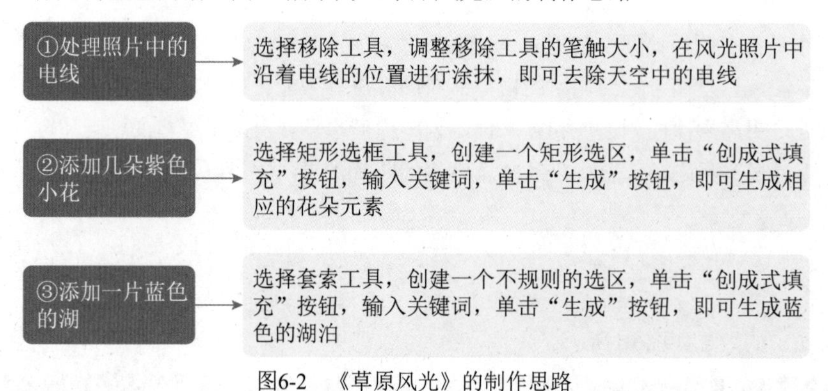

图6-2 《草原风光》的制作思路

6.1.4 知识讲解

在本案例中，《草原风光》作品经过了巧妙的处理。首先，智能化去除了天空中的电线，使画面更加整洁。接着使用“创成式填充”功能在草地上添加了生动的小花，并在远处插入了一片虚构的蓝色湖泊。这一处理方式不仅强调了画面的纯净和简洁，还通过添加虚构元素展现了独特的创意和艺术性，呈现出一张富有想象力、清新迷人的草原风光照片，展示了AI技术在图像处理中的创新潜力。

6.1.5 要点讲堂

在本章内容中，用到了Photoshop一个非常重要的AI功能，即“创成式填充”功能，其原理其实就是AI绘画技术，通过在原有图像上绘制新的图像，生成更多有趣的图像内容，同时还可以进行智能化的修图处理，去除不需要的元素、添加虚构元素，以及提高整体画面的美感，呈现出一张更加独特、富有创意和艺术性的草原风光照片。

“创成式填充”功能利用先进的AI算法和图像识别技术，能够自动从周围的环境中推断出缺失的图像内容，并智能地进行填充，节省了用户大量的图像处理时间和精力。

6.2 《草原风光》制作流程

本节将为读者介绍处理草原风光照片的操作方法，包括处理照片中的电线、添加几朵紫色小花以及添加一片蓝色的湖等内容。

6.2.1 处理照片中的电线

扫码看视频

当我们拍摄风光照片的时候，如果照片上方有电线，是非常影响画面美观的，此时可以在Photoshop中使用“移除工具”去除天空中的电线，具体操作步骤如下。

STEP 01 选择“文件”|“打开”命令，打开“草原风光.jpg”素材图像，如图6-3所示。

STEP 02 在工具箱中选择“移除工具”，在工具属性栏中设置“大小”为15，调整移除工具的笔触大小，如图6-4所示。

图6-3 打开素材图像

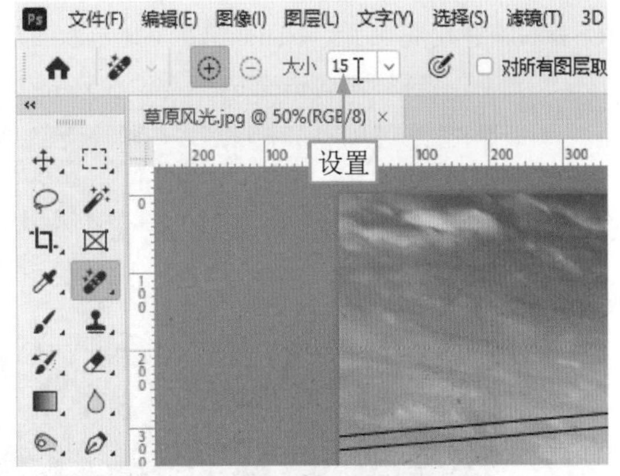

图6-4 调整移除工具的笔触大小

STEP 03 将鼠标指针移至图像编辑窗口上方的电线处，按住鼠标左键并拖曳，沿着电线的位置进行涂抹，如图6-5所示。

STEP 04 释放鼠标左键，即可去除天空中的电线，如图6-6所示。

图6-5 沿着电线的位置进行涂抹

图6-6 去除天空中的电线

STEP 05 使用同样的方法，去除天空中的另一根电线，效果如图6-7所示。

图6-7 去除电线后的效果

6.2.2 添加几朵紫色小花

鲜花可以使风光照片充满生机，如果在前景的草地上添加一些小花用来点缀，画面内容瞬间就生动起来了。下面介绍在草地上添加几朵小花的操作方法。

STEP 01 选择“矩形选框工具”，在风光照片上创建一个矩形选区，如图6-8所示。

图6-8 创建一个矩形选区

STEP 02 在下方的浮动工具栏中单击“创成式填充”按钮，如图6-9所示。

图6-9 单击“创成式填充”按钮

STEP 03 输入关键词“3朵紫色的小花”，然后单击“生成”按钮，如图6-10所示。

STEP 04 执行操作后，即可在风光照片上生成相应的花朵元素，如图6-11所示。

图6-10　单击“生成”按钮

图6-11　生成相应的花朵元素

6.2.3　添加一片蓝色的湖

在照片中的草原上添加一个湖泊，可以使画面内容更加丰富多彩。下面介绍在草原风光中添加一片蓝色湖的操作方法。

STEP 01 使用“套索工具”创建一个不规则的选区，如图6-12所示。

STEP 02 在选区下方的浮动工具栏中单击“创成式填充”按钮，输入关键词“一片蓝色的湖”，单击“生成”按钮，如图6-13所示。

STEP 03 执行操作后，即可在风光照片上生成相应的湖泊样式，效果如图6-14所示。

图6-12　创建不规则选区

图6-13　单击“生成”按钮

图6-14　生成相应的湖泊样式

STEP 04 按Ctrl＋Shift＋Alt＋E组合键，盖印图层，得到“图层1”图层，使用“移除工具”对蓝色湖泊进行适当的修复处理，效果如图6-15所示。至此，完成《草原风光》的制作。

图6-15 最终效果

第7章 企业标识：制作《房产Logo》

企业标识是公司品牌的视觉代表，能够帮助顾客迅速识别和记住公司，一个独特、简洁、容易记住的企业标识有助于树立品牌形象，企业标识不仅仅是图形和文字的组合，它还能传达公司的价值观、文化素养和使命感。本章主要介绍制作《房产Logo》的操作方法。

7.1 《房产 Logo》效果展示

企业标识是公司形象的基石，对于品牌建设、市场竞争和客户关系至关重要。一个精心设计的Logo可以传达房产公司的专业形象，通过选择适当的颜色、形状和图形元素，能够引起观众的情感共鸣，建立品牌与目标客户之间的信任。设计一个符合公司形象和价值观的Logo是房产公司品牌建设中的重要一环，有助于提升公司在市场上的竞争力。

在制作《房产Logo》企业标识之前，首先来欣赏本案例的图像效果，并了解案例的学习目标、制作思路、知识讲解和要点讲堂。

7.1.1 效果欣赏

《房产Logo》企业标识的效果如图7-1所示。

图7-1 《房产Logo》企业标识效果

7.1.2 学习目标

知识目标	掌握《房产Logo》的制作方法
技能目标	（1）掌握设置企业标识背景的操作方法 （2）掌握设计房产Logo主体的操作方法 （3）掌握制作Logo文字效果的操作方法
本章重点	制作Logo文字效果
本章难点	设计房产Logo主体
视频时长	8分55秒

7.1.3 制作思路

本案例首先介绍了设置企业标识背景的方法，然后通过相关绘图工具设计房产Logo的主体图形，最后制作Logo标识的文字。图7-2所示为《房产Logo》的制作思路。

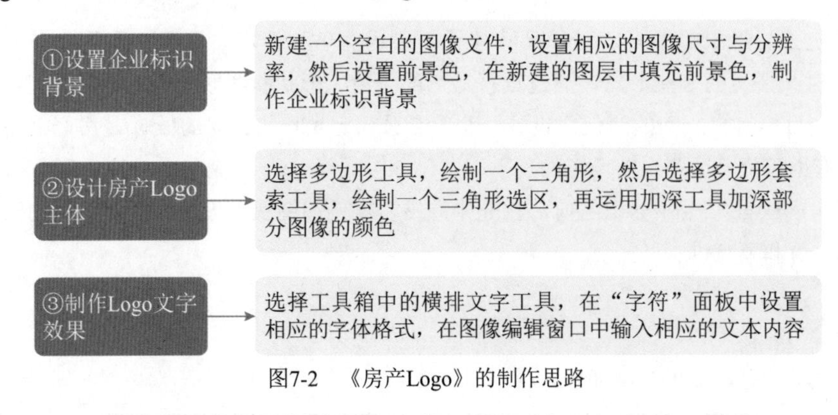

图7-2 《房产Logo》的制作思路

7.1.4 知识讲解

房产Logo是广告宣传的重要元素，能够吸引消费者的眼球，提高品牌的曝光度，帮助房产公司更好地传递市场信息。一个令人自豪和独特的Logo有助于激发员工的认同感，增强团队的凝聚力，使员工更加忠诚和投入。本案例先绘制一个等边三角形，然后使用多边形套索工具选中部分图像加深颜色，再使用重复变换功能制作出Logo的主体，最后加上适当的文字，即完成房产Logo的设计。

7.1.5 要点讲堂

在本章内容中，讲解了新建空白图像文件的方法，用户若想要绘制或编辑图像，首先需要新建一个空白文件，然后才可以继续进行下面的工作。在设计房产Logo的主体图形时，主要使用多边形工具进行绘制，使用多边形工具可以创建等边多边形，如等边三角形、五角星以及星形等，设置不同的多边形参数，即可绘制出不同的多边形效果。

当Logo的主体图形制作完成后，再使用加深工具制作图形的立体效果。加深工具可通过增加图像中阴影部分的密度，来提高图像的明暗对比度，这有助于突出图像中的细节和纹理，使被涂抹过的区域变得更加突出。

7.2 《房产 Logo》制作流程

本节将为读者介绍制作企业标识的操作方法，包括设置企业标识背景、设计房产Logo主体以及制作Logo文字效果等内容。

7.2.1 设置企业标识背景

设计房产Logo之前，首先需要新建一个空白的图像文件，然后设置相应的前景色，作为企业标识的背景色，具体操作步骤如下。

STEP 01 ▶▶ 按Ctrl+N组合键，弹出“新建文档”对话框，设置“名称”为“第7章 企业标识：制作《房产Logo》”、“宽度”为1400像素、“高度”为1400像素、“分辨率”为300像素/英寸、“颜色模式”为“RGB颜色”、“背景内容”为“白色”，如图7-3所示，单击“创建”按钮，新建一个空白图像。

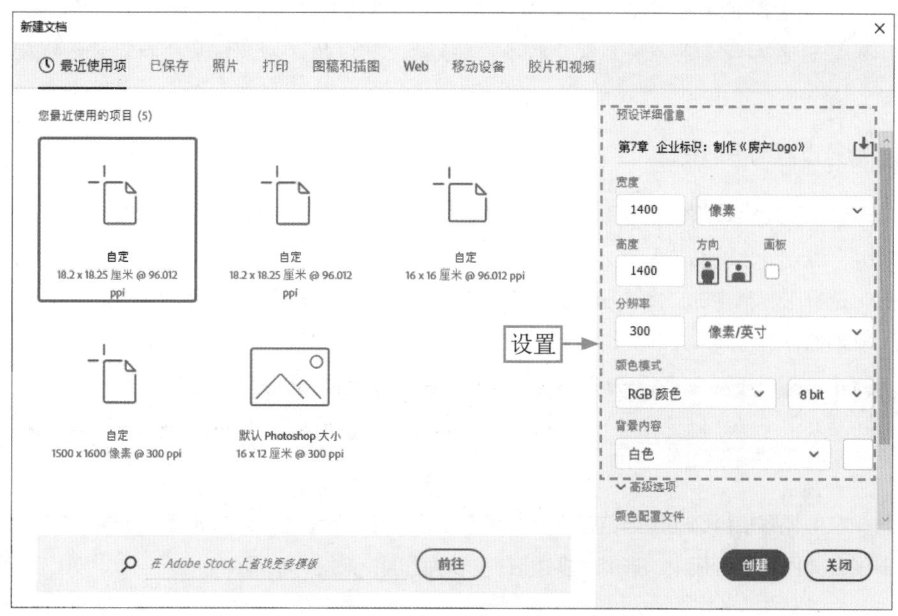

图7-3 新建文档并设置参数

专家指点

在Photoshop中，通过以下两种方法可打开“新建文档”对话框。

（1）按Ctrl+N组合键，弹出“新建文档”对话框。

（2）在菜单栏中，选择“文件”|“新建”命令，打开“新建文档”对话框。

STEP 02 ▶▶ 在工具箱下方单击“前景色”色块，弹出“拾色器（前景色）”对话框，设置前景色为深棕色（RGB值分别为106、57、6），如图7-4所示。

STEP 03 ▶▶ 单击“确定”按钮，新建“图层1”图层，按Alt+Delete组合键，为图层填充前景色，效果如图7-5所示。

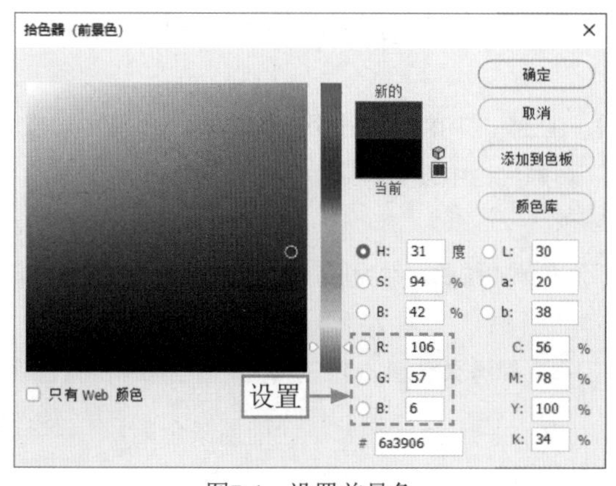

图7-4 设置前景色

图7-5 为图层填充前景色

专家指点

Photoshop工具箱底部有一组前景色和背景色色块，所有被用到的图像颜色都会在前景色或背景色中表现出来。在Photoshop中可以使用前景色来绘画、填充和描边，使用背景色来进行渐变填充和在空白区域中填充。可以直接在键盘上按D键，快速将前景色和背景色调整到默认状态；按X键，可以快速切换前景色和背景色的颜色。

7.2.2 设计房产 Logo 主体

扫码看视频

使用“多边形工具”绘制房产Logo主体的形状，然后使用“加深工具”加深部分图像的颜色，使Logo变得立体起来，具体操作步骤如下。

STEP 01 选择工具箱中的“多边形工具”，在工具属性栏中设置“选择工具模式”为“形状”、“填充”为黄色（RGB值分别为255、224、129）、“描边”为无、“边数”为3，如图7-6所示。

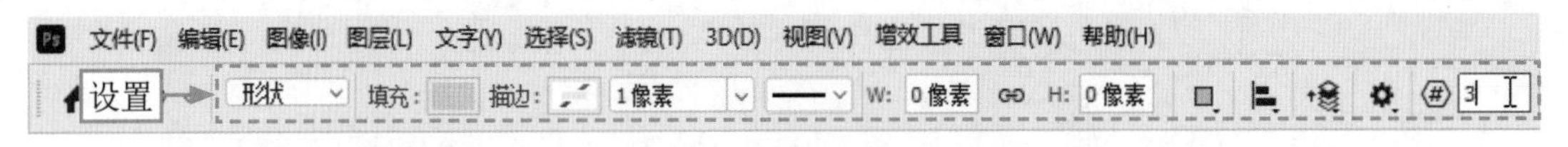

图7-6 设置参数

STEP 02 在图像编辑窗口的适当位置绘制一个三角形，将图形逆时针旋转90度，效果如图7-7所示。

STEP 03 在“图层”面板中，选择“多边形1”形状图层，如图7-8所示。

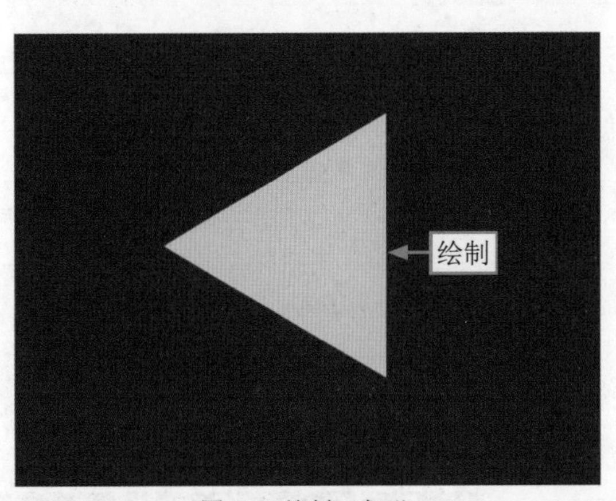

图7-7 绘制三角形

图7-8 选择“多边形1”形状图层

STEP 04 在图层上单击鼠标右键，在弹出的快捷菜单中选择“栅格化图层”命令，如图7-9所示，对图层进行栅格化处理。

STEP 05 选择工具箱中的“多边形套索工具”，在三角形内部绘制一个三角形选区，如图7-10所示。

STEP 06 在工具箱中选择“加深工具”，在工具属性栏中设置“大小”为150像素、“硬度”为0、“范围”为“中间调”、“曝光度”为50%，如图7-11所示。

STEP 07 在选区内的适当位置进行涂抹，加深部分图像的颜色，然后按Ctrl＋D组合键取消选区，效果如图7-12所示。

STEP 08 使用同样的方法，使用“多边形套索工具”再次绘制一个三角形，适当加深部分图像的颜色，使三角形变得立体起来，效果如图7-13所示。

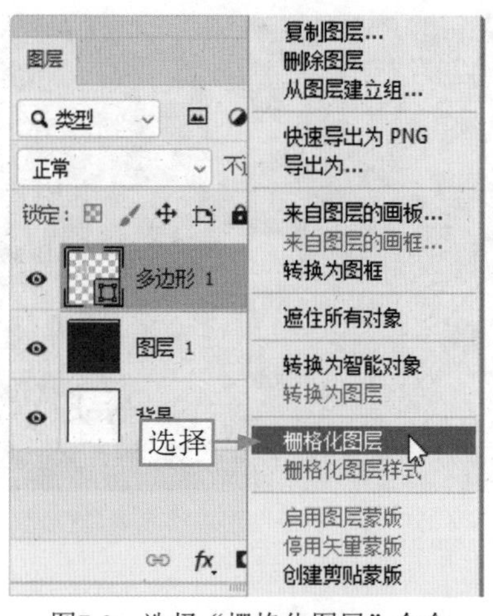

图7-9 选择“栅格化图层”命令

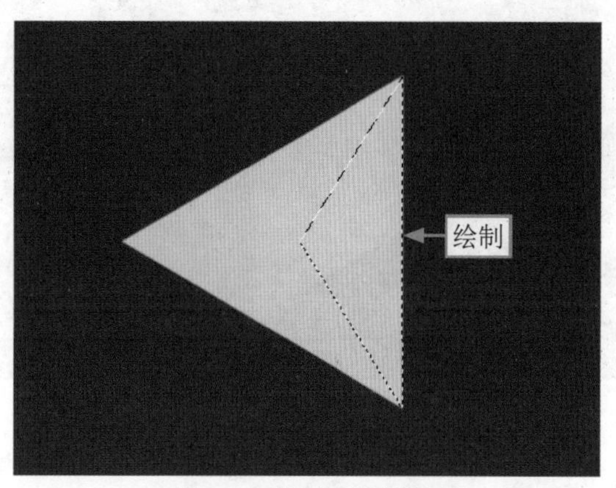

图7-10 绘制三角形选区

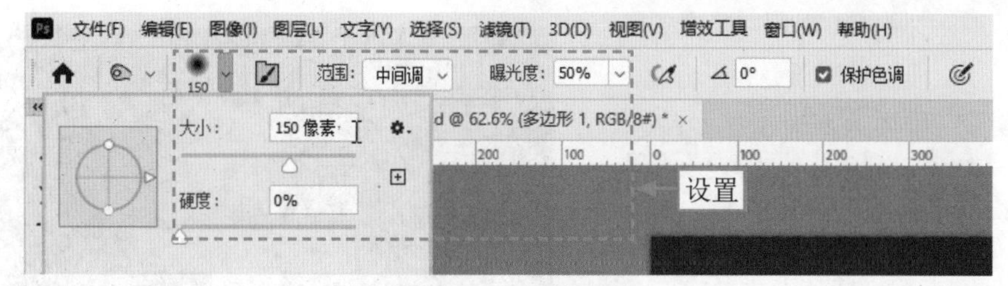

图7-11 设置参数

图7-12 加深部分图像的颜色（1）

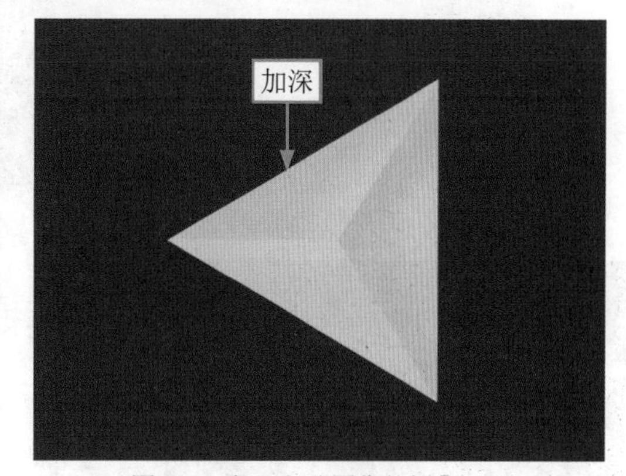

图7-13 加深部分图像的颜色（2）

STEP 09 使用同样的方法，使用“多边形套索工具”在下方位置绘制一个三角形，适当加深部分图像的颜色，使三角形变得立体起来，效果如图7-14所示。

STEP 10 按Ctrl＋T组合键，调出变换控制框，适当缩小图像，按Enter键确认变换，并移至合适的位置，效果如图7-15所示。

STEP 11 复制“多边形1”形状图层，得到“多边形1 拷贝”形状图层，如图7-16所示。

STEP 12 按Ctrl＋T组合键，调出变换控制框，在工具属性栏中设置“旋转”为60度，此时图像编辑窗口中的图像也会随之旋转，如图7-17所示。

STEP 13 将图像移至合适位置后，按Enter键确认变换，如图7-18所示。

STEP 14 按Ctrl＋Shift＋Alt＋T组合键4次，即可复制并旋转图像4次，并适当调整图形位置，制作出一个环形的图案，效果如图7-19所示。

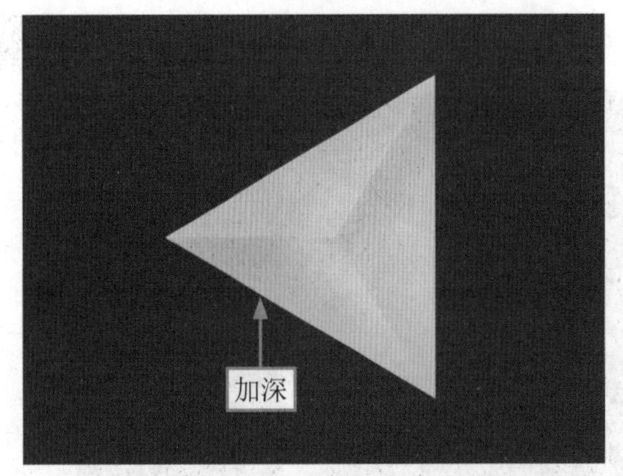

图7-14　加深部分图像的颜色（3）

图7-15　调整图形并移至合适位置

图7-16　复制形状图形

图7-17　旋转图形对象

图7-18　将图像移至合适位置

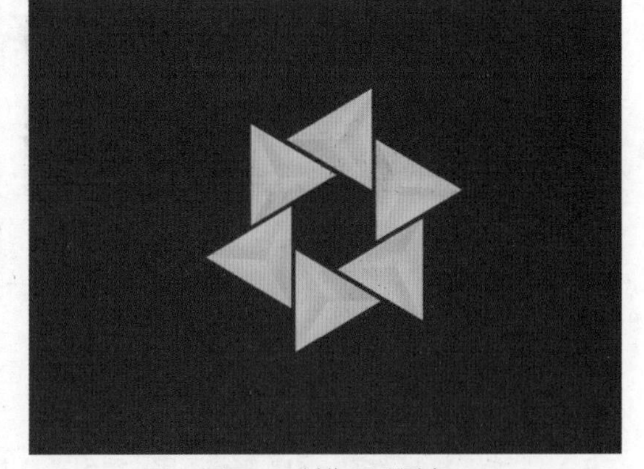

图7-19　制作环形图案

专家指点

在Photoshop中，按Ctrl+Alt+Shift+T组合键，不仅可以重复变换图像，还可以复制出新的图像内容；按Ctrl+Shift+T组合键，则可以对图形进行再次变换操作。

7.2.3 制作 Logo 文字效果

在房产Logo的下方输入相应的文字，可以强化房产公司的标识和身份，更全面地向目标受众传递信息，塑造品牌形象。下面介绍制作Logo文字效果的操作方法。

STEP 01 选择“文件”|“打开”命令，打开“标志.psd”素材图像，如图7-20所示。

STEP 02 使用移动工具将素材图像拖曳至房产Logo图像编辑窗口中，适当调整图像的位置，效果如图7-21所示。

图7-20 打开素材图像

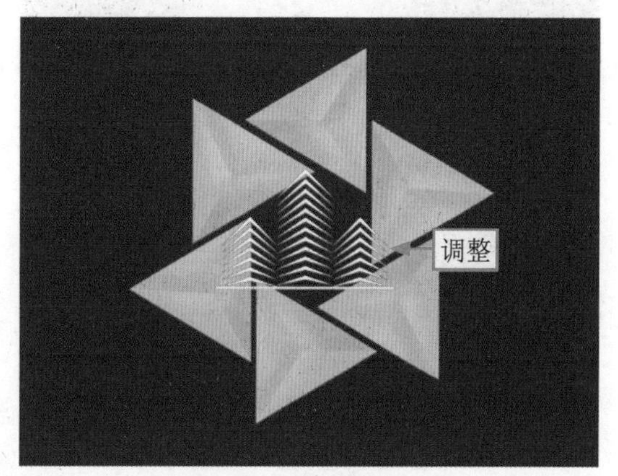

图7-21 调整图像的位置

专家指点

当用户将素材图像拖曳至房产Logo图像编辑窗口中后，如果发现企业标识图形的大小与素材图像的大小不匹配，此时也可以选择企业标识图形，对其进行变形操作。

STEP 03 按Ctrl＋T组合键，调出变换控制框，拖曳四周的控制柄，适当调整素材图像的大小，如图7-22所示。

STEP 04 选择工具箱中的横排文字工具，选择“窗口”|“字符”命令，弹出“字符”面板，设置“字体”为“黑体”、“字体大小”为30点、“颜色”为白色（RGB值均为255），如图7-23所示。

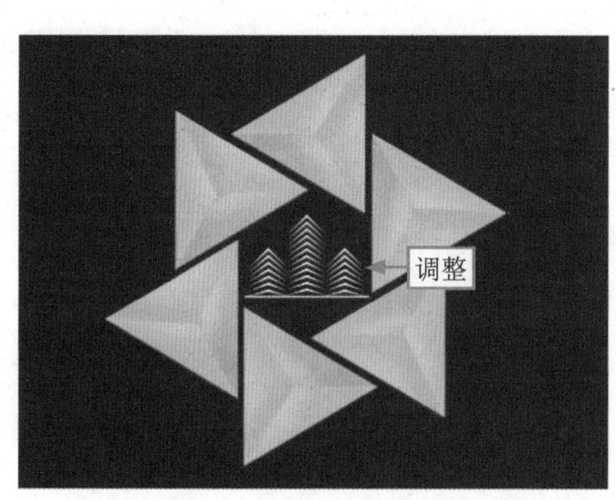

图7-22 调整素材图像的大小

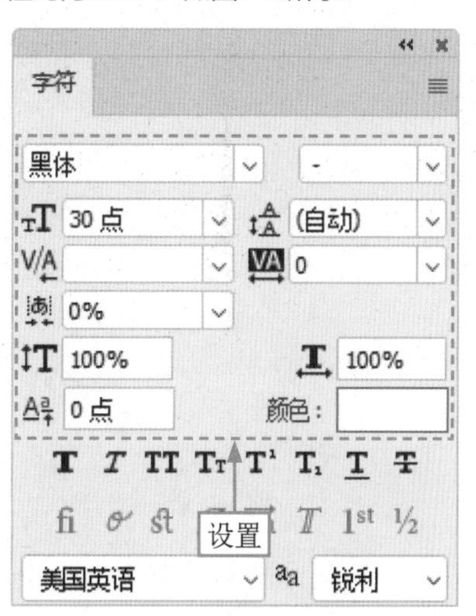

图7-23 设置字体属性

STEP 05 ▶▶ 在图像编辑窗口的适当位置，输入相应的文本内容，如图7-24所示。

STEP 06 ▶▶ 选中“京园”文字，在“字符”面板中设置字体格式，效果如图7-25所示。

至此，完成《房产Logo》企业标识的制作。

图7-24 输入文本内容

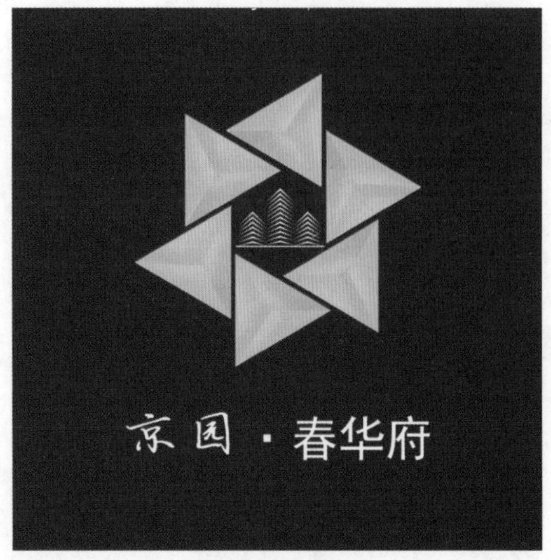

图7-25 最终效果

第8章 卡片设计：制作《企业名片》

Photoshop的卡片设计功能广泛应用于不同的场景，从制作节日贺卡、生日卡片到专业的名片设计，Photoshop提供了丰富的工具和效果，使用户能够制作出独特、个性化的卡片，包括婚礼请柬、活动邀请卡、感谢卡等，通过自定义图案、颜色、文字，展现其创意和专业性。本章主要介绍制作《企业名片》的操作方法。

8.1 《企业名片》效果展示

名片作为一种个人职业的独立媒体，在设计上非常讲究其艺术性。在大多数情况下名片不会引起人的专注和追求，而是便于记忆，具有更强的识别性，让人在最短的时间内获得所需要的信息。因此，名片设计必须做到文字简明扼要，字体层次分明，强调设计意识，艺术风格要新颖。

在制作《企业名片》之前，首先来欣赏本案例的图像效果，并了解案例的学习目标、制作思路、知识讲解和要点讲堂。

8.1.1 效果欣赏

《企业名片》的效果如图8-1所示。

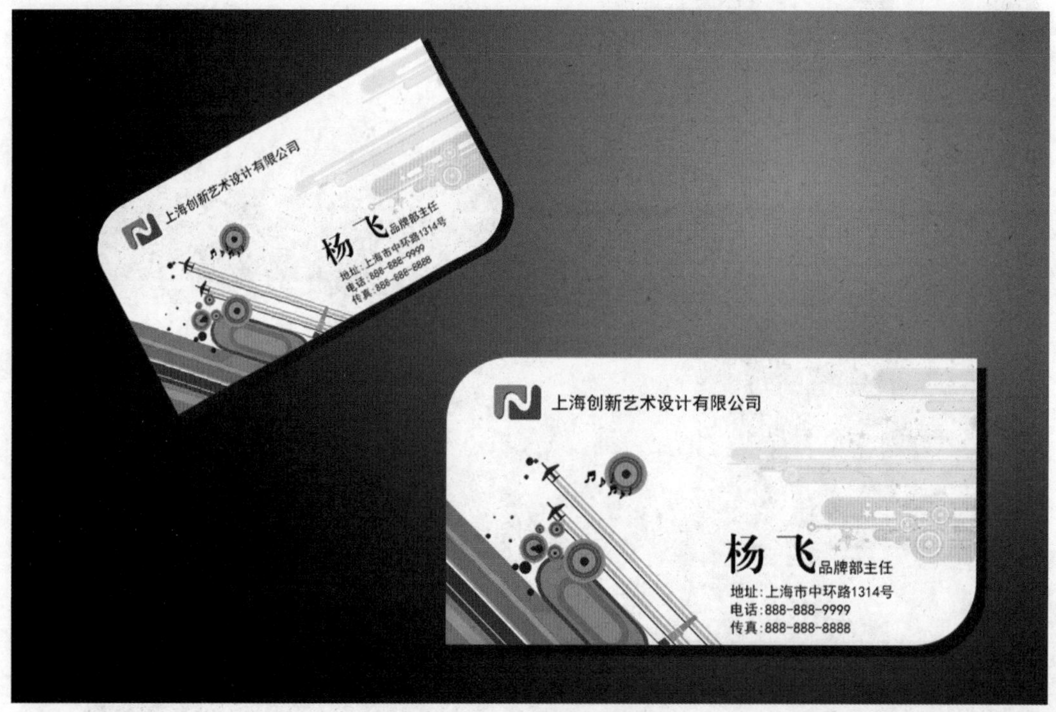

图8-1 《企业名片》效果

8.1.2 学习目标

知识目标	掌握《企业名片》的制作方法
技能目标	（1）掌握制作名片轮廓的操作方法 （2）掌握添加图形设计元素的操作方法 （3）掌握制作名片文字效果的操作方法 （4）掌握制作名片立体效果的操作方法
本章重点	制作名片立体效果
本章难点	添加图形设计元素
视频时长	9分50秒

8.1.3 制作思路

本案例首先介绍了制作名片外观轮廓的方法，然后在名片中添加图形设计元素，最后制作名片的文字效果与立体效果。图8-2所示为《企业名片》的制作思路。

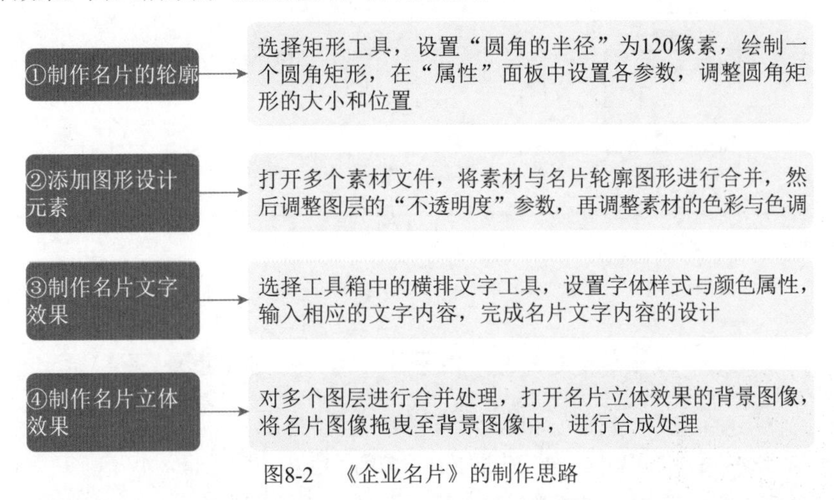

图8-2　《企业名片》的制作思路

8.1.4 知识讲解

企业名片是展示公司品牌形象的重要途径，通过设计独特、专业的名片，公司能够在瞬间传达出其专业性和创意性，给用户留下深刻印象。本案例主要介绍使用“矩形工具”、“色相/饱和度”命令、“色彩平衡”命令以及“横排文字工具”T等制作《企业名片》的方法。

8.1.5 要点讲堂

在本章内容中，讲解了使用矩形工具绘制名片外观轮廓的方法，该工具非常实用。通过设置“圆角的半径”参数，可以绘制出圆角矩形效果，在工具属性栏的“选择工具模式”下拉列表框中包含“形状”“路径”和“像素”3个选项，可创建不同的路径形状。另外，本章还讲解了图层“不透明度”的设置，该选项主要用于控制图层中所有对象（包括图层样式和混合模式）的透明属性，通过设置图层的不透明度，能够使图像主次分明，主体突出。

8.2 《企业名片》制作流程

本节将为读者介绍制作《企业名片》的操作方法，包括制作名片的轮廓、添加图形设计元素、制作名片文字效果以及制作名片立体效果等内容。

8.2.1 制作名片的轮廓

名片外形轮廓在设计中具有重要的作用，它影响到名片的整体外观和信息的传达。下面主要介绍使用“矩形工具”制作名片外形轮廓的方法，具体操作步骤如下。

STEP 01 选择“文件”|“新建”命令，打开“新建文档”对话框，设置“名称”为“第8章 卡片设计：

制作《企业名片》”、“宽度”为9厘米、“高度”为5厘米、“分辨率”为300像素/英寸、“背景内容”为“黑色”，如图8-3所示，单击“创建”按钮。

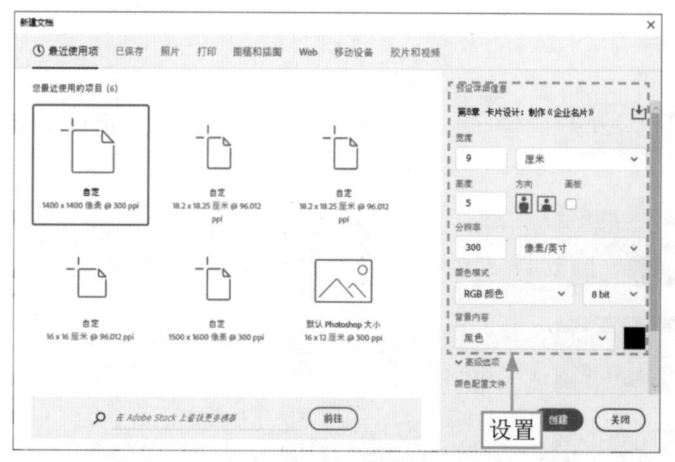

图8-3　新建文档并设置参数

STEP 02 ▶▶ 执行操作后，即可新建一幅空白图像，设置前景色为白色，如图8-4所示。

STEP 03 ▶▶ 新建“图层1”图层，选择“矩形工具”，如图8-5所示。

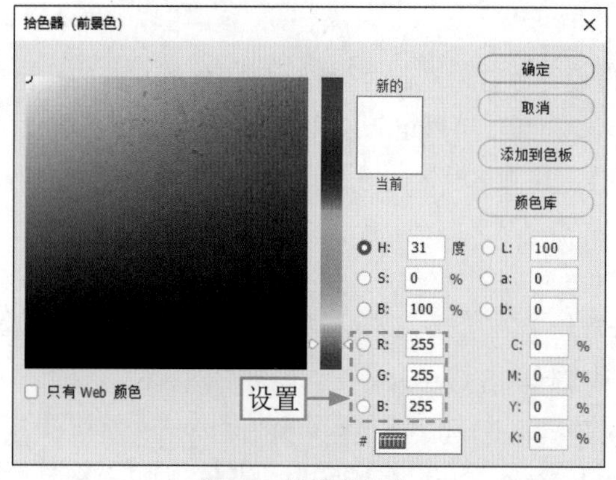

图8-4　设置前景色

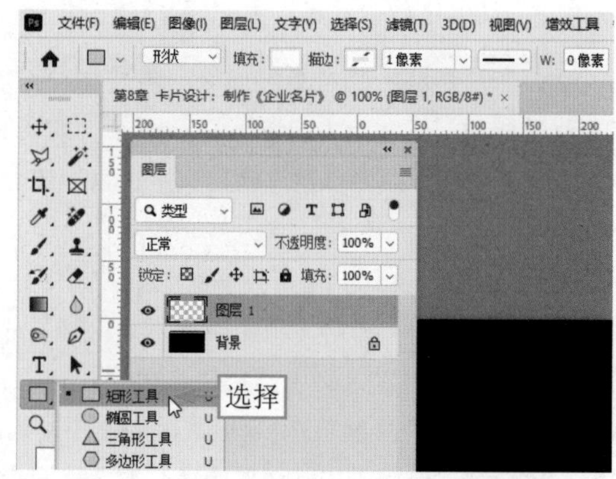

图8-5　选择矩形工具

STEP 04 ▶▶ 在工具属性栏中，设置“选择工具模式”为“路径”，如图8-6所示。

STEP 05 ▶▶ 在右侧设置“圆角的半径”为120像素，如图8-7所示。

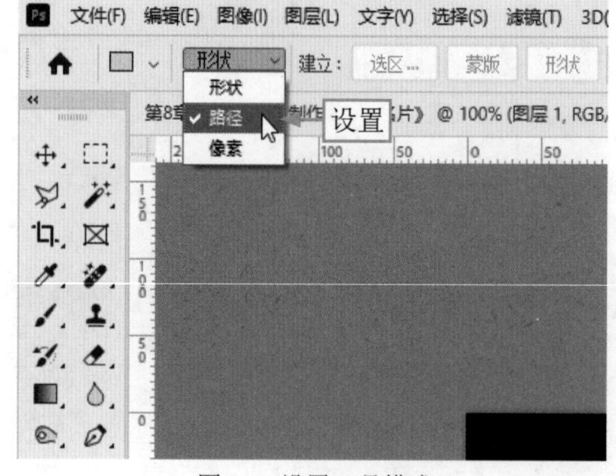

图8-6　设置工具模式

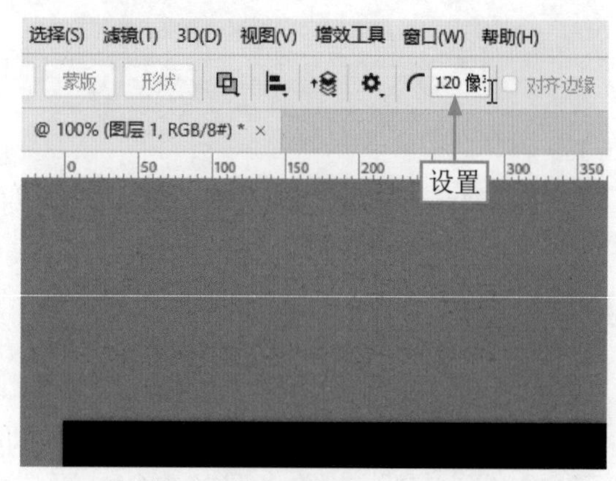

图8-7　设置“圆角的半径”参数

STEP 06 在图像编辑窗口的合适位置，绘制一个圆角矩形，如图8-8所示。

STEP 07 在“属性”面板中，取消宽度和高度链接，设置W为8.5厘米、H为4.5厘米、X和Y均为30像素，如图8-9所示，即可调整圆角矩形路径的大小和位置。

图8-8　绘制圆角矩形

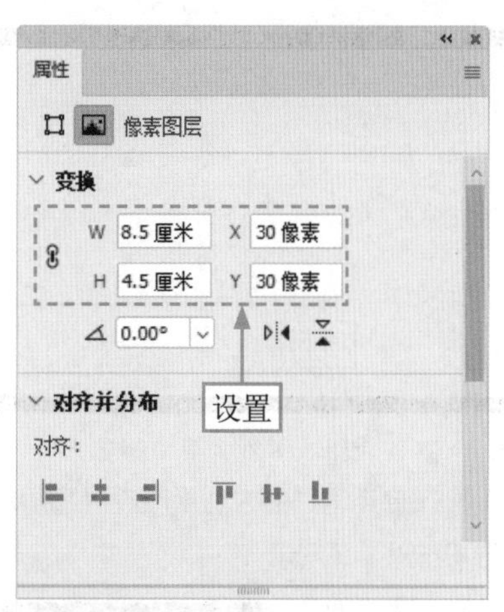

图8-9　设置圆角矩形参数

STEP 08 按Ctrl+Enter组合键，将路径转换为选区，如图8-10所示。

STEP 09 按Alt+Delete组合键，为选区填充前景色，并取消选区，效果如图8-11所示。

图8-10　将路径转换为选区

图8-11　为选区填充前景色

STEP 10 在“图层”面板中，新建“图层2”图层，如图8-12所示。

STEP 11 在工具箱中选择“矩形工具”，在工具属性栏中设置“圆角的半径”为0像素，如图8-13所示。

图8-12　新建图层

图8-13　设置“圆角的半径”参数

STEP 12 在图像编辑窗口的适当位置，绘制一个矩形路径，如图8-14所示。

STEP 13 按Ctrl+Enter组合键，将路径转换为选区；按Alt+Delete组合键，为选区填充前景色，并取消选区，效果如图8-15所示。

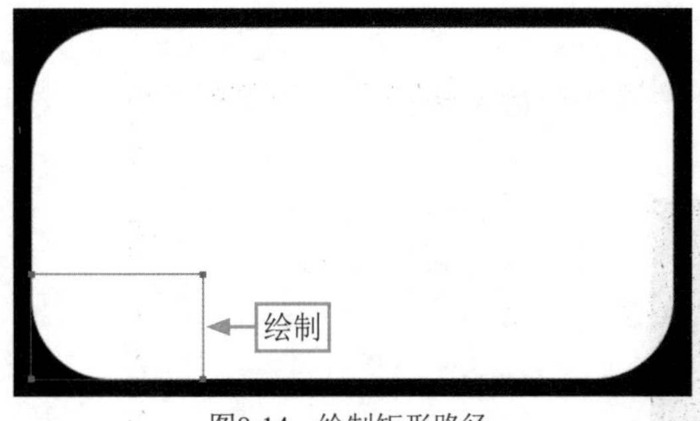

图8-14 绘制矩形路径

图8-15 为选区填充前景色

STEP 14 使用同样的方法，新建"图层3"图层，在图像编辑窗口的另一位置再次绘制一个矩形，并填充为白色，效果如图8-16所示。

图8-16 绘制矩形并填充颜色

8.2.2 添加图形设计元素

下面介绍制作名片版面中的各元素，如名片的背景图形，为图形设置不透明度效果，使图形与名片的整体风格更加匹配，具体操作步骤如下。

STEP 01 选择"文件"|"打开"命令，打开"图形1.png"素材图像，如图8-17所示。

STEP 02 将素材图像拖曳至企业名片图像编辑窗口中的合适位置，如图8-18所示。

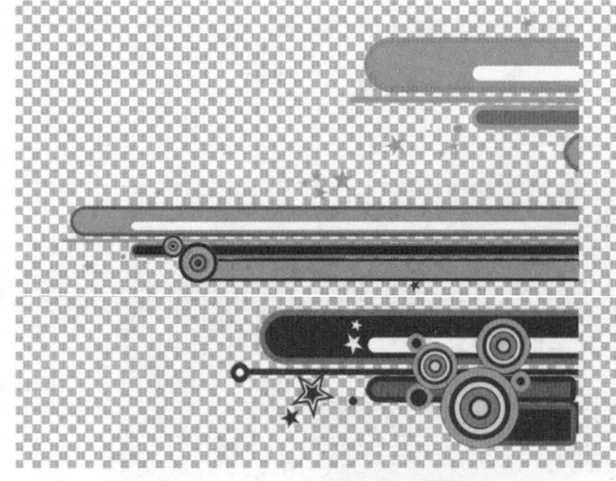

图8-17 打开"图形1"素材图像

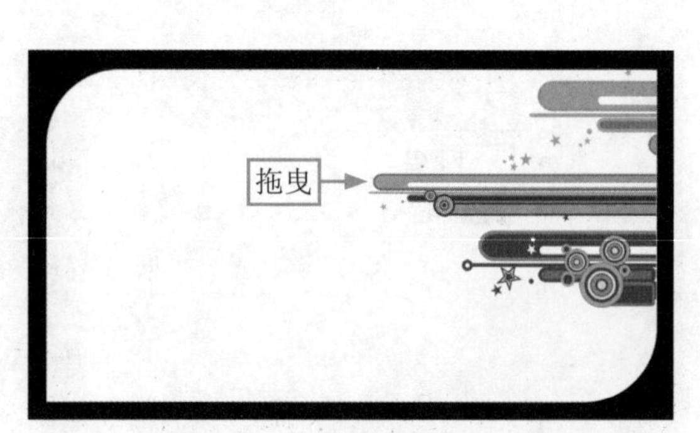

图8-18 将"图形1"素材图像拖曳至合适位置

STEP 03 ▶▶ 在“图层”面板中，设置“图层4”图层的“不透明度”为15%，如图8-19所示。

STEP 04 ▶▶ 设置完成后，图像编辑窗口中的图像效果如图8-20所示。

图8-19 设置“不透明度”参数

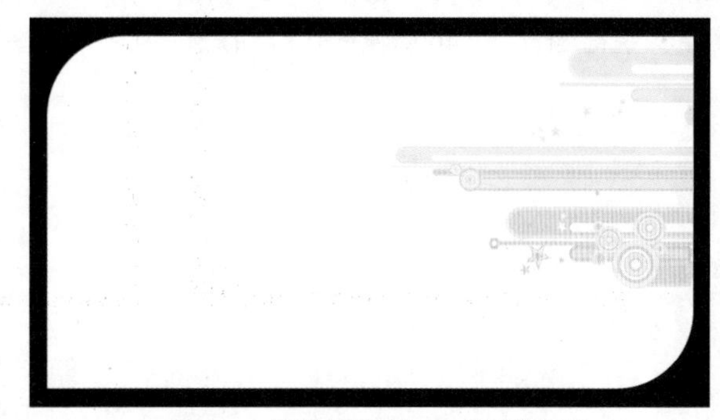

图8-20 图像编辑窗口中的图像效果

STEP 05 ▶▶ 选择“文件”|“打开”命令，打开“图形2.png”素材图像，如图8-21所示。

STEP 06 ▶▶ 将素材图像拖曳至企业名片图像编辑窗口中的合适位置，如图8-22所示。

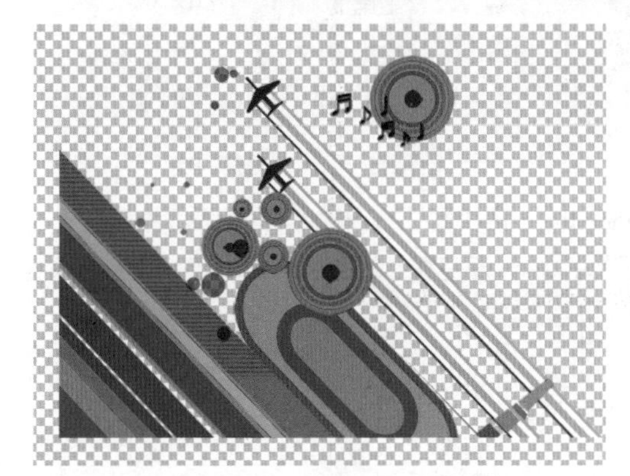

图8-21 打开“图形2”素材图像

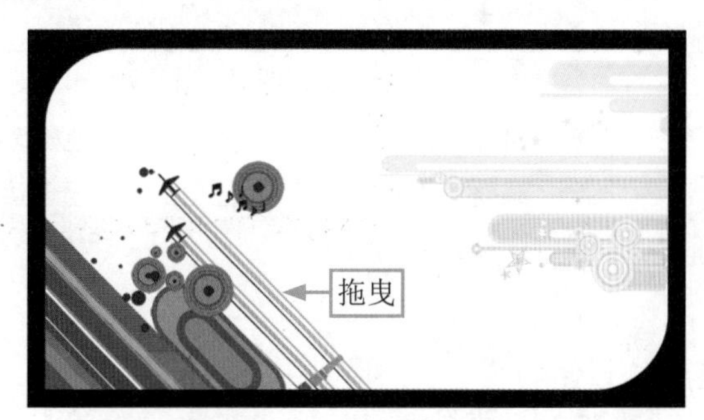

图8-22 将“图形2”素材图像拖曳至合适位置

STEP 07 ▶▶ 选择“文件”|“打开”命令，打开“图形3.png”素材图像，将素材图像拖曳至企业名片图像编辑窗口中的合适位置，如图8-23所示。

STEP 08 ▶▶ 选择“图层”|“新建调整图层”|“色相/饱和度”命令，如图8-24所示。

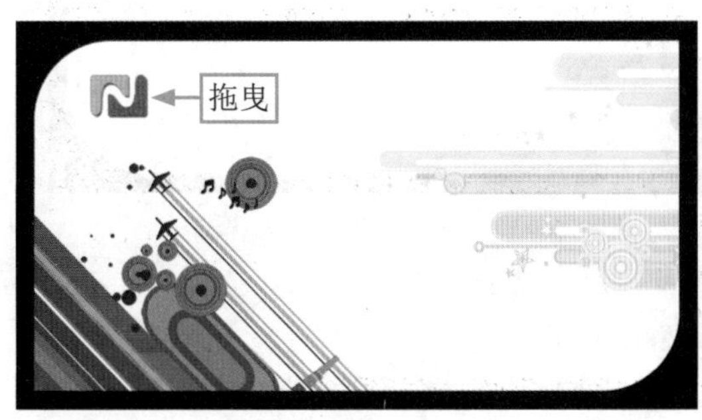

图8-23 将“图形3”素材图像拖曳至合适位置

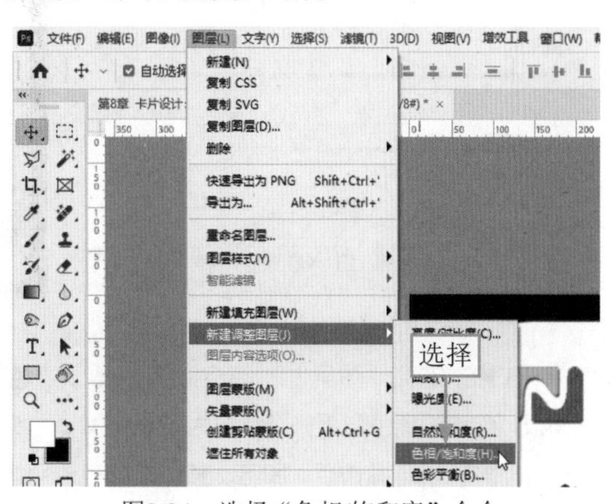

图8-24 选择“色相/饱和度”命令

专家指点

在“图层”面板底部单击“创建新的填充或调整图层”按钮◐，在弹出的下拉列表框中选择“色相/饱和度”选项，也可以快速新建“色相/饱和度”调整图层。

STEP 09 弹出“新建图层”对话框，单击“确定”按钮，如图8-25所示。

STEP 10 执行操作后，即可新建一个“色相/饱和度1”调整图层，如图8-26所示。

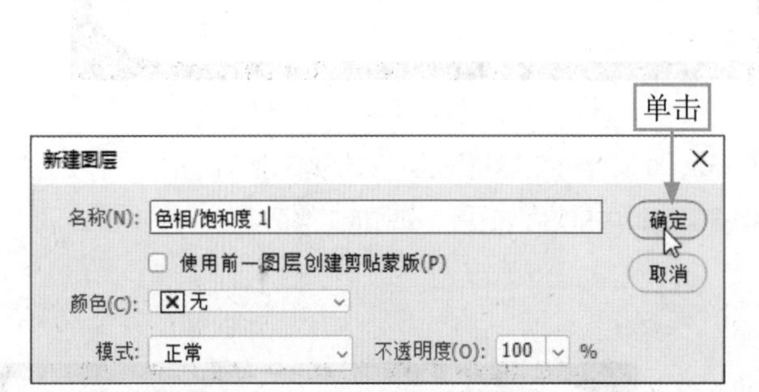

图8-25 “新建图层”对话框

图8-26 新建调整图层

STEP 11 打开“属性”面板，在其中设置“色相”为-40、“饱和度”为+91，如图8-27所示。

STEP 12 调整“色相/饱和度1”图层的“不透明度”为40%，调整图像的色相和饱和度，此时图像编辑窗口中的图像效果如图8-28所示。

图8-27 “属性”面板

图8-28 调整图像的色相和饱和度

STEP 13 选择“图层”|“新建调整图层”|“色彩平衡”命令，新建“色彩平衡1”调整图层，打开“属性”面板，依次设置色彩平衡度参数为+71、+32、+15，如图8-29所示。

STEP 14 执行操作后，即可调整图像的色彩平衡度，效果如图8-30所示。

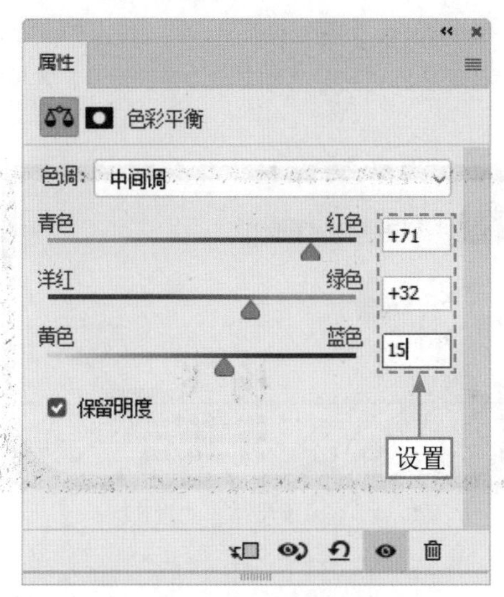

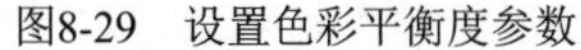

图8-29 设置色彩平衡度参数

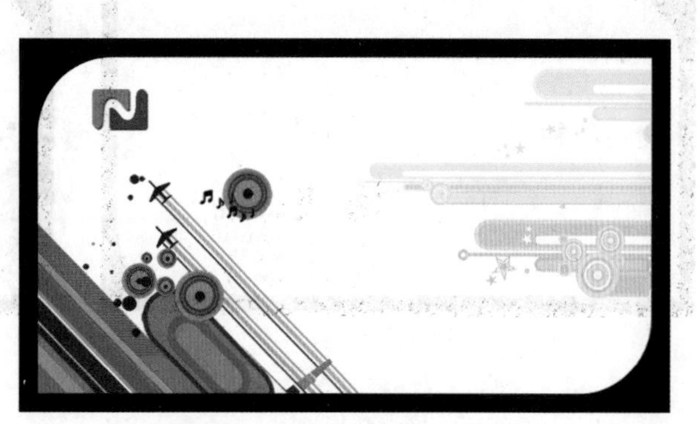

图8-30 调整图像的色彩平衡度

8.2.3 制作名片文字效果

名片上的文字包括公司名称、个人姓名、公司职务、地址和电话等，这是最基本的身份标识，帮助客户快速识别出名片持有者。下面介绍制作名片文字效果的操作方法。

STEP 01 选择工具箱中的“横排文字工具”T，在“字符”面板中设置字体样式与颜色属性，如图8-31所示。

STEP 02 在工具属性栏中设置“消除锯齿的方法”为“平滑”，在图像编辑窗口的适当位置输入相应的文字内容，如图8-32所示。

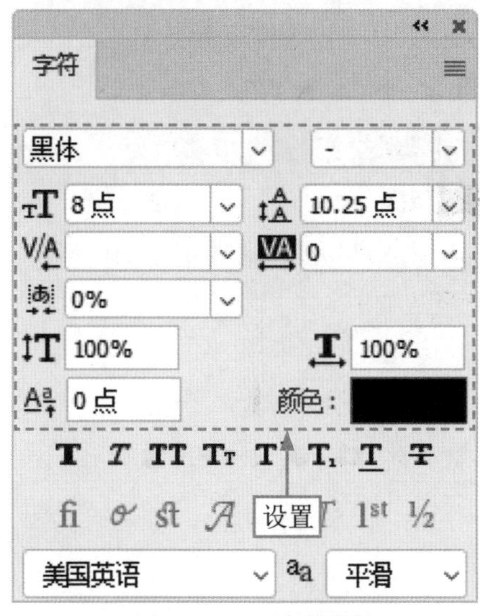

图8-31 设置字体属性

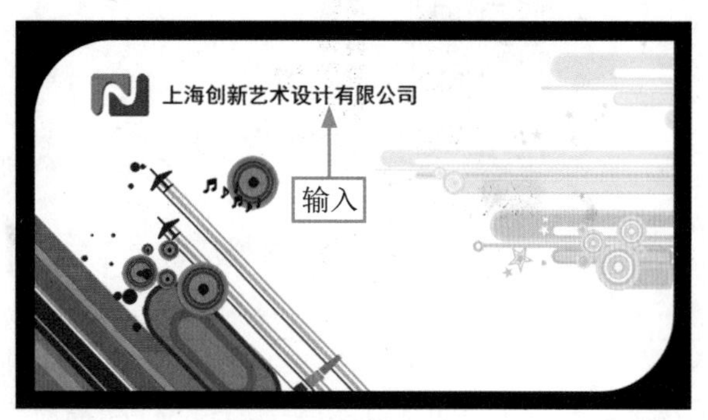

图8-32 输入文字

专家指点

用户不仅可以在“字符”面板中设置文字的属性，还可以在工具属性栏中进行设置。

STEP 03 ▶>> 选择“文件”|“打开”命令，打开“素材4.psd”素材图像，如图8-33所示。

STEP 04 ▶>> 将文字素材拖曳至企业名片图像编辑窗口的合适位置，即可完成名片文字内容的设计，效果如图8-34所示。

图8-33　打开素材图像

图8-34　名片文字内容的设计

8.2.4　制作名片立体效果

制作出名片的立体效果可以使名片更有质感，整体效果更加美观。下面介绍制作名片立体效果的操作方法。

STEP 01 ▶>> 打开“图层”面板，选择除“背景”图层外的所有图层，单击鼠标右键，在弹出的快捷菜单中选择“合并图层”命令，如图8-35所示。

STEP 02 ▶>> 执行操作后，即可合并这些图层，并将其重命名为“图层1”，如图8-36所示。

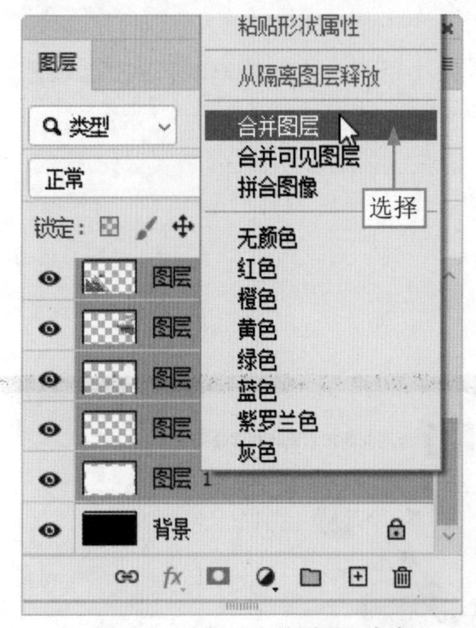

图8-35　选择“合并图层”命令

图8-36　重命名图层

在Photoshop中，用户还可以通过以下两种方法合并图层。

（1）在菜单栏中，选择“图层”|“合并图层”命令，合并图层。

（2）按Ctrl+E组合键，合并图层。

STEP 03 ▶▶ 选择“文件”|“打开”命令，打开“名片背景.psd”素材图像，如图8-37所示。

STEP 04 ▶▶ 选择“文件”|“打开”命令，打开“黑色阴影.psd”素材图像，将其拖曳至“名片背景.psd”图像编辑窗口中，如图8-38所示。

图8-37　打开“名片背景”素材图像

图8-38　将“黑色阴影”素材图像拖曳至合适位置

STEP 05 ▶▶ 返回“第8章 卡片设计：制作《企业名片》”图像编辑窗口，将“图层1”图层拖曳至“名片背景.psd”图像编辑窗口中，如图8-39所示。

STEP 06 ▶▶ 按Ctrl＋T组合键，调出变换控制框，如图8-40所示。

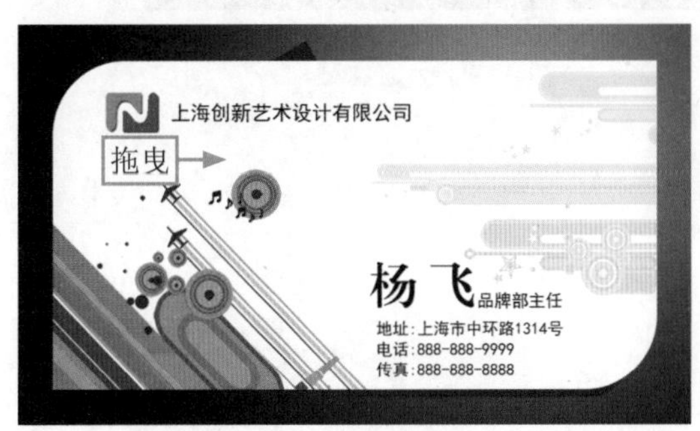

图8-39　拖曳图层

图8-40　调出变换控制框

STEP 07 ▶▶ 调整图像的大小和位置，此时图像编辑窗口中的图像效果如图8-41所示。

STEP 08 ▶▶ 复制“图层1”图层，得到“图层1拷贝”图层，如图8-42所示。

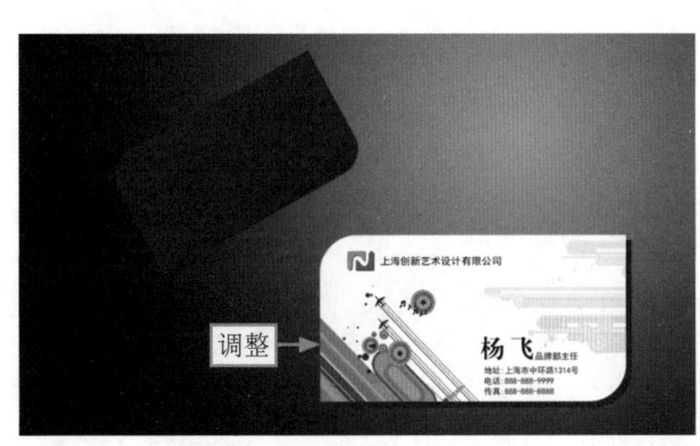

图8-41　调整图像的大小和位置

图8-42　复制图层

STEP 09 ▶ 调整“图层1拷贝”图层中图像的位置、大小和角度，效果如图8-43所示。至此，完成《企业名片》效果的设计。

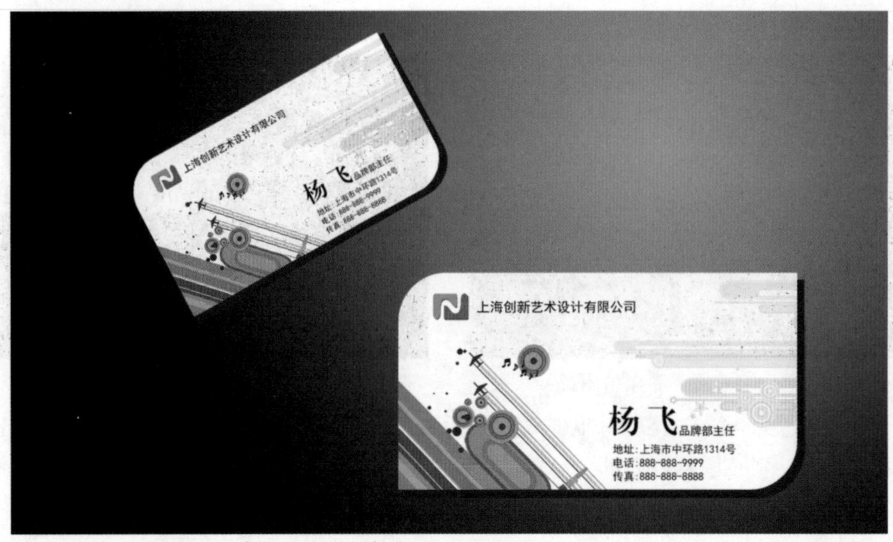

图8-43 最终效果

第9章 海报广告：制作《舞韵健身》

海报是一种直观、简洁的信息传达方式，通过图片、文字和排版，可以有效地传递产品、服务或活动的关键信息。海报广告常用于宣传促销活动、特价优惠或新品上市，以激发顾客的购买欲望，推动销售。本章主要介绍制作《舞韵健身》的操作方法。

9.1 《舞韵健身》效果展示

随着社会的发展，健身受到很多人的欢迎，越来越多的人投入健身行业，修身养性、强身健体。健身俱乐部的海报广告通过鲜艳的颜色、吸引人的图像，引起潜在顾客的关注，将文字和图像结合，简洁明了地传递关键信息。

在制作《舞韵健身》之前，首先来欣赏本案例的图像效果，并了解案例的学习目标、制作思路、知识讲解和要点讲堂。

9.1.1 效果欣赏

《舞韵健身》海报广告的效果如图9-1所示。

图9-1 《舞韵健身》海报广告效果

9.1.2 学习目标

知识目标	掌握《舞韵健身》海报广告的制作方法
技能目标	（1）掌握制作海报广告背景的操作方法 （2）掌握制作海报剪影效果的操作方法 （3）掌握制作广告图像效果的操作方法 （4）掌握制作广告主体文字的操作方法
本章重点	制作海报剪影效果
本章难点	制作广告图像效果
视频时长	10分39秒

9.1.3 制作思路

本案例首先介绍了制作海报广告背景的方法，为背景填充线性渐变色，然后制作海报的剪影与图像效果，最后制作广告主体文字。图9-2所示为《舞韵健身》的制作思路。

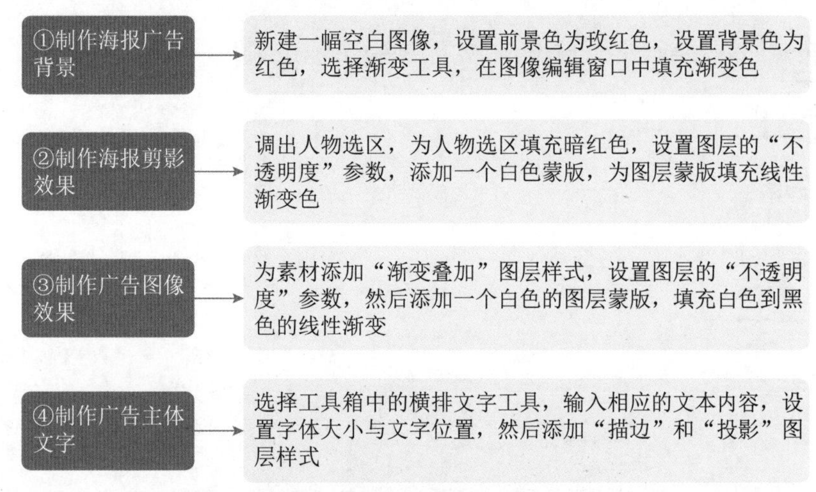

图9-2 《舞韵健身》的制作思路

9.1.4 知识讲解

海报广告是一种全面、直观的宣传手段，通过各种元素的综合使用，能够在短时间内有效地传达信息、引起共鸣，为品牌建设和产品销售提供重要支持。本案例主要介绍使用渐变工具、“图层蒙版”功能、“渐变叠加”命令、矩形选框工具等制作《舞韵健身》的方法。

9.1.5 要点讲堂

在本章内容中，有一个非常重要的工具——图层蒙版，在“图层”面板的底部单击“图层蒙版”按钮，即可添加一个白色蒙版，此时完全显示当前图层，画面不会有任何改变；而如果按住Alt键的同时再单击“图层蒙版”按钮，即可在当前图层中添加一个黑色蒙版，此时该图层上的内容被全部隐藏了，只露出下方图层中的图像效果。

9.2 《舞韵健身》制作流程

本节将为读者介绍制作《舞韵健身》的操作方法，包括制作海报广告背景、制作海报剪影效果、制作广告图像效果以及制作广告主体文字等内容。

9.2.1 制作海报广告背景

扫码看视频

玫红色是一种醒目的颜色，也是一种充满活力和能量的颜色，能够在瞬间吸引观众的目光。下面介绍将海报广告背景制作成玫红色调的操作方法。

STEP 01 ▶▶ 选择“文件”|“新建”命令，打开“新建文档”对话框，设置“名称”为“第9章 海报广告：制作《舞韵健身》”、“宽度”为6厘米、“高度”为9厘米、“分辨率”为300像素/英寸、“背景内容”为“白色”，如图9-3所示。

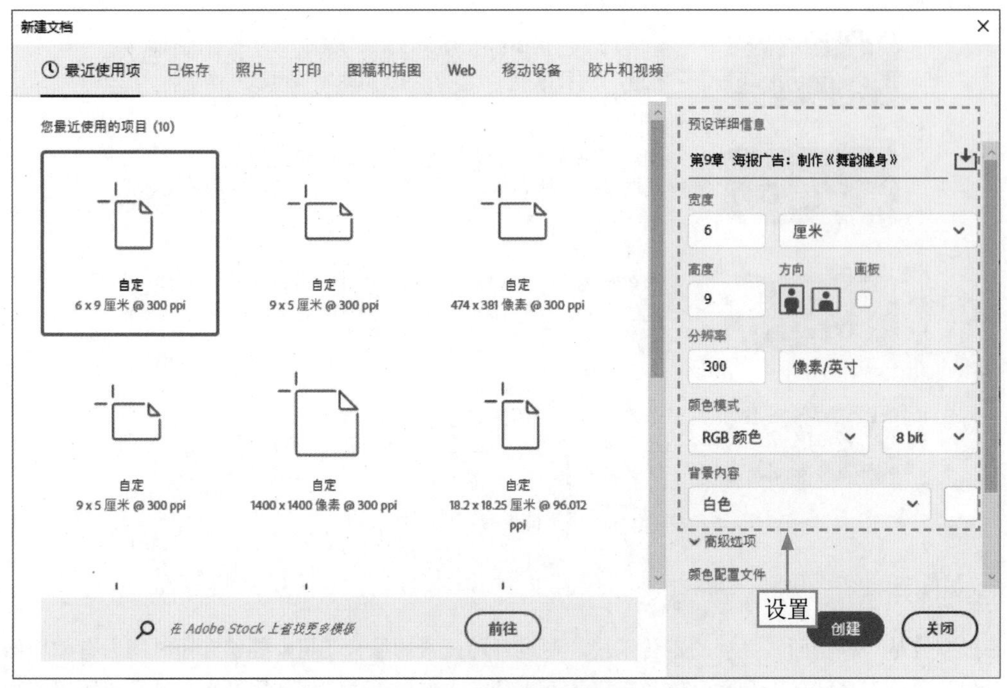

图9-3 新建文档并设置参数

STEP 02 ▶▶ 单击“创建”按钮，即可新建一幅空白图像，设置前景色为玫红色（RGB值分别为218、0、128），如图9-4所示。

STEP 03 ▶▶ 设置背景色为红色（RGB值分别为239、0、97），如图9-5所示。

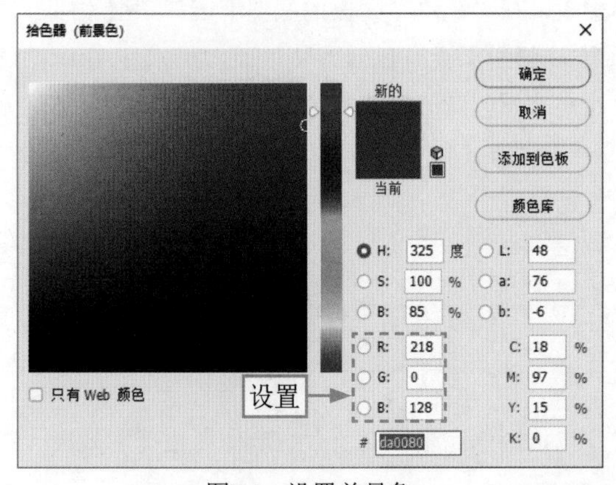

图9-4 设置前景色

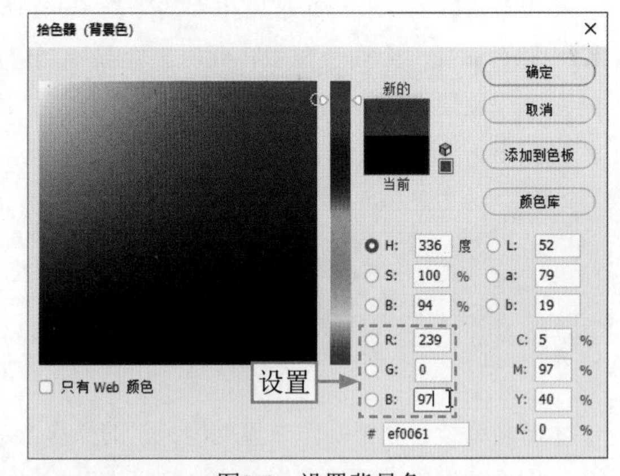

图9-5 设置背景色

STEP 04 ▶▶ 选择“渐变工具”，在工具属性栏中单击“选择和管理渐变预设”按钮，在弹出的下拉列表中展开“基础”选项，选择“前景色到背景色渐变”选项，如图9-6所示。

STEP 05 ▶▶ 在图像编辑窗口中按住鼠标左键从上往下拖曳，填充渐变色，如图9-7所示。

STEP 06 ▶▶ 选择“移动工具”，此时图像编辑窗口中的垂直渐变线将被隐藏，如图9-8所示。

STEP 07 ▶▶ 在“图层”面板中，自动新建“渐变填充1”图层，如图9-9所示。

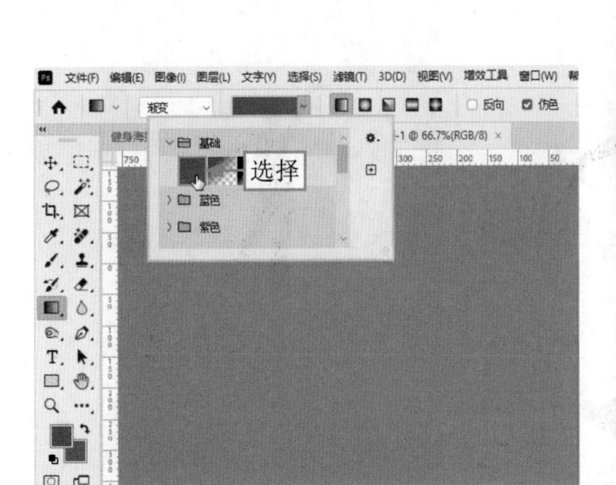

图9-6 选择“前景色到背景色渐变”选项

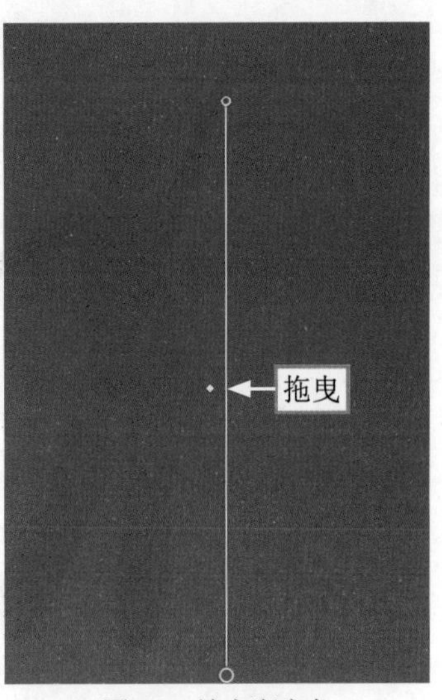

图9-7 填充渐变色

图9-8 垂直渐变线将被隐藏

图9-9 自动新建图层

9.2.2 制作海报剪影效果

扫码看视频

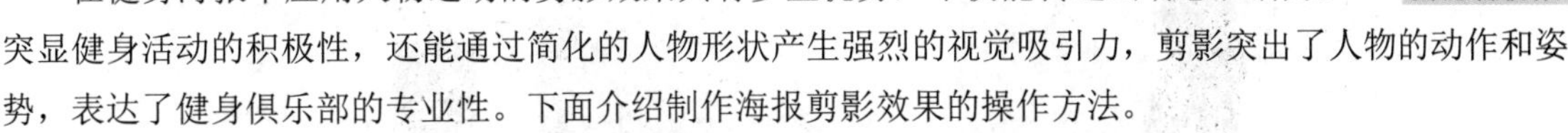

在健身海报中应用人物运动的剪影效果具有多重优势，不仅能传达出动感和活力，突显健身活动的积极性，还能通过简化的人物形状产生强烈的视觉吸引力，剪影突出了人物的动作和姿势，表达了健身俱乐部的专业性。下面介绍制作海报剪影效果的操作方法。

STEP 01 选择“文件”|“打开”命令，打开“素材1.psd”素材图像，如图9-10所示。

STEP 02 将素材图像拖曳至上一例图像编辑窗口中的合适位置，如图9-11所示。

STEP 03 按Ctrl＋T组合键，调出变换控制框，如图9-12所示。

STEP 04 拖曳素材四周的控制柄，将人物剪影放大，使用“移动工具”将素材移至合适位置，按Enter键确认，效果如图9-13所示。

STEP 05 按住Ctrl键的同时单击“图层1”缩览图，调出人物选区，如图9-14所示。

STEP 06 设置前景色为暗红色（RGB值分别为154、1、31），如图9-15所示。

图9-10　打开“素材1”图像

图9-11　拖曳“素材1”图像至图像编辑窗口

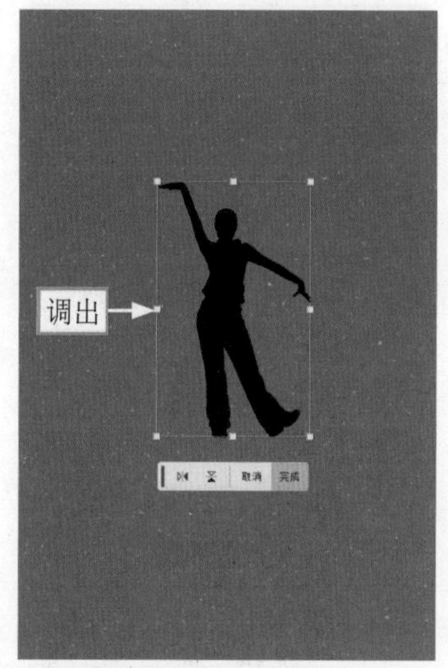

图9-12　调出变换控制框

图9-13　调整“素材1”图像

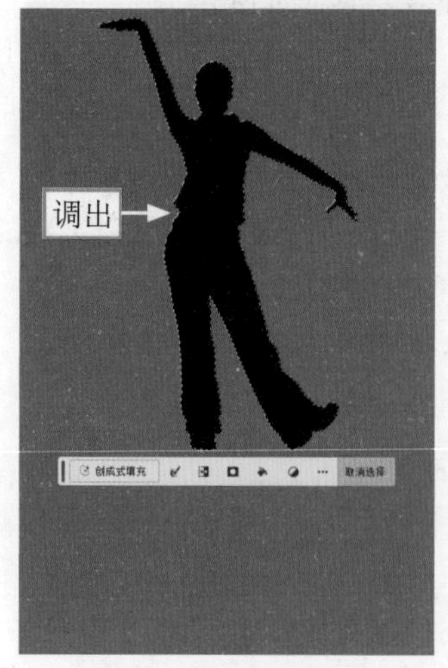

图9-14　调出人物选区

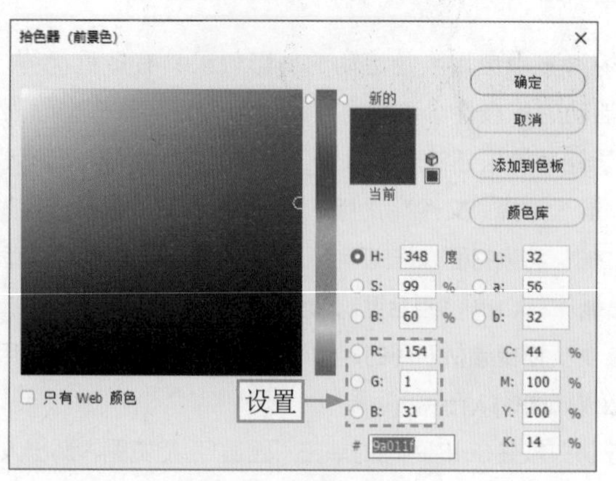

图9-15　设置前景色

STEP 07 按Alt＋Delete组合键，填充前景色，并取消选区，图像效果如图9-16所示。

STEP 08 设置“图层1”图层的“不透明度”为15%，图像效果如图9-17所示。

图9-16 填充前景色

图9-17 设置“不透明度”参数

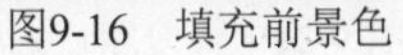

STEP 09 选择“文件”|“打开”命令，打开“素材2.psd”素材图像，如图9-18所示。

STEP 10 将素材图像拖曳至健身海报图像编辑窗口中的合适位置，如图9-19所示。

图9-18 打开“素材2”图像

图9-19 拖曳“素材2”图像至图像编辑窗口中

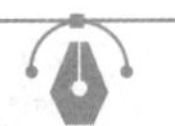

专家指点

随着人工智能技术的不断发展，现在有很多非常实用的AI图像自动生成工具，如Midjourney。如果用户需要更多的、不同的人物剪影素材，此时可以通过Midjourney进行AI绘画操作，获得更多海报广告素材。

STEP 11 ▶▶ 单击"图层"面板底部的"图层蒙版"按钮◘，为"图层2"图层添加一个白色蒙版，如图9-20所示。

STEP 12 ▶▶ 按D键，恢复默认的前景色与背景色，如图9-21所示。

图9-20 添加白色蒙版

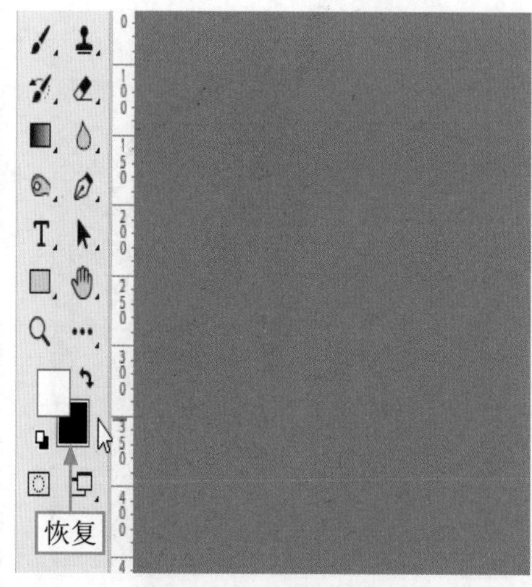

图9-21 恢复默认的颜色

STEP 13 ▶▶ 选择"渐变工具"■，在工具属性栏中单击"选择和管理渐变预设"按钮，在弹出的下拉列表中展开"基础"选项，选择"前景色到背景色渐变"选项，如图9-22所示。

STEP 14 ▶▶ 在图像编辑窗口中按住鼠标左键从上往下拖曳，为图层蒙版填充线性渐变色，此时图像下方会显示相应的透明度，如图9-23所示。

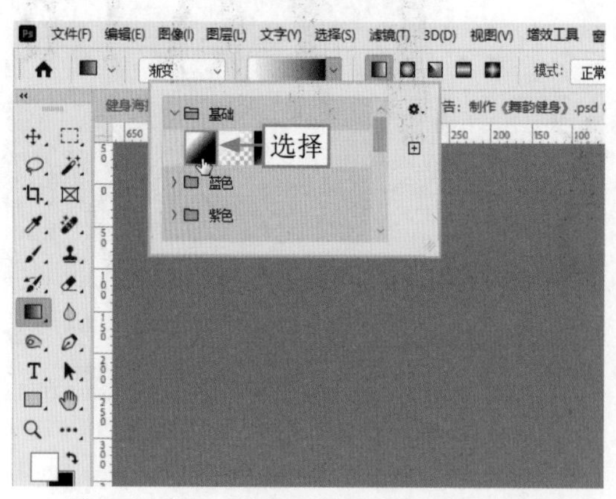

图9-22 选择"前景色到背景色渐变"选项

图9-23 拖曳填充线性渐变色

9.2.3 制作广告图像效果

在海报广告中设计相应的图像效果，可以使健身海报更加精美、绚丽，能更好地提升广告的影响力和吸引力。下面介绍制作广告图像效果的操作方法。

STEP 01 ▶ 选择“文件”|“打开”命令，打开“素材3.psd”素材图像，如图9-24所示。

STEP 02 ▶ 将素材图像拖曳至健身海报图像编辑窗口中的合适位置，调整其大小和位置，效果如图9-25所示。

图9-24 打开“素材3”图像

图9-25 调整“素材3”的大小和位置

STEP 03 ▶ 选择“图层”|“图层样式”|“渐变叠加”命令，如图9-26所示。

STEP 04 ▶ 弹出“图层样式”对话框，在右侧的“渐变”选项组中，单击“渐变”下拉列表框，如图9-27所示。

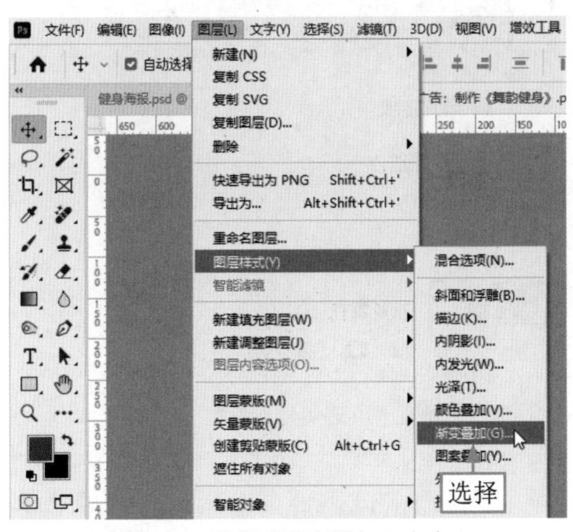

图9-26 选择“渐变叠加”命令

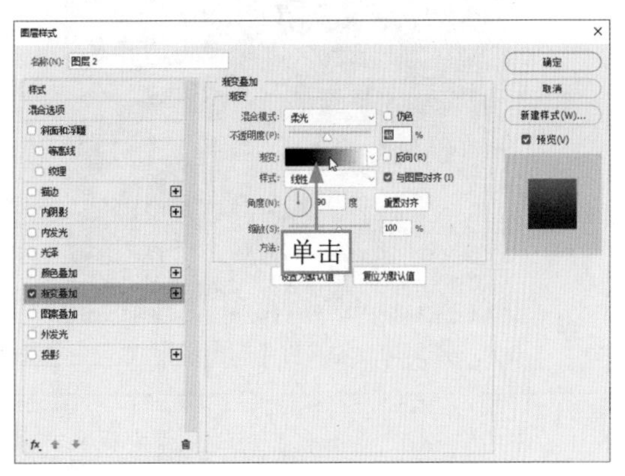

图9-27 “图层样式”对话框

STEP 05 ▶ 弹出“渐变编辑器”对话框，在其中设置粉红色（RGB值分别为246、105、170）到白色的渐变色，如图9-28所示。

STEP 06 ▶ 单击“确定”按钮，返回“图层样式”对话框，在其中设置“混合模式”为“正常”、“不透明度”为70%、“角度”为103度，如图9-29所示。

STEP 07 ▶ 单击“确定”按钮，为素材添加图层样式，效果如图9-30所示。

STEP 08 ▶ 在“图层”面板中，设置OPEN图层的“不透明度”为35%，如图9-31所示。

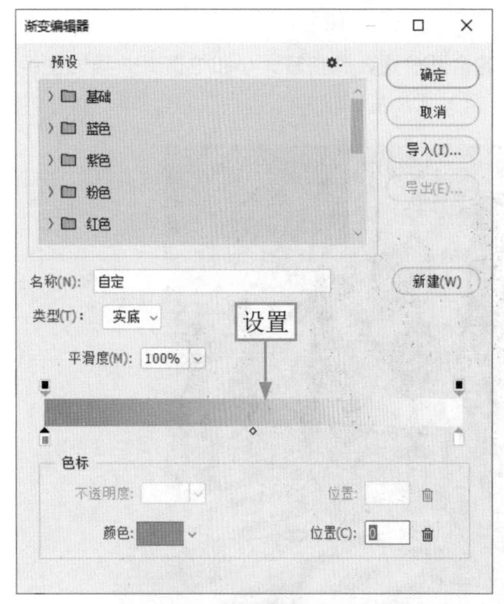

图9-28 设置渐变色

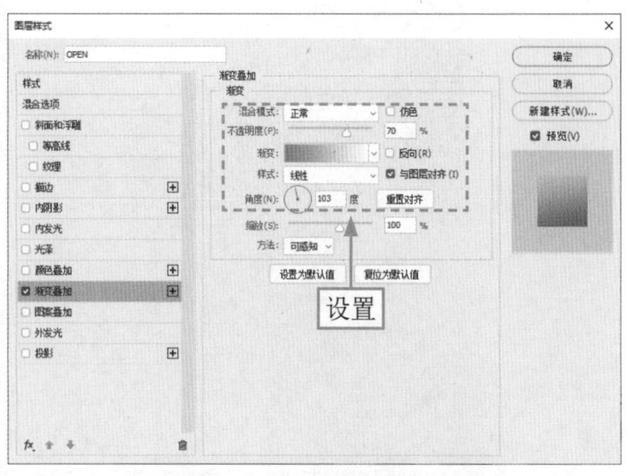

图9-29 设置“渐变叠加”参数

图9-30 为素材添加图层样式

图9-31 设置“不透明度”参数

专家指点

关于图层蒙版，它有何作用呢？简单来说，蒙版可以将当前图层与下方图层，根据我们的需要，将两幅图像不同的像素进行显示或者不显示。也就是说两个图层中的对象，我们可以各取所需，让它们呈现在一起。当蒙版呈现白色的时候，它显示的是当前图层的样子；当蒙版变成黑色的时候，它将遮挡当前图层，从而露出下方图层中的图像。而图像中哪些需要显示，哪些不需要显示，可以通过蒙版画笔或渐变工具来实现。

STEP 09 ▶▶ 设置图层的不透明度后，图像效果如图9-32所示。

STEP 10 ▶▶ 在“图层”面板中，为OPEN图层添加白色的图层蒙版，如图9-33所示。

图9-32 设置图像的不透明度后的效果

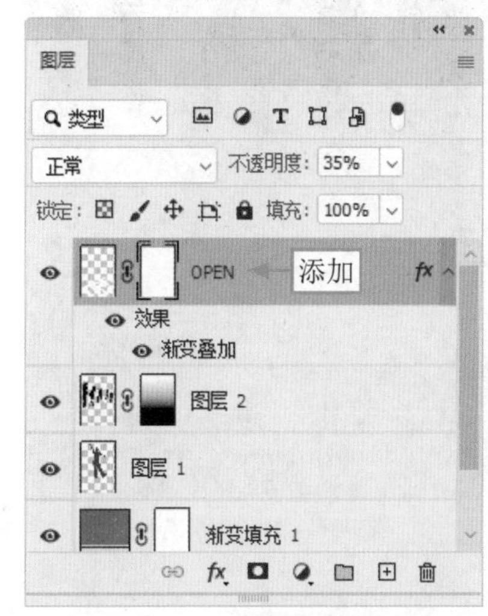

图9-33 添加图层蒙版

STEP 11 ▶▶ 在工具箱中选择“渐变工具”，在图像中从左上角向右下方填充白色到黑色的线性渐变，图像效果如图9-34所示。

STEP 12 ▶▶ 在“图层”面板中，新建“图层3”图层，如图9-35所示。

图9-34 填充线性渐变

图9-35 新建图层

STEP 13 ▶▶ 选择“矩形选框工具”，在图像编辑窗口的下方绘制一个矩形选区，如图9-36所示。

STEP 14 ▶▶ 设置前景色为黑色，按Alt+Delete组合键，为选区填充前景色；按Ctrl+D组合键，取消选区，效果如图9-37所示。

图9-36　绘制矩形选区

图9-37　为选区填充黑色

9.2.4　制作广告主体文字

扫码看视频

健身海报中的广告文字在传播中起着重要作用，文字能提供关键的广告信息、服务内容和联系方式，促使观众采取具体行动。下面介绍制作广告主体文字的操作方法。

STEP 01 选择工具箱中的"横排文字工具"**T**，在图像编辑窗口的适当位置输入相应文本内容，如图9-38所示。

STEP 02 在浮动工具栏中设置"字体大小"为10点，并移至合适位置，如图9-39所示。

图9-38　输入文本

图9-39　将文字移至合适位置

STEP 03 ⋙ 选择文字图层，选择“图层”|“图层样式”|“描边”命令，弹出“图层样式”对话框，在对话框右侧设置“大小”为5像素、“位置”为“外部”、“混合模式”为“正常”、“不透明度”为100%、“颜色”为洋红色（RGB值分别为212、81、138），如图9-40所示。

STEP 04 ⋙ 选中“投影”复选框，在对话框右侧设置“混合模式”为“正片叠底”、“颜色”为黑色、“不透明度”为75%、“距离”为8像素、“扩展”为11%、“大小”为2像素，如图9-41所示。

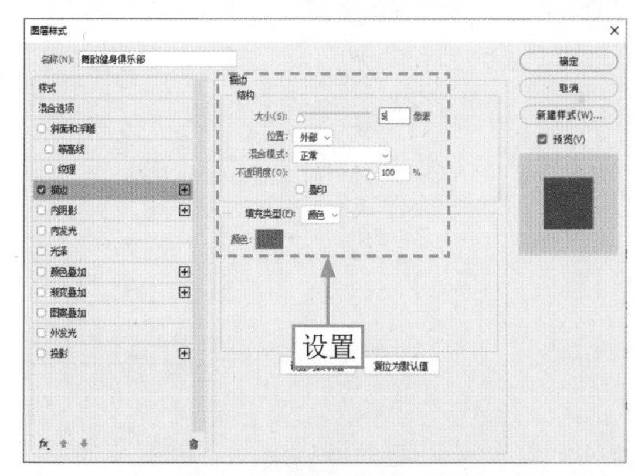

图9-40　设置“描边”参数

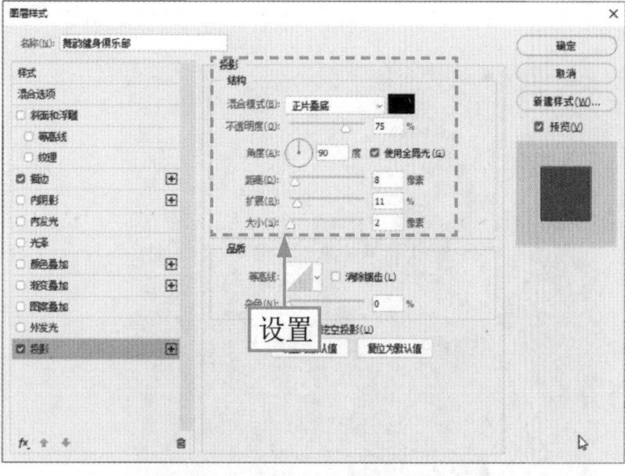

图9-41　设置“投影”参数

STEP 05 ⋙ 单击“确定”按钮，即可为文字添加图层样式，效果如图9-42所示。

STEP 06 ⋙ 使用同样的方法，在图像编辑窗口的最下方输入相应的文本内容，将电话和地址信息呈现到海报广告中，效果如图9-43所示。

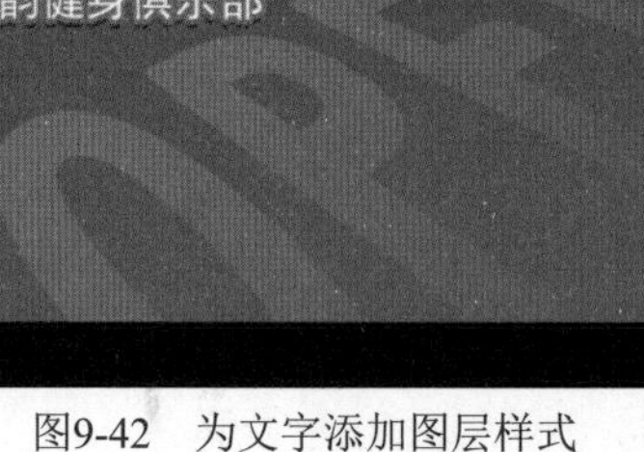

图9-42　为文字添加图层样式

图9-43　输入文本

STEP 07 ⋙ 选择“文件”|“打开”命令，打开“素材4.psd”素材图像，如图9-44所示。

STEP 08 ⋙ 将“素材4”图像拖曳至健身海报图像编辑窗口的合适位置，效果如图9-45所示。

STEP 09 ⋙ 选择“文件”|“打开”命令，打开“素材5.psd”素材图像，如图9-46所示。

STEP 10 ⋙ 将“素材5”图像拖曳至健身海报图像编辑窗口的合适位置，效果如图9-47所示。

至此，完成《舞韵健身》海报广告的制作。

瘦身塑形班
Various dances

图9-44　打开“素材4”图像

图9-45　拖曳“素材4”图像至健身海报中

图9-46　打开“素材5”图像

图9-47　最终效果

第10章 DM广告：制作《皇家酒店》

DM（Direct Mail）广告具有直接传递信息到目标受众的特点，具有较高的精准性和私密性，能够有效地引导消费者的购买决策，通常采用精美的设计和富有创意的排版，以引起受众的兴趣。本章主要介绍制作《皇家酒店》DM广告的操作方法。

10.1 《皇家酒店》效果展示

酒店DM广告通常采用精致、高雅的设计，以反映酒店的品牌形象和服务水平，广告上会提供详细的服务介绍，一般包括客房类型、价格、设施、餐饮选择和其他特色服务，以满足不同客户的需求，吸引客户前来预订。

在制作《皇家酒店》DM广告效果之前，首先来欣赏本案例的图像效果，并了解案例的学习目标、制作思路、知识讲解和要点讲堂。

10.1.1 效果欣赏

《皇家酒店》DM广告的效果如图10-1所示。

图10-1 《皇家酒店》DM广告效果

10.1.2 学习目标

知识目标	掌握《皇家酒店》DM广告的制作方法
技能目标	（1）掌握制作DM广告背景效果的操作方法 （2）掌握制作DM广告折页效果的操作方法 （3）掌握制作DM广告企业标识的操作方法 （4）掌握制作DM广告文字效果的操作方法
本章重点	制作DM广告折页效果
本章难点	制作DM广告背景效果
视频时长	24分00秒

10.1.3 制作思路

本案例首先介绍了制作DM广告黑色渐变背景的方法，然后通过矩形工具绘制出DM广告的折页效果，接下来导入企业标识素材并输入酒店名称，最后制作DM广告详情文字。图10-2所示为《皇家酒店》DM广告的制作思路。

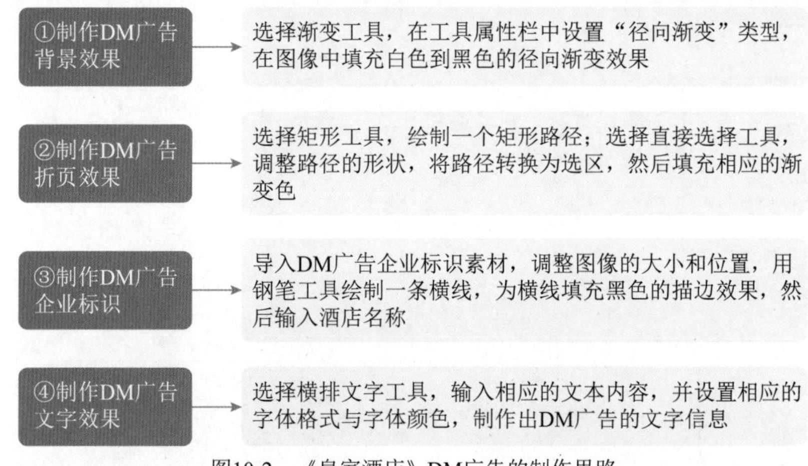

图10-2 《皇家酒店》DM广告的制作思路

10.1.4 知识讲解

制作酒店的DM广告是为了全面推广酒店的服务，传递酒店的详细信息，建立客户关系，全方位推动酒店业务的发展。本案例主要介绍使用渐变工具、多边形套索工具、矩形工具、直接选择工具、钢笔工具等制作《皇家酒店》DM广告效果的方法。

10.1.5 要点讲堂

在本章内容中，讲解了多边形套索工具的应用。在Photoshop中，包含3种不同类型的套索工具，即“套索工具”、“多边形套索工具”以及“磁性套索工具”，灵活使用这3种工具可以创建不同的不规则选区。多边形套索工具可以在图像中绘制出不规则的选区，创建选区时按住Shift键的同时单击鼠标左键，可以沿水平、垂直或45度角方向创建选区。

10.2 《皇家酒店》制作流程

本节将为读者介绍制作《皇家酒店》DM广告的操作方法，包括制作DM广告背景效果、折页效果、企业标识以及文字效果等内容。

10.2.1 制作 DM 广告背景效果

黑色通常被视为奢华和高档的颜色，在营造夜间氛围方面非常有效，在《皇家酒店》DM广告中采用黑色的渐变背景效果，可以进一步增强广告单的高级感，突显酒店的高品质服务和环境。下面介绍制作DM广告背景效果的操作方法。

STEP 01 ▶▶ 选择“文件”|“新建”命令，打开“新建文档”对话框，设置“名称”为“第10章 DM广告：制作《皇家酒店》”、“宽度”为10厘米、“高度”为10厘米、“分辨率”为300像素/英寸、“背景内容”为“白色”，如图10-3所示，单击“创建”按钮。

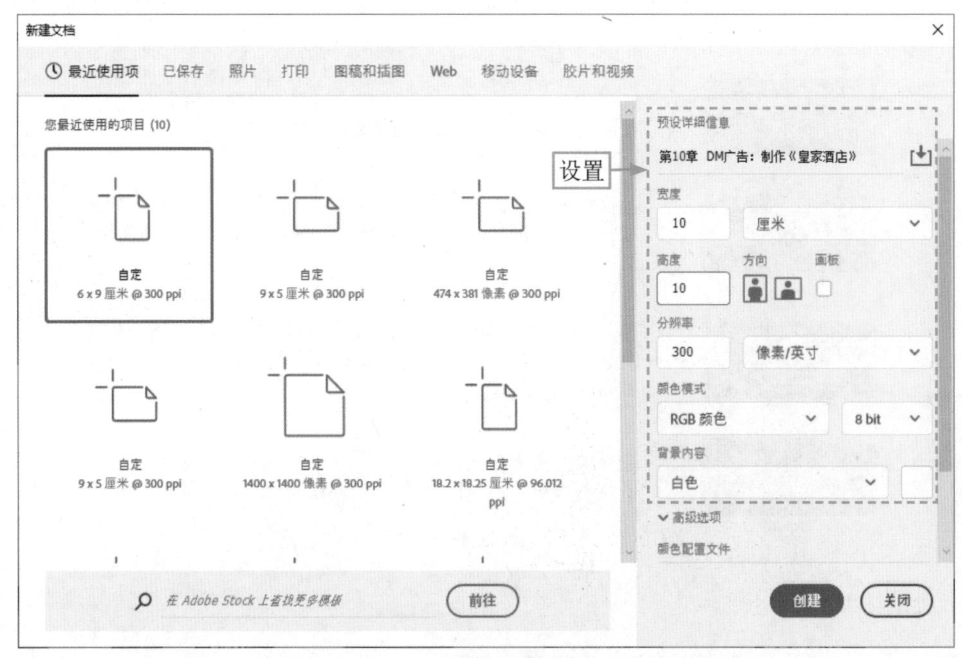

图10-3 新建文档并设置参数

STEP 02 ▶▶ 执行操作后，即可新建一幅空白图像，按D键，恢复默认的前景色与背景色；按X键，切换前景色与背景色，选择“渐变工具”，如图10-4所示。

STEP 03 ▶▶ 在工具属性栏中，单击“径向渐变”按钮，如图10-5所示。

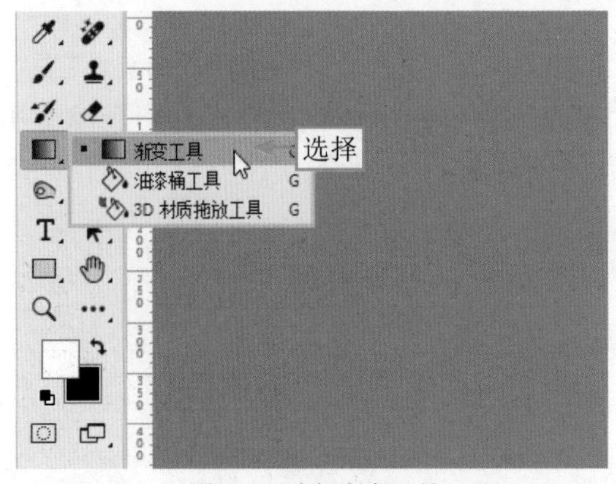

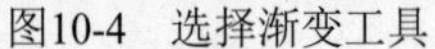

图10-4 选择渐变工具

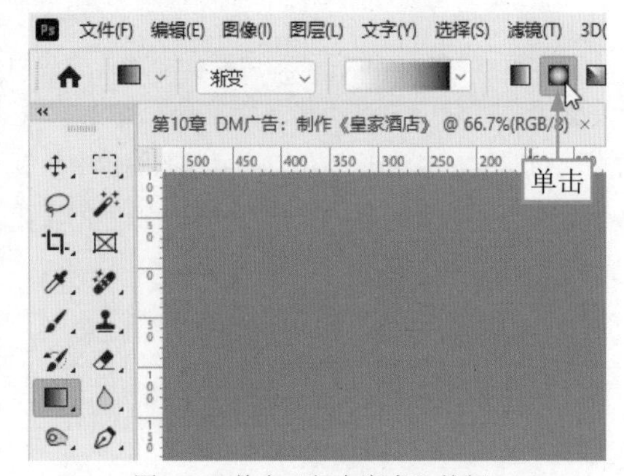

图10-5 单击“径向渐变”按钮

STEP 04 ▶▶ 在工具属性栏的“方法”下拉列表框中，选择“古典”选项，如图10-6所示。

STEP 05 ▶▶ 在图像编辑窗口中的适当位置拖曳鼠标，填充径向渐变，如图10-7所示。

STEP 06 ▶▶ 在“图层”面板的空白位置上，单击鼠标左键，确认填充径向渐变效果，如图10-8所示。

STEP 07 ▶▶ 在“图层”面板中，新建“图层1”图层，如图10-9所示。

STEP 08 ▶▶ 在工具箱中，选择“多边形套索工具”，如图10-10所示。

STEP 09 ▶▶ 在图像编辑窗口的下方绘制一个多边形选区，如图10-11所示。

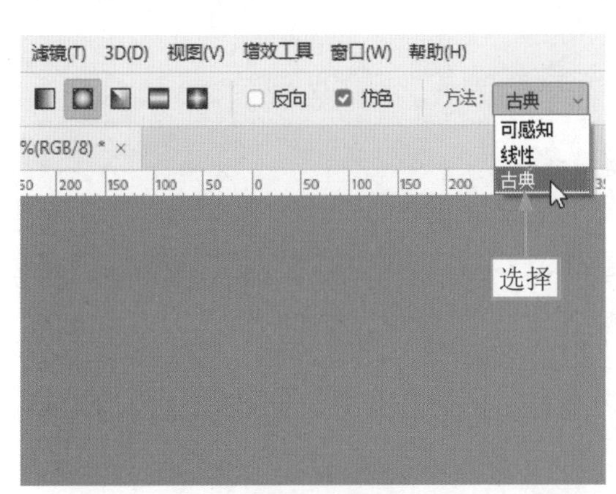

图10-6 选择“古典”选项

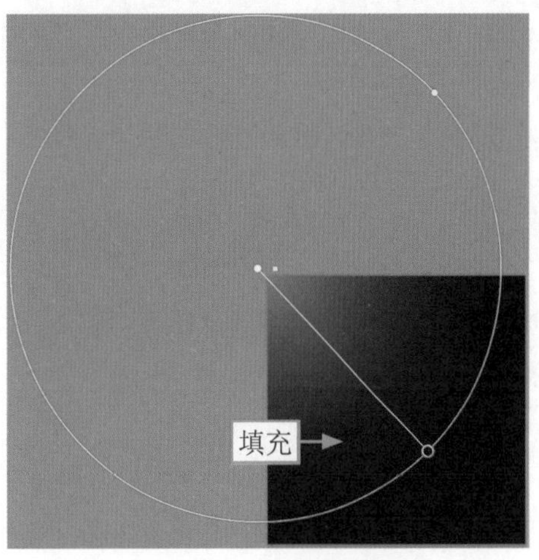

图10-7 填充径向渐变

图10-8 确认填充径向渐变效果

图10-9 新建图层

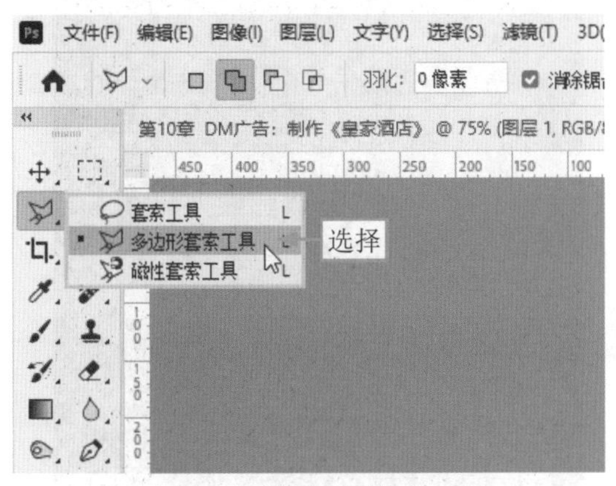

图10-10 选择多边形套索工具

图10-11 绘制多边形选区

STEP 10 按Ctrl＋Delete组合键，为多边形选区填充黑色，选择“滤镜”|“像素化”|“铜版雕刻”命令，如图10-12所示。

STEP 11 弹出“铜版雕刻”对话框，设置“类型”为“精细点”，如图10-13所示。

专家指点

滤镜是一种插件模块，能够对图像中的像素进行操作，也可以模拟一些特殊的光照效果或带有装饰性的纹理效果。Photoshop提供了多种多样的滤镜，使用这些滤镜，用户无须耗费大量的时间和精力就可以快速地制作出如云彩、马赛克、模糊、铜版雕刻、素描、光照以及各种扭曲效果等，直接将滤镜添加到图像中，而不会破坏图像本身的像素。

在Photoshop中，“铜版雕刻”滤镜的工作原理是：用点、线条或笔画重新生成图像，将图像转换为全饱和度颜色下的随机图案。

图10-12　选择“铜版雕刻”命令

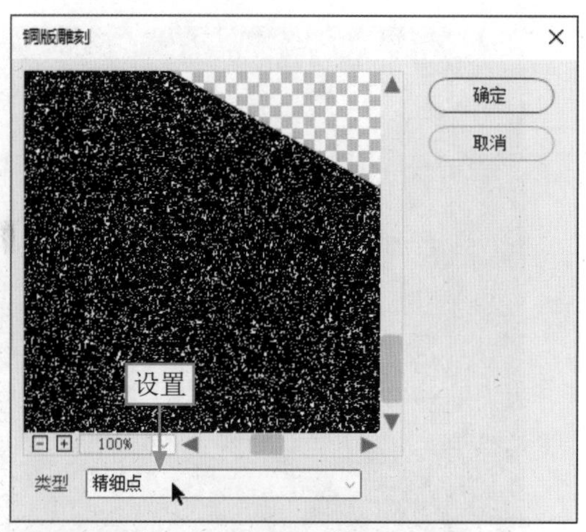

图10-13　设置“类型”为“精细点”

STEP 12 单击“确定”按钮，即可为图像设置铜版雕刻效果，并取消选区，如图10-14所示。

STEP 13 在“图层”面板中，设置“图层1”图层的“不透明度”为30%，设置图像的不透明度效果，如图10-15所示。

图10-14　为图像设置铜版雕刻效果

图10-15　设置图像的不透明度效果

10.2.2 制作DM广告折页效果

DM广告的背景制作完成后，接下来制作DM广告折页的图形效果，并为图形添加投影样式，使折页更具立体感，具体操作步骤如下。

STEP 01 选择工具箱中的“矩形工具”，在工具属性栏中设置“选择工具模式”为“路径”，在图像编辑窗口中的适当位置绘制一个矩形路径，如图10-16所示。

STEP 02 选择工具箱中的“直接选择工具”，选中矩形路径右上角的锚点，使其呈选中状态，如图10-17所示。

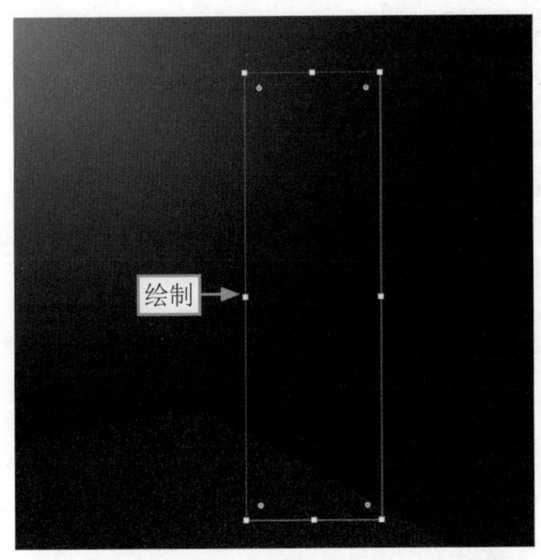

图10-16 绘制矩形路径

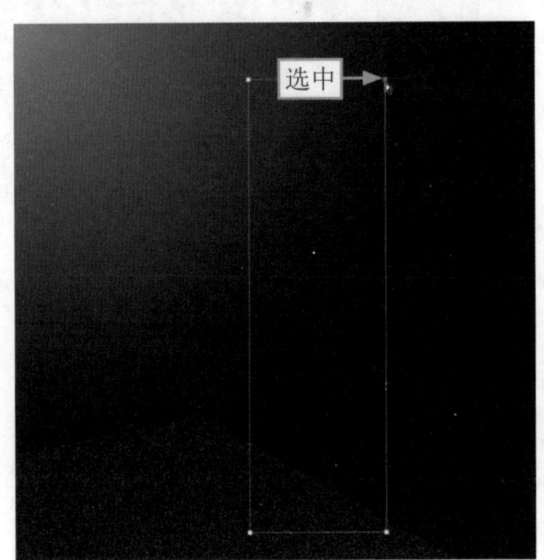

图10-17 选中矩形路径右上角的锚点

STEP 03 按住Shift键的同时，在锚点上按住鼠标左键向下拖曳，调整路径的形状，如图10-18所示。

STEP 04 按Ctrl＋Enter组合键，将路径转换为选区，如图10-19所示。

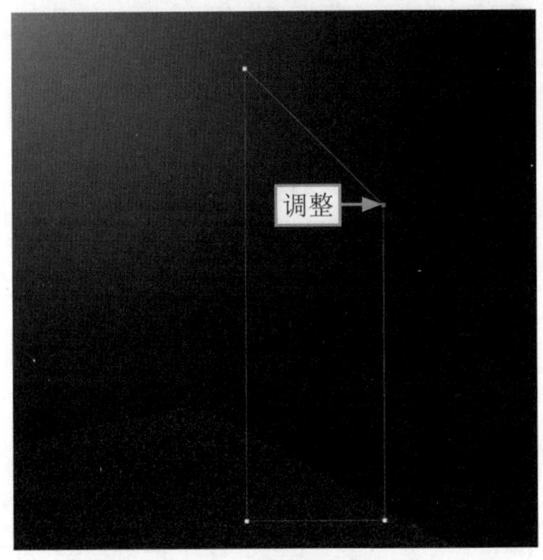

图10-18 调整路径形状

图10-19 将路径转换为选区

STEP 05 设置前景色为黄色（RGB值分别为247、175、0）、背景色为黑色，选择渐变工具，在图像编辑窗口中为选区填充前景色到背景色的渐变色，如图10-20所示。

STEP 06 在“图层”面板中，自动生成“渐变填充2”图层，如图10-21所示。

图10-20　填充渐变色

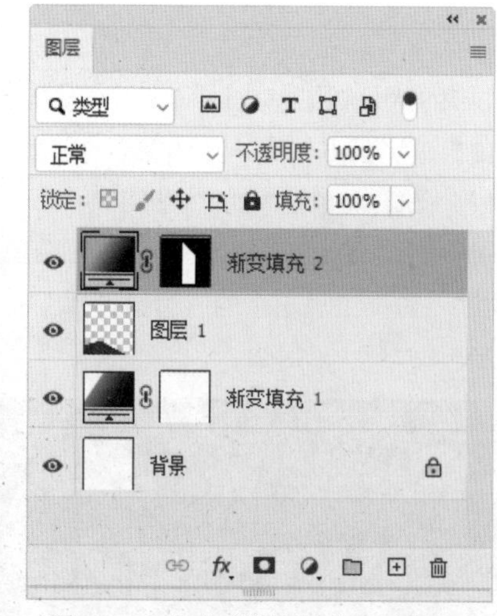

图10-21　生成“渐变填充2”图层

STEP 07 在“图层”面板的空白位置上，单击鼠标左键，在图像编辑窗口中预览渐变色图形效果，如图10-22所示。

STEP 08 在工具箱中，设置前景色为淡黄色（RGB值分别为255、254、238），如图10-23所示。

图10-22　预览渐变色图形效果

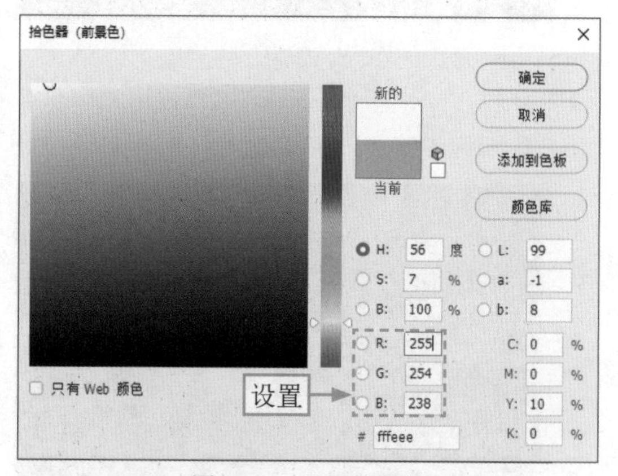

图10-23　设置前景色

STEP 09 新建“图层2”图层，选择“矩形工具”，在图像编辑窗口的适当位置绘制一个矩形路径，如图10-24所示。

STEP 10 选择工具箱中的“直接选择工具”，选中矩形路径右上角的锚点，使其呈选中状态，如图10-25所示。

STEP 11 按住Shift键的同时，在锚点上按住鼠标左键向上拖曳，调整路径的形状。使用同样的方法将左上角的锚点适当向下调整，如图10-26所示。

STEP 12 按Ctrl＋Enter组合键，将路径转换为选区；按Alt＋Delete组合键，填充前景色，并取消选区，图像效果如图10-27所示。

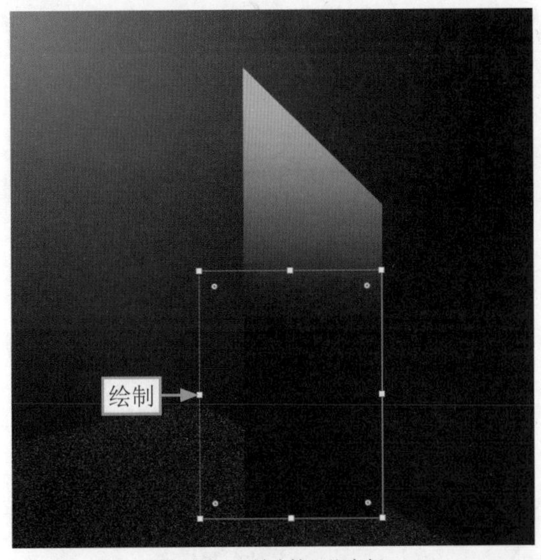

图10-24　绘制矩形路径

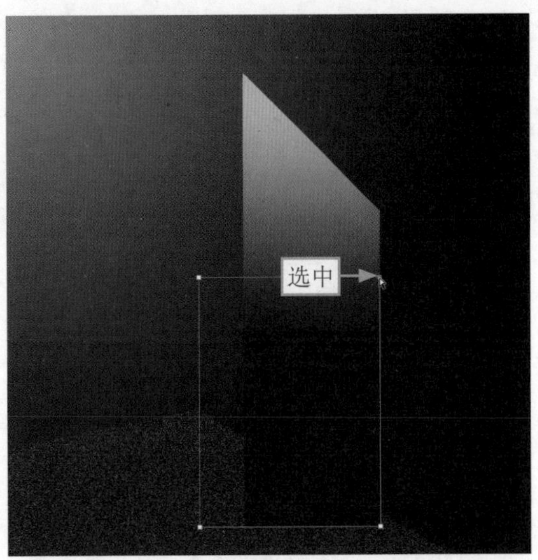

图10-25　选中矩形路径右上角的锚点

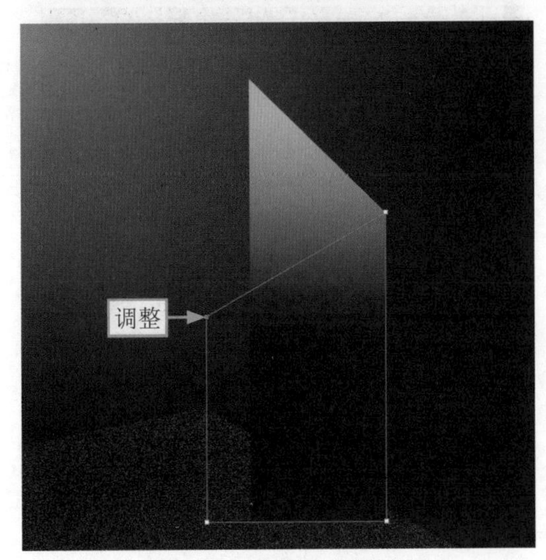

图10-26　调整路径的形状

图10-27　为选区填充前景色

STEP 13 单击“图层”面板底部的“添加图层样式”按钮fx，在弹出的下拉菜单中选择“投影”命令，如图10-28所示。

STEP 14 弹出“图层样式”对话框，选中“投影”复选框，在对话框右侧设置“混合模式”为“正常”、“投影颜色”为黑色、“不透明度”为56%、“距离”为0像素、“扩展”为24%、“大小”为60像素，如图10-29所示。

STEP 15 单击“确定”按钮，即可为图形添加投影样式，效果如图10-30所示。

STEP 16 在工具箱中选择“矩形工具”，在图像编辑窗口的适当位置绘制一个矩形路径，如图10-31所示。

STEP 17 选择“直接选择工具”，选中矩形路径右上角的锚点，使其呈选中状态，按住Shift键的同时，在锚点上按住鼠标左键向下拖曳，调整路径的形状，如图10-32所示。

STEP 18 按Ctrl＋Enter组合键，将路径转换为选区，如图10-33所示。

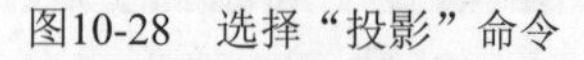

图10-28 选择“投影”命令

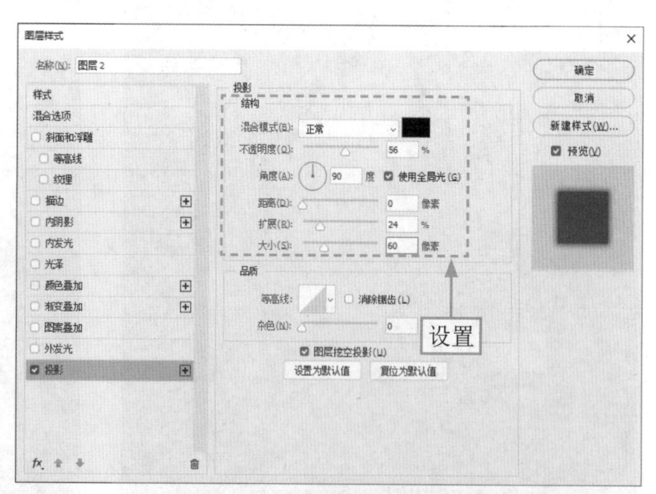

图10-29 “图层样式”对话框

图10-30 为图形添加投影样式

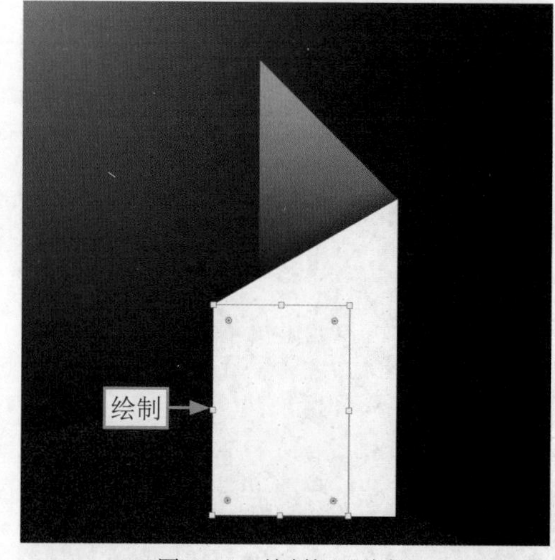

图10-31 绘制矩形路径

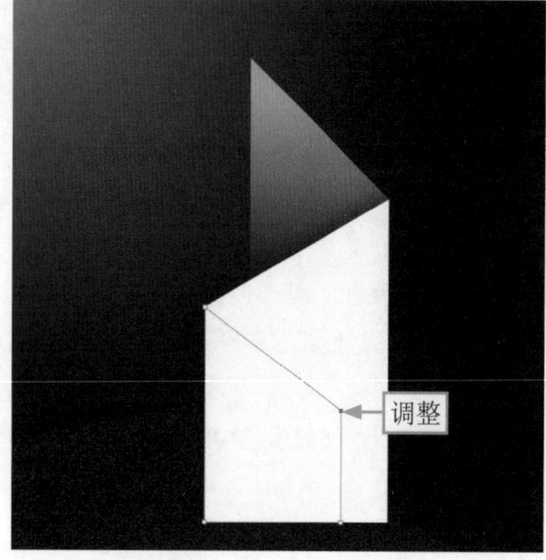

图10-32 调整路径的形状

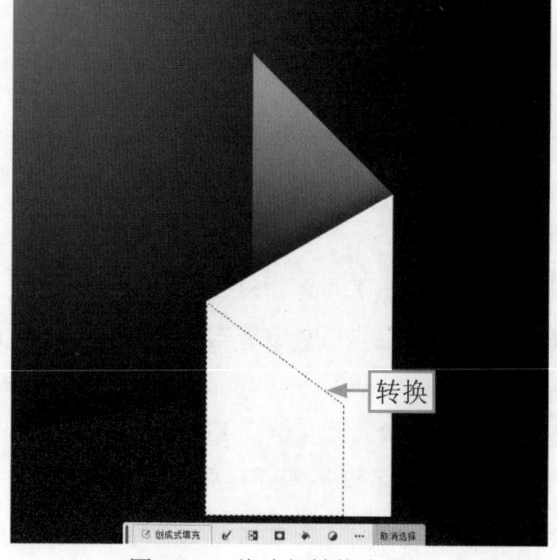

图10-33 将路径转换为选区

STEP 19 设置前景色为黄色（RGB值分别为247、175、0）、背景色为黑色，选择渐变工具，在图像编辑窗口中为选区填充前景色到背景色的渐变色，如图10-34所示。

STEP 20 单击“图层”面板底部的“添加图层样式”按钮 fx，在弹出的下拉菜单中选择“投影”命令，弹出“图层样式”对话框，选中“投影”复选框，在对话框右侧设置“混合模式”为“正常”、“投影颜色”为黑色、“不透明度”为56%、“距离”为3像素、“扩展”为31%、“大小”为24像素，单击“确定”按钮，即可为图形添加投影样式，效果如图10-35所示。

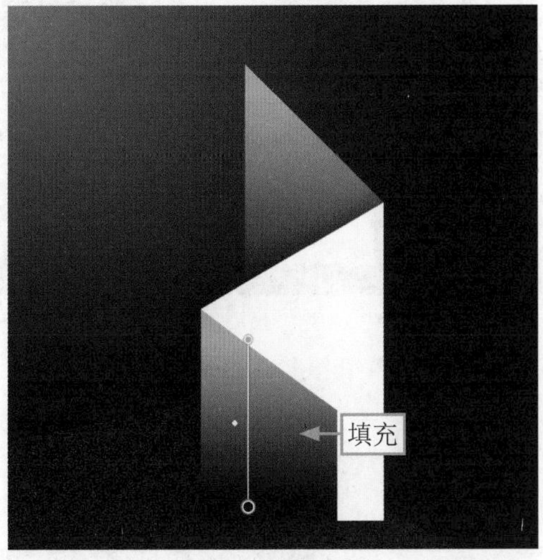

图10-34　填充渐变色

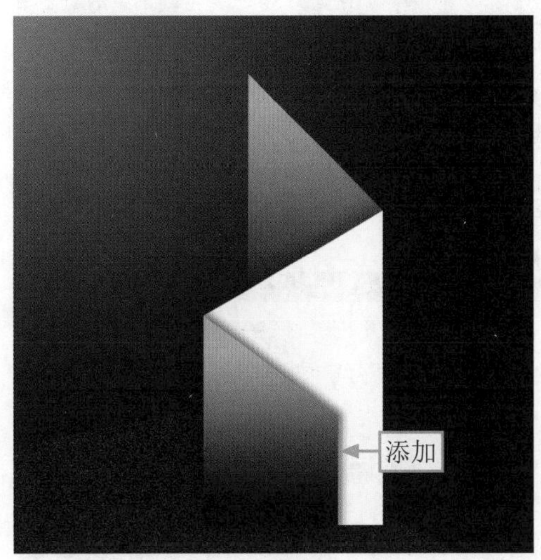

图10-35　为图形添加投影样式

STEP 21 在工具箱中选择“矩形工具”，在图像编辑窗口的适当位置绘制一个矩形路径，如图10-36所示。

STEP 22 按Ctrl+Enter组合键，将路径转换为选区，如图10-37所示。

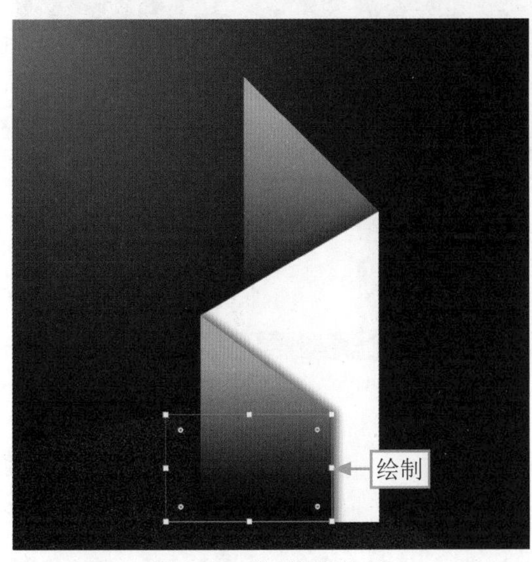

图10-36　绘制矩形路径

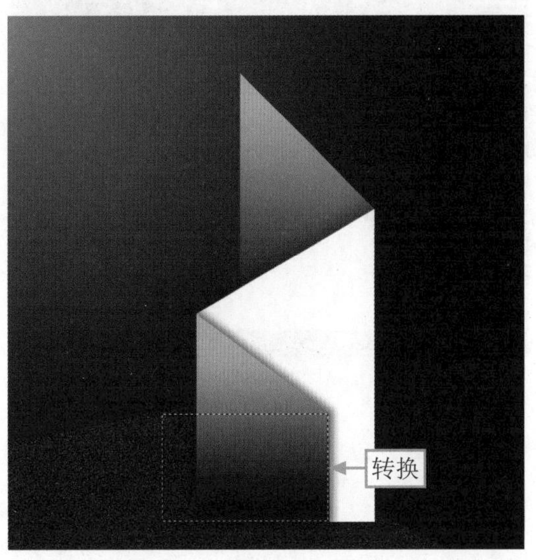

图10-37　将路径转换为选区

STEP 23 新建“图层3”图层，设置前景色为淡黄色（RGB值分别为255、254、238），按Alt+Delete组合键，填充前景色，并取消选区，图像效果如图10-38所示。

STEP 24 将“渐变填充3”图层中的“投影”图层样式拷贝至“图层3”图层上，为图形添加投影样式，效果如图10-39所示。

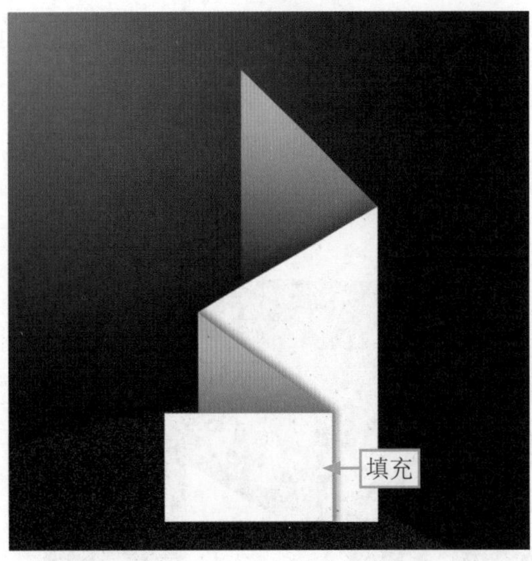

图10-38　为选区填充前景色

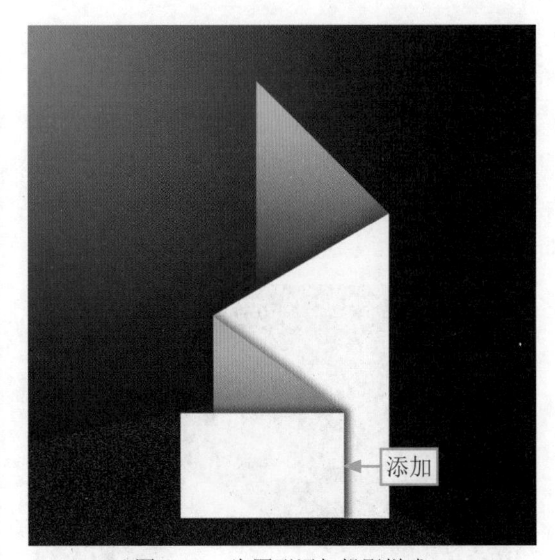

图10-39　为图形添加投影样式

STEP 25 同时选择"渐变填充3"和"图层3"两个图层，按Ctrl＋T组合键，调出变换控制框，如图10-40所示。

STEP 26 拖曳图形四周的控制柄，调整图形的宽度，使用同样的方法对"图层2"图层中的图形进行变换操作，效果如图10-41所示，折页图形效果制作完成。

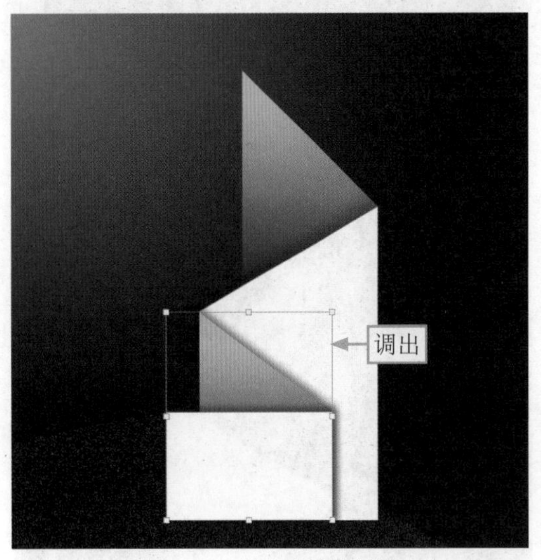

图10-40　调出变换控制框

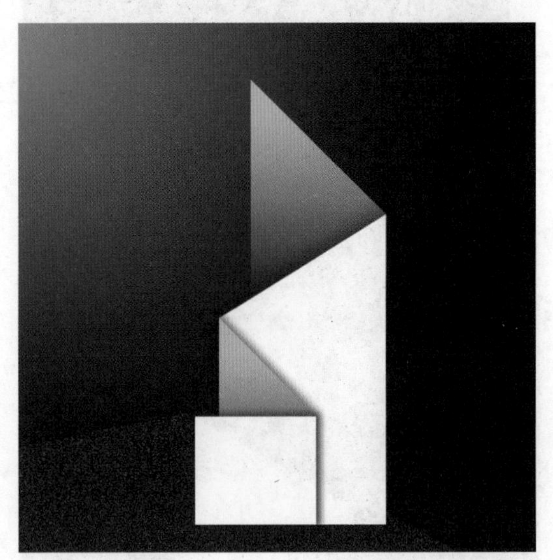

图10-41　对图形进行变换操作

10.2.3　制作 DM 广告企业标识

在酒店DM广告中巧妙地添加企业标识与企业名称有助于提高品牌的识别度，使顾客能够迅速辨认出酒店品牌。下面介绍制作DM广告企业标识的操作方法。

STEP 01 选择"文件" | "打开"命令，打开"企业标识.png"素材图像，如图10-42所示。

STEP 02 将素材图像拖曳至DM广告图像编辑窗口中的合适位置，如图10-43所示。

图10-42　打开素材图像

图10-43　将“企业标识”素材图像拖曳至合适位置

STEP 03 按Ctrl＋T组合键，调出变换控制框，如图10-44所示。

STEP 04 拖曳“企业标识”素材四周的控制柄，调整图像的大小和位置，效果如图10-45所示。

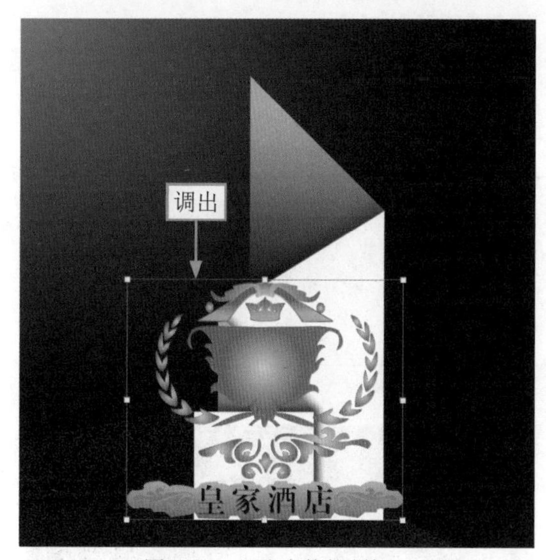

图10-44　调出变换控制框

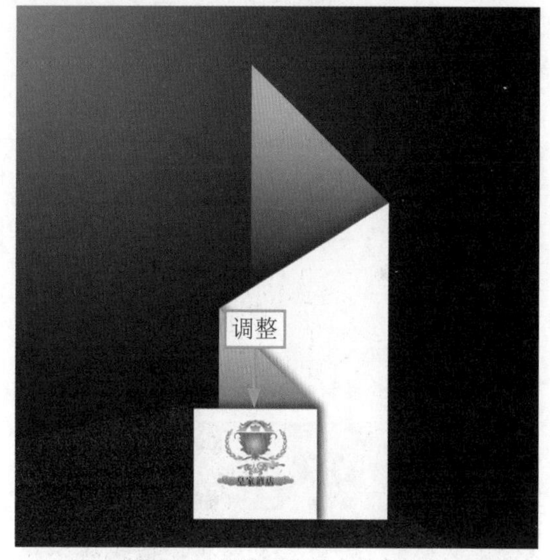

图10-45　调整图像的大小和位置

STEP 05 选择工具箱中的“钢笔工具”，在图像编辑窗口中的适当位置绘制一条横线，如图10-46所示。

STEP 06 设置前景色为黑色，选择工具箱中的“画笔工具”，在工具属性栏中设置“大小”为2像素、“硬度”为100%、“不透明度”为100%，如图10-47所示。

STEP 07 新建“图层5”图层，在“路径”面板中选择“工作路径”选项，单击鼠标右键，在弹出的快捷菜单中选择“描边路径”命令，如图10-48所示。

STEP 08 弹出“描边路径”对话框，设置“工具”为“画笔”，如图10-49所示。

STEP 09 单击“确定”按钮，即可为路径填充黑色的描边效果，如图10-50所示。

STEP 10 选择工具箱中的“横排文字工具”T，在图像编辑窗口中的适当位置输入相应的文本内容，并设置相应的字体格式，效果如图10-51所示。

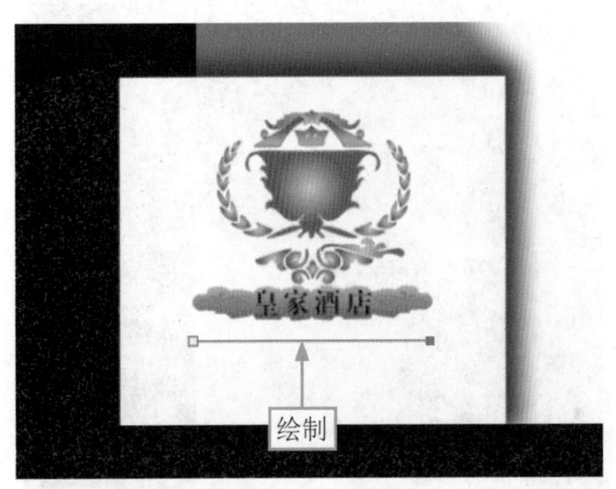

图10-46 绘制横线

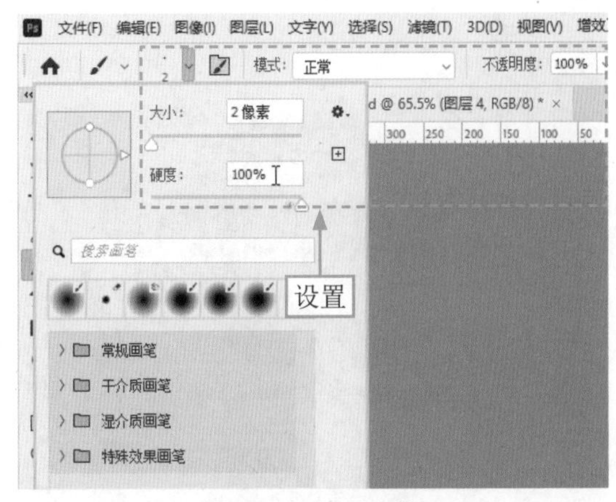

图10-47 设置参数

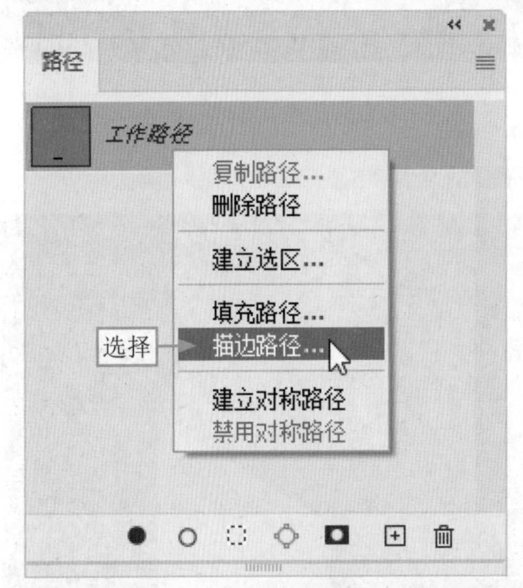

图10-48 选择“描边路径”命令

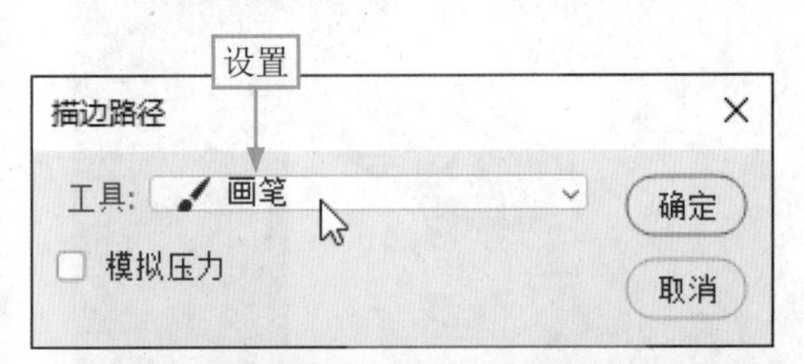

图10-49 设置“工具”为“画笔”

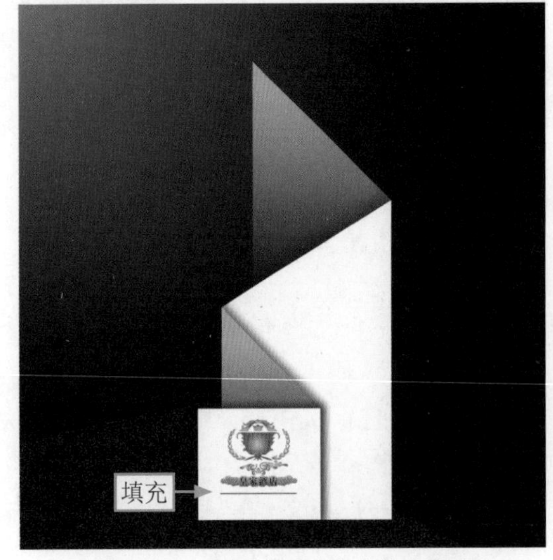

图10-50 为路径填充黑色的描边效果

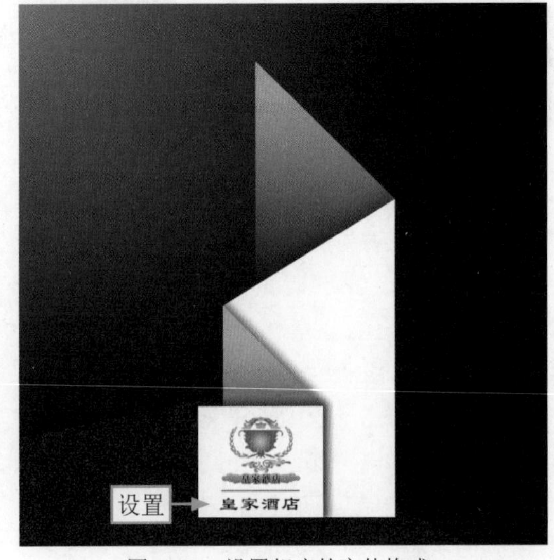

图10-51 设置相应的字体格式

10.2.4　制作DM广告文字效果

文字是最直接的信息传达工具，用于向潜在客户提供关于酒店的服务、房型、价格和活动的详细信息。下面介绍制作DM广告文字效果的操作方法。

STEP 01 选择工具箱中的“横排文字工具”T，在图像编辑窗口中的适当位置输入相应的文本内容，并设置相应的字体格式，效果如图10-52所示。

STEP 02 使用同样的方法，在图像编辑窗口中的适当位置输入相应的文本内容，并设置相应的字体格式，效果如图10-53所示。

图10-52　输入文本“Royal Hotel”

图10-53　输入文本“Welcome to stay”

STEP 03 使用“横排文字工具”T在图像编辑窗口中的适当位置输入文字“皇家酒店”，如图10-54所示。

STEP 04 在“字符”面板中，设置文字的颜色为橘红色（RGB值分别为238、67、0），然后设置相应的字体格式，效果如图10-55所示。

图10-54　输入文字“皇家酒店”

图10-55　设置字体格式

STEP 05 ▶▶ 将创建的“皇家酒店”文字图层调整至“渐变填充3”图层下方，并调整图像的显示顺序，效果如图10-56所示。

STEP 06 ▶▶ 使用“横排文字工具” T 在图像编辑窗口中的适当位置输入相应文本内容，并设置相应的字体格式，效果如图10-57所示。

图10-56　调整图像的显示顺序

图10-57　输入文本

STEP 07 ▶▶ 新建“图层6”图层，选择“矩形选框工具” ⬚，在相应文字内容的前面绘制一个矩形选区，并为选区填充黑色，如图10-58所示。

STEP 08 ▶▶ 多次按Ctrl＋J组合键，复制多个图层，依次调整图层中黑色矩形的位置，效果如图10-59所示。

图10-58　为选区填充黑色

图10-59　调整黑色矩形的位置

STEP 09 ▶▶ 将步骤6～步骤8中创建的多个图层调整至“渐变填充3”图层下方，并调整图像的显示顺序，效果如图10-60所示。

STEP 10 ▶▶ 在“图层”面板中，将“图层1”图层后面创建的所有图层合并，如图10-61所示。

图10-60　调整图像的显示顺序

图10-61　合并图层

STEP 11 按Ctrl＋J组合键，复制一个图层，如图10-62所示。

STEP 12 按Ctrl＋T组合键，调出变换控制框，在图像上单击鼠标右键，在弹出的快捷菜单中选择“垂直翻转”命令，如图10-63所示。

图10-62　复制图层

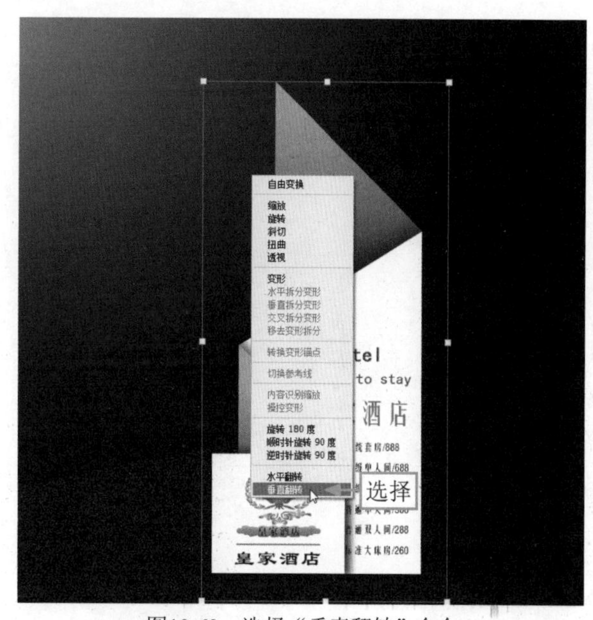

图10-63　选择“垂直翻转”命令

STEP 13 执行操作后，即可垂直翻转图像，按Enter键确认，如图10-64所示。

STEP 14 使用“移动工具”调整图像的位置，并设置图层的“不透明度”为30%，制作出DM广告的倒影效果，如图10-65所示。

至此，《皇家酒店》DM广告制作完成。

图10-64　垂直翻转图像

图10-65　最终效果

第11章 展架广告：制作《金源西餐厅》

展架广告是一种常见于商业场合的广告形式，通常采用立体结构，能够在有限的空间内展示更多的促销信息，用来吸引观众的目光。展架广告是品牌推广的有效手段，通过独特的元素设计，提高品牌知名度，结合图像和文字能够生动直观地传递信息，提高广告的视觉吸引力。本章主要介绍制作《金源西餐厅》展架广告的操作方法。

11.1 《金源西餐厅》效果展示

在西餐厅门口摆放展架并进行广告宣传可以带来多种效益，这取决于展架广告的设计和内容，以及展架的摆放位置。通过在展架上展示美味的食物图片和诱人的促销信息，可以诱发顾客的食欲，提高点餐的欲望，从而提升餐厅的营业额。

在制作《金源西餐厅》展架广告效果之前，首先来欣赏本案例的图像效果，并了解案例的学习目标、制作思路、知识讲解和要点讲堂。

11.1.1 效果欣赏

《金源西餐厅》展架广告效果如图11-1所示。

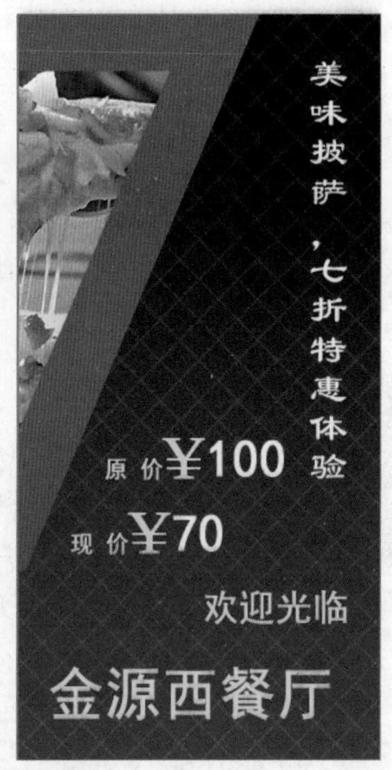

图11-1 《金源西餐厅》展架广告效果

11.1.2 学习目标

知识目标	掌握《金源西餐厅》展架广告的制作方法
技能目标	（1）掌握制作展架1图像效果的操作方法 （2）掌握制作展架1宣传文字的操作方法 （3）掌握制作展架2图像效果的操作方法 （4）掌握制作展架2宣传文字的操作方法
本章重点	制作展架1图像效果
本章难点	制作展架1宣传文字
视频时长	24分17秒

11.1.3 制作思路

本案例首先介绍了制作展架1中的图像与宣传文字效果，然后制作展架2中的图像与宣传文字效果。图11-2所示为《金源西餐厅》展架广告的制作思路。

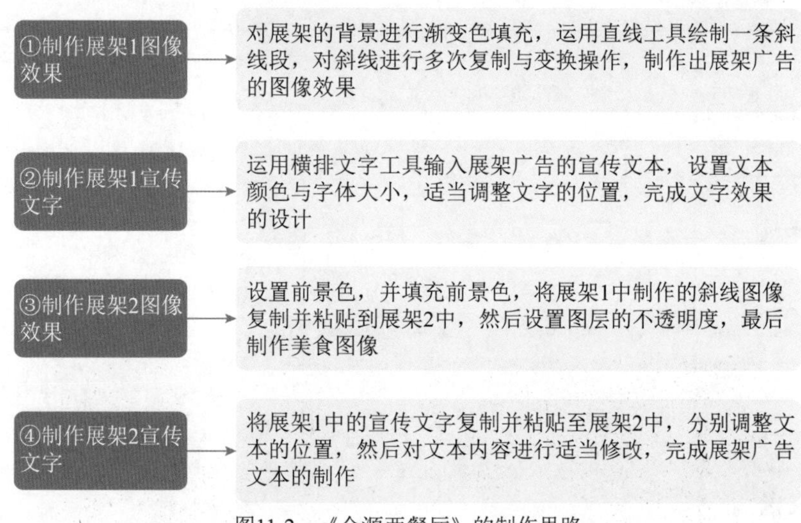

图11-2 《金源西餐厅》的制作思路

11.1.4 知识讲解

通过在展架上展示菜单、特色菜品以及优惠活动，有助于向顾客传递餐厅的菜品信息，吸引顾客尝试店里的美食。利用展架进行季节性宣传，例如节假日折扣菜单、优惠活动等，可以吸引更多的顾客参与，增加餐厅的知名度。本案例主要介绍使用渐变工具、直线工具、“水平翻转”命令、横排文字工具、橡皮擦工具等制作《金源西餐厅》展架广告效果。

11.1.5 要点讲堂

在本章内容中，讲解了两个新的工具，一个是直线工具，该工具可以创建直线和带有箭头的线段，创建直线时，首先需要在工具属性栏的“粗细”数值框中设置线的宽度，然后再进行绘制；另一个是橡皮擦工具，橡皮擦工具和魔术橡皮擦工具可以将图像区域擦除为透明或用背景色填充，背景橡皮擦工具可以将图层擦除为透明的图层。

11.2 《金源西餐厅》制作流程

本节将为读者介绍制作《金源西餐厅》的操作方法，主要包括制作展架图像效果与宣传文字两个部分，相同的展架广告内容可以进行复制粘贴，提高工作效率。

11.2.1 制作展架 1 图像效果

展架广告中的图像效果是吸引顾客的关键因素之一，它不仅能够迅速引起观众的注

意，而且还能通过直观的方式传达产品或服务信息。下面介绍制作展架1图像效果的操作方法。

STEP 01 ▶▶ 选择“文件”|“新建”命令，弹出“新建文档”对话框，设置“名称”为“第11章 展架广告：制作《金源西餐厅》”、“宽度”为5厘米、“高度”为10厘米、“分辨率”为150像素/英寸、“背景内容”为“白色”，如图11-3所示。

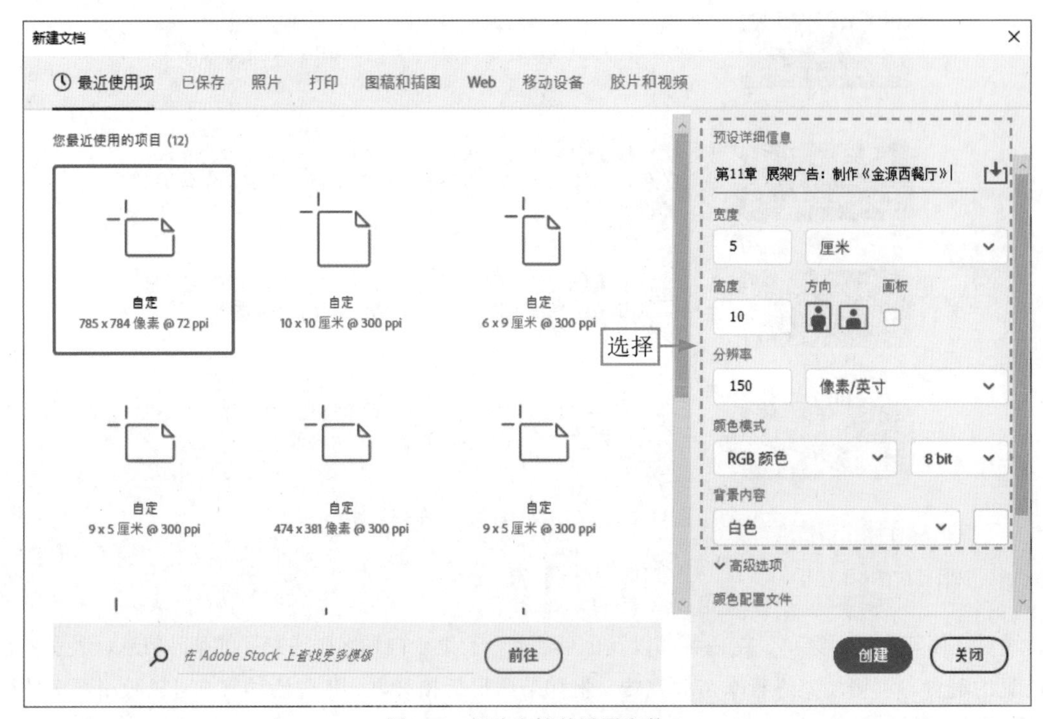

图11-3 新建文档并设置参数

STEP 02 ▶▶ 单击“创建”按钮，即可新建一幅空白图像，设置前景色为紫色（RGB值分别为130、0、80），如图11-4所示。

STEP 03 ▶▶ 设置背景色为玫红色（RGB值分别为239、46、164），如图11-5所示。

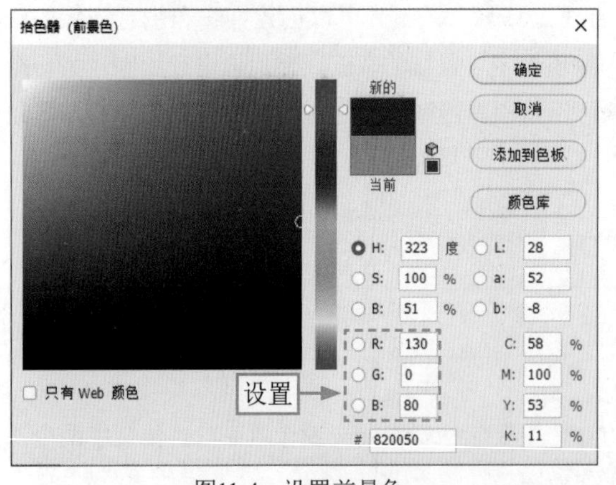

图11-4 设置前景色

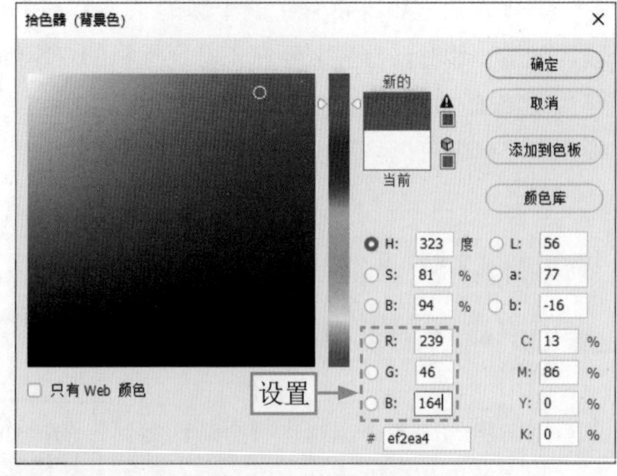

图11-5 设置背景色

STEP 04 ▶▶ 选择“渐变工具”，在属性栏中单击“选择和管理渐变预设”按钮，在弹出的下拉列表中展开“基础”选项，选择“前景色到背景色渐变”选项，如图11-6所示。

STEP 05 ▶▶ 在图像编辑窗口中按住鼠标左键从上往下拖曳，填充渐变色，如图11-7所示。

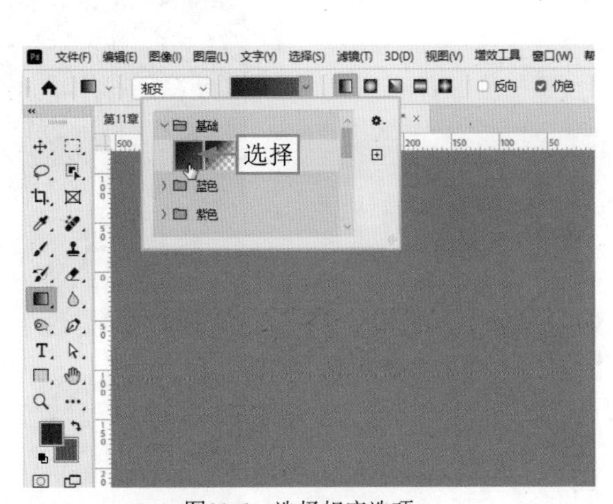

图11-6　选择相应选项

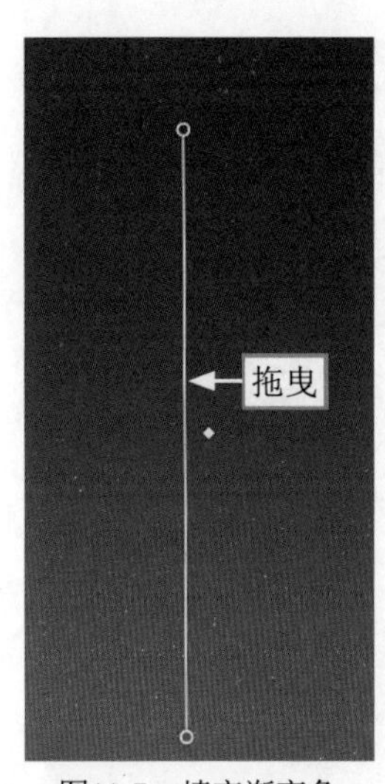

图11-7　填充渐变色

STEP 06 ▶▶ 设置前景色为粉红色（RGB值分别为255、145、161），新建“图层1”图层，选择“直线工具”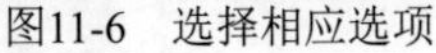，如图11-8所示。

STEP 07 ▶▶ 在工具属性栏中，设置“选择工具模式”为“像素”、“粗细”为2像素，如图11-9所示。

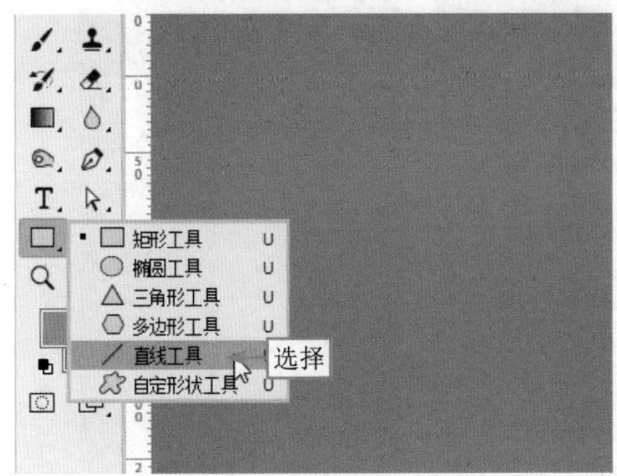

图11-8　选择直线工具

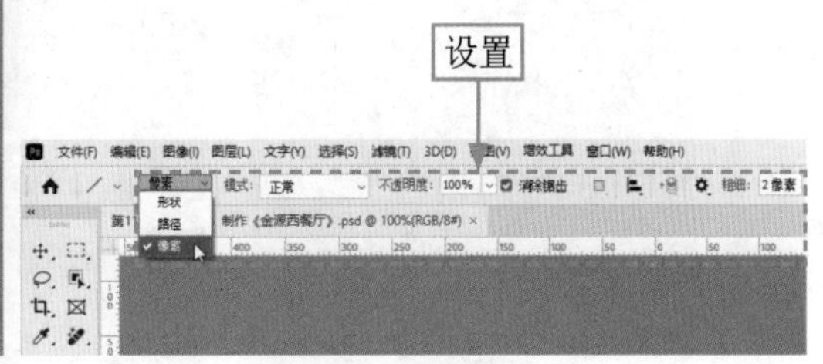

图11-9　设置参数

STEP 08 ▶▶ 移动鼠标指针至图像编辑窗口中，按住Shift键的同时，在图像编辑窗口的右上角按住鼠标左键向左侧中间位置拖曳，绘制一条斜线段，如图11-10所示。

STEP 09 ▶▶ 按Ctrl＋J组合键，复制“图层1”图层，此时将自动生成一个“图层1拷贝”图层，如图11-11所示。

STEP 10 ▶▶ 按Ctrl＋T组合键，调出变换控制框，多次按键盘上的↓方向键，向下移动斜线到合适位置，效果如图11-12所示。

STEP 11 ▶▶ 按Enter键确认变换，并按Ctrl＋Shift＋Alt＋T组合键，再次变换并复制斜线图像，效果如图11-13所示。

STEP 12 ▶▶ 多次按Ctrl＋Shift＋Alt＋T组合键，变换并复制斜线图像，制作出多条斜线效果，如图11-14所示。

STEP 13 ▶▶ 使用同样的方法，绘制出如图11-15所示的斜线图像。

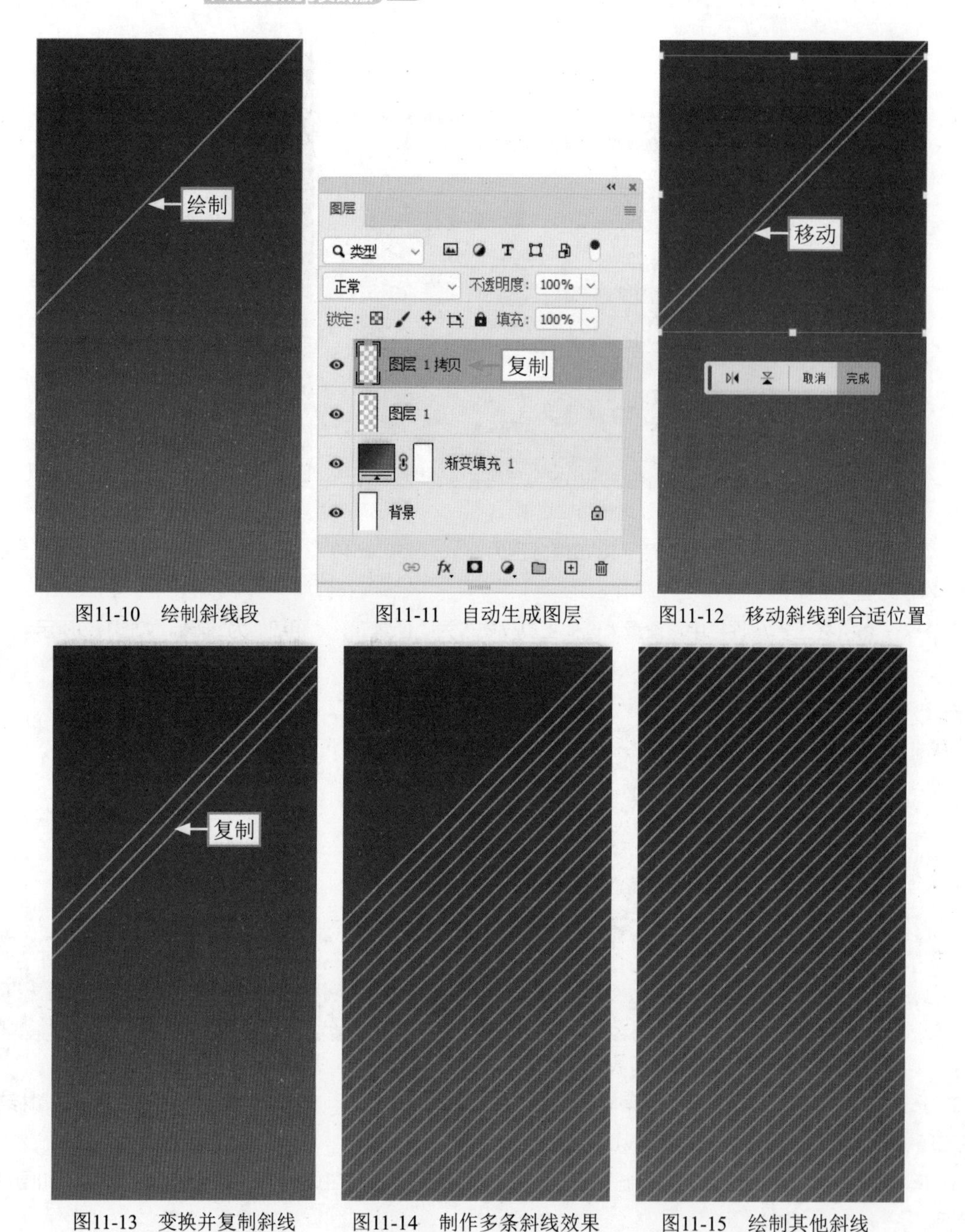

图11-10　绘制斜线段　　图11-11　自动生成图层　　图11-12　移动斜线到合适位置

图11-13　变换并复制斜线　　图11-14　制作多条斜线效果　　图11-15　绘制其他斜线

STEP 14 在“图层”面板中，按住Ctrl键的同时，依次选择所有复制的图层（即选择除“背景”图层以外的所有图层），按Ctrl＋E组合键，合并选中的图层，并将图层重命名为“图层1”图层，如图11-16所示。

STEP 15 在“图层”面板中，设置“图层1”图层的“不透明度”为50%，设置斜线的不透明度效果，如图11-17所示。

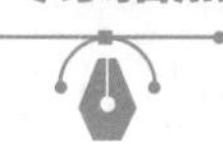

专家指点

用户需要注意的是，在没有选择图层的情况下，按Ctrl＋E组合键，系统默认将当作工作图层向下进行合并操作。

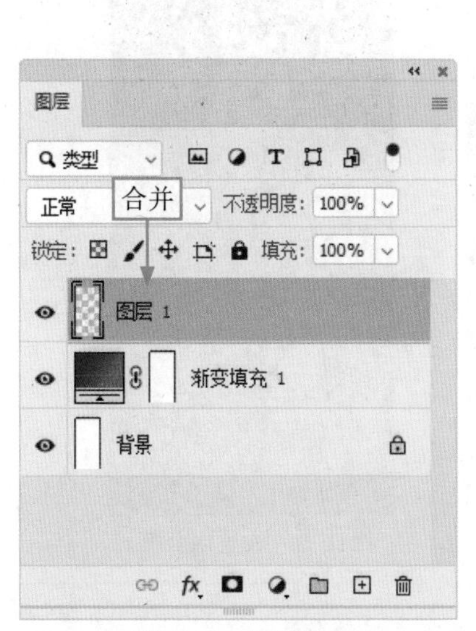

图11-16　合并图层

图11-17　设置不透明度效果

STEP 16 ▶▶ 按Ctrl＋J组合键，复制“图层1”图层，得到“图层1拷贝”图层，选择“编辑”|“变换”|“水平翻转”命令，如图11-18所示。

STEP 17 ▶▶ 执行操作后，即可水平翻转斜线图像，形成交叉效果，如图11-19所示。

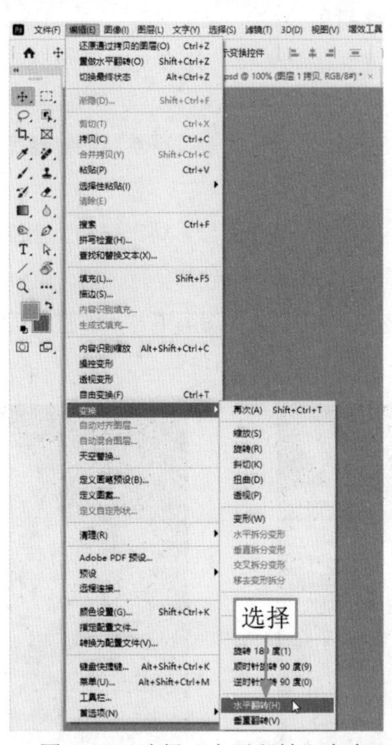

图11-18　选择“水平翻转”命令

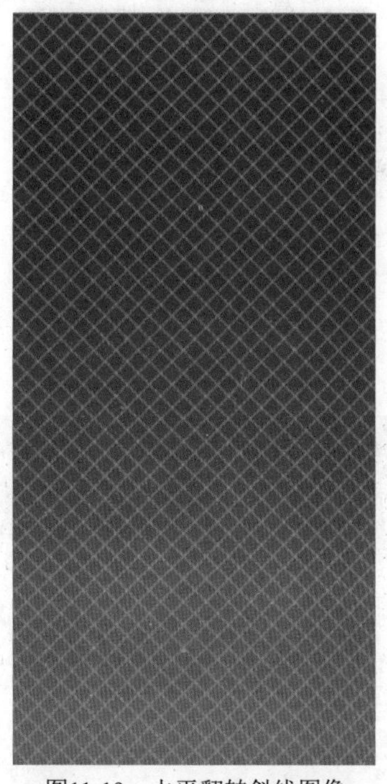

图11-19　水平翻转斜线图像

STEP 18 ▶▶ 设置前景色为深灰色（RGB值均为34）、背景色为灰色（RGB值均为171），选择“渐变工具”■，在图像编辑窗口中从上至下填充前景色到背景色的渐变色，效果如图11-20所示。

STEP 19 ▶▶ 在“图层”面板中，设置“混合模式”为“叠加”，此时图像效果如图11-21所示。

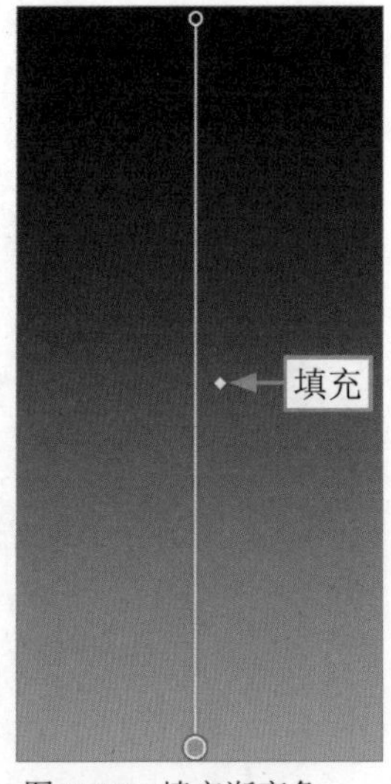

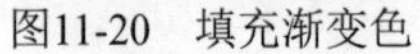
图11-20 填充渐变色

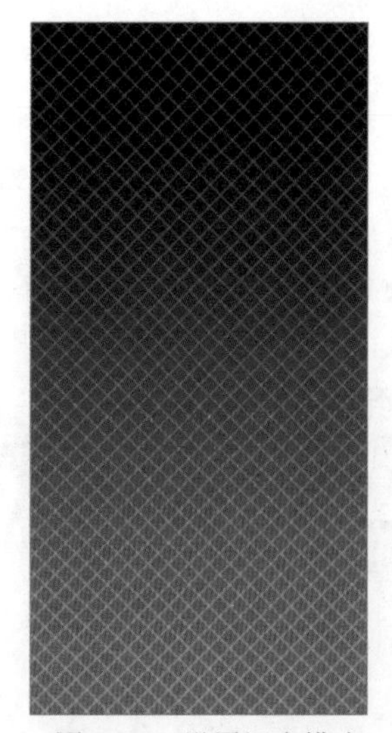
图11-21 设置混合模式

专家指点

在渐变工具属性栏中，各种渐变类型的含义如下。

线性渐变：从起点到终点的线性渐变。

径向渐变：从起点到终点以圆形图案逐渐变化。

角度渐变：围绕起点以逆时针方向环绕逐渐变化。

对称渐变：在起点两侧对称线性渐变。

菱形渐变：从起点向外以菱形图案逐渐变化，终点定义菱形的一角。

STEP 20 选择“文件”|“打开”命令，打开“素材1.psd”素材图像，将素材图像拖曳至展架广告图像编辑窗口中的合适位置，如图11-22所示。

STEP 21 选择“文件”|“打开”命令，打开“素材2.png”素材图像，将素材图像拖曳至展架广告图像编辑窗口中的合适位置，如图11-23所示。

STEP 22 在“图层”面板中，将“图层3”图层拖曳至“图层2”图层下方，调整图层的顺序，图像效果如图11-24所示。

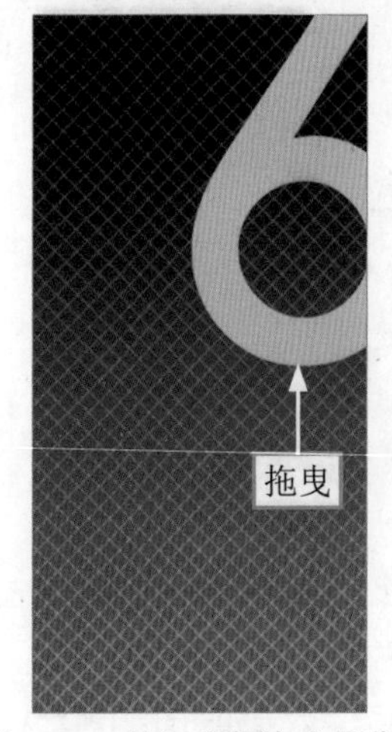

图11-22 导入“素材1”图像

图11-23 导入“素材2”图像

图11-24 调整图层的顺序

11.2.2　制作展架 1 宣传文字

在展架中通过图文并茂的效果展示，能够给顾客传递详细的优惠或促销信息，吸引顾客参与活动，提高销售额。下面介绍制作展架1宣传文字的操作方法。

STEP 01 ▶ 选择工具箱中的“横排文字工具” T，在图像编辑窗口中的适当位置输入相应文本内容，如图11-25所示。

STEP 02 ▶ 设置“文本颜色”为黄色（RGB值分别为255、252、0），效果如图11-26所示。

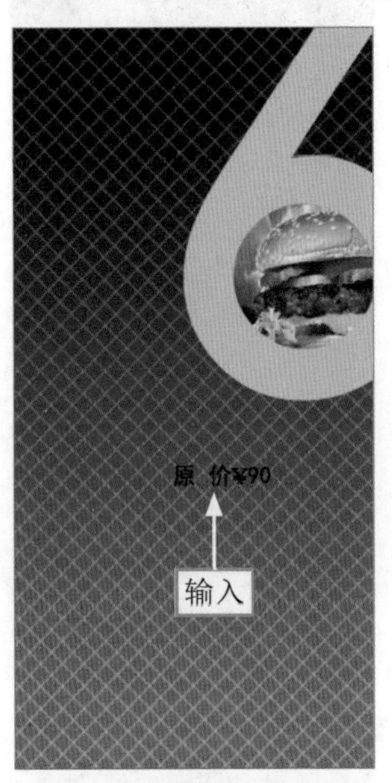

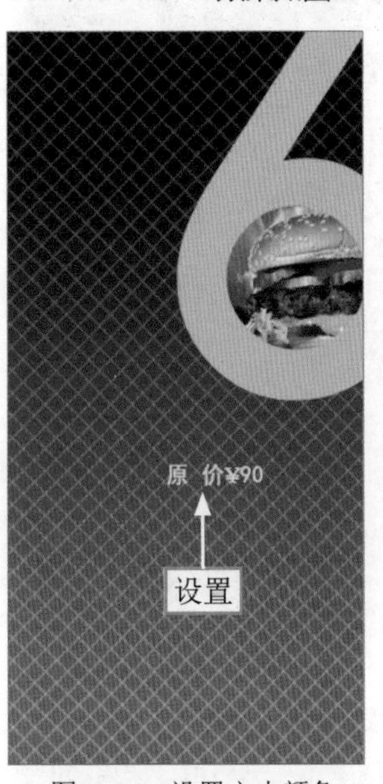

图11-25　输入文本内容　　图11-26　设置文本颜色

STEP 03 ▶ 选择“¥90”文字，设置“字体大小”为24点，效果如图11-27所示。

STEP 04 ▶ 选择“90”文字，设置“文本颜色”为白色，并适当调整文字的位置，效果如图11-28所示。

图11-27　设置字体大小　　图11-28　调整文字的位置

STEP 05 ▶▶ 使用同样的方法，在图像编辑窗口中的适当位置再次输入相应文本内容，并设置文本的字体格式与颜色，效果如图11-29所示。

STEP 06 ▶▶ 使用“横排文字工具” T，输入“欢迎光临”文本，设置“文本颜色”为黄色（RGB值分别为255、252、0）、“字体大小”为14点，效果如图11-30所示。

图11-29 设置文本格式　　图11-30 输入“欢迎光临”文本

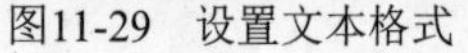

STEP 07 ▶▶ 使用“横排文字工具” T，输入“金源西餐厅”文本，设置“文本颜色”为黄色（RGB值分别为255、252、0）、“字体大小”为22点，适当微调整体的排版效果，使图像与文字各元素之间更加协调，效果如图11-31所示。

STEP 08 ▶▶ 使用“直排文字工具” IT，输入相应的广告内容，设置字体格式与颜色，并调整文本的位置，效果如图11-32所示。至此，展架1广告效果制作完成。

图11-31 微调整体的排版效果　　图11-32 输入广告内容

11.2.3　制作展架 2 图像效果

如果要制作多个展架广告效果，同一类型的广告效果色调尽量一致，区别不要太大，否则色调不统一，影响广告的整体美观性。下面介绍制作展架2图像效果的操作方法。

STEP 01 选择“文件”|“新建”命令，弹出“新建文档”对话框，设置“名称”为“第11章 展架广告：制作《金源西餐厅》2”、“宽度”为5厘米、“高度”为10厘米、“分辨率”为150像素/英寸、“背景内容”为“白色”，单击“创建”按钮，即可新建一幅空白图像，设置前景色为紫色（RGB值分别为134、3、79），如图11-33所示。

STEP 02 按Alt+Delete组合键，填充前景色，如图11-34所示。

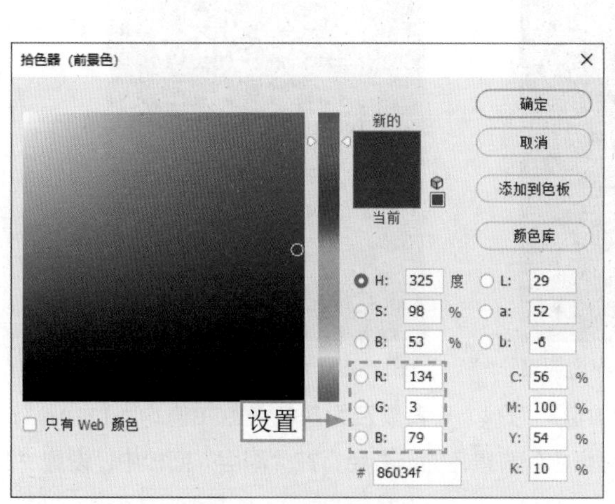

图11-33　设置前景色

图11-34　填充前景色

STEP 03 设置前景色为粉红色（RGB值分别为255、145、161），参照前面11.2.1节中步骤6～13的操作方法，制作出斜线图像效果，如图11-35所示。

STEP 04 在“图层”面板中，合并除“背景”图层以外的所有图层，并将其重命名为“图层1”图层，设置“图层1”图层的“不透明度”为50%，如图11-36所示。

图11-35　制作出斜线图像效果

图11-36　设置“不透明度”参数

STEP 05 执行操作后，即可调整“图层1”图层中图像的不透明度，效果如图11-37所示。

STEP 06 按Ctrl+J组合键，拷贝“图层1”图层，得到“图层1拷贝”图层，选择“编辑”|“变换”|“水平翻转”命令，即可水平翻转斜线图像，效果如图11-38所示。

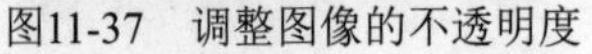

图11-37　调整图像的不透明度

图11-38　水平翻转斜线图像

STEP 07 设置前景色为深灰色（RGB值均为34）、背景色为灰色（RGB值均为171），选择“渐变工具”，在图像编辑窗口中从上至下填充前景色到背景色的渐变色，在“图层”面板中，设置“混合模式”为“叠加”，图像效果如图11-39所示。

STEP 08 选择“文件”|“打开”命令，打开“素材3.psd”素材图像，将素材图像拖曳至展架2广告图像编辑窗口中的合适位置，如图11-40所示。

图11-39　填充渐变色

图11-40　导入“素材3”图像

STEP 09 选择“文件”|“打开”命令，打开“素材4”素材图像，将素材图像拖曳至展架2广告图像编辑窗口中的合适位置，并调整其位置，如图11-41所示。

STEP 10 在“图层”面板中，将“图层3”图层拖曳至“图层2”图层下方，调整图层的顺序，图像效果如图11-42所示。

图11-41 导入“素材4”图像

图11-42 调整图层的顺序

专家指点

与移动图像相关的快捷键操作如下。

（1）如果当前没有选择“移动工具”，可以按住Ctrl键，当图像编辑窗口中的鼠标指针呈形状时，即可移动图像。

（2）如果要移动并复制图像，则可以按住Alt键的同时移动图像。

（3）按住Shift键可以对图像进行垂直或水平移动。

STEP 11 在工具箱中，选择“橡皮擦工具”，如图11-43所示。

STEP 12 在图像编辑窗口的“7”图像外侧按住鼠标左键拖曳，擦除“图层3”图像的多余部分，效果如图11-44所示。

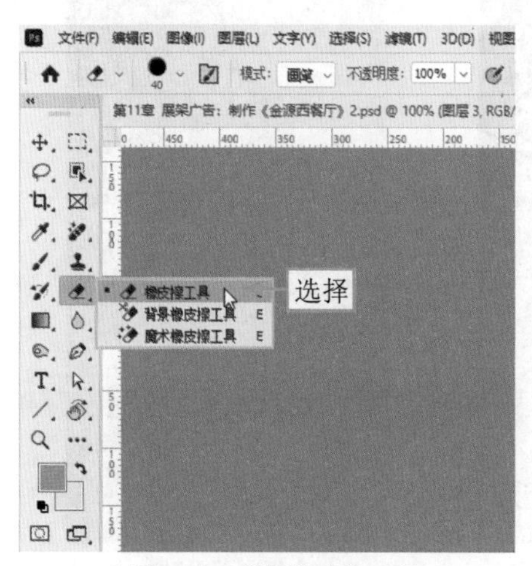

图11-43 选择橡皮擦工具

图11-44 擦除多余部分

11.2.4 制作展架 2 宣传文字

制作展架2中的广告文字时，可以直接将展架1图像中的文字复制并粘贴到展架2中，然后更改相应的文字内容即可，具体操作步骤如下。

STEP 01 将展架1中的“原价”与“现价”文本图层复制并粘贴至展架2图像编辑窗口中，如图11-45所示。

STEP 02 使用“移动工具”将文本内容分别移至合适位置，如图11-46所示。

图11-45 复制并粘贴文本（1）

图11-46 移动文本至合适位置（1）

STEP 03 选择“横排文字工具”T，对文本内容进行适当修改，图像效果如图11-47所示。

STEP 04 将展架1中的“欢迎光临”与“金源西餐厅”文本图层复制并粘贴至展架2图像编辑窗口中，如图11-48所示。

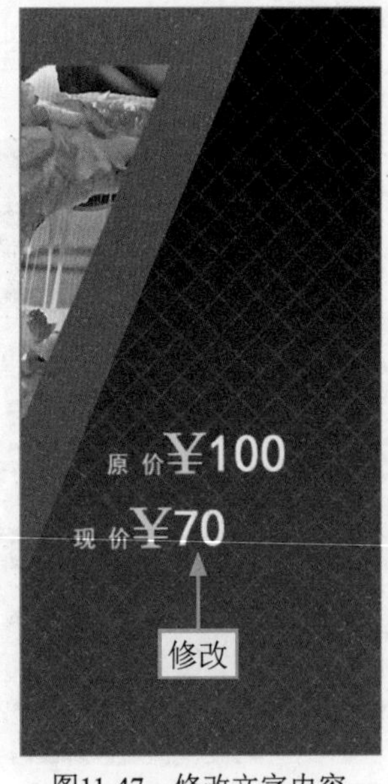

图11-47 修改文字内容

图11-48 复制并粘贴文本（2）

STEP 05 ▶▶ 使用“移动工具”✥将文本内容分别移至合适位置，效果如图11-49所示。

STEP 06 ▶▶ 将展架1中的广告宣传文本图层复制并粘贴至展架2图像编辑窗口中，对文本内容进行适当修改，效果如图11-50所示。至此，完成《金源西餐厅》展架广告的制作。

图11-49　移动文本至合适位置（2）

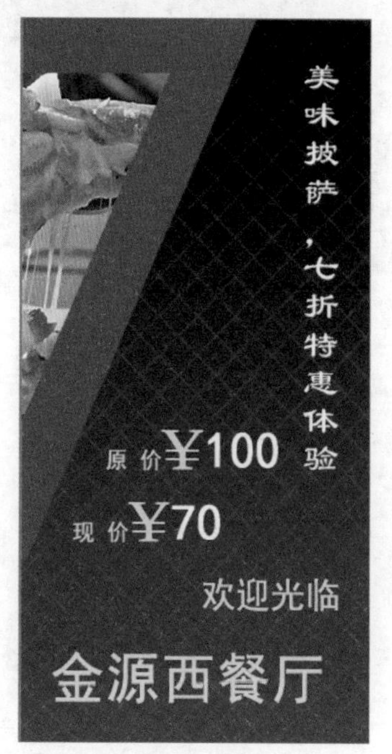

图11-50　最终效果

第12章 画册广告：制作《爱久珠宝》

画册广告的设计要注重版面的美感和清晰度，通过吸引人的图像、精美的排版和简洁的文字可以提高画册的可读性和吸引力，设计元素要与品牌形象保持一致，突出产品或服务的特点。本章主要介绍制作《爱久珠宝》画册广告的操作方法。

12.1 《爱久珠宝》效果展示

在新媒体的商务活动中，画册在企业形象推广和产品营销中的作用越来越重要。本案例制作的是一个珠宝企业的画册广告，目的是突显珠宝的独特设计、高品质材料和奢华感，在设计时用一些独特的元素来体现珠宝的品质。

在制作《爱久珠宝》画册广告效果之前，首先来欣赏本案例的图像效果，并了解案例的学习目标、制作思路、知识讲解和要点讲堂。

12.1.1 效果欣赏

《爱久珠宝》画册广告效果如图12-1所示。

图12-1 《爱久珠宝》画册广告效果

12.1.2 学习目标

知识目标	掌握《爱久珠宝》画册广告的制作方法
技能目标	（1）掌握制作画册广告背景的操作方法 （2）掌握制作广告图片效果的操作方法 （3）掌握制作广告文字效果的操作方法
本章重点	制作广告图片效果
本章难点	制作画册广告背景
视频时长	10分01秒

12.1.3 制作思路

本案例首先介绍了制作画册广告背景的方法，以紫色为主色调，然后制作广告图片效果，最后制作广告文字效果。图12-2所示为《爱久珠宝》画册广告的制作思路。

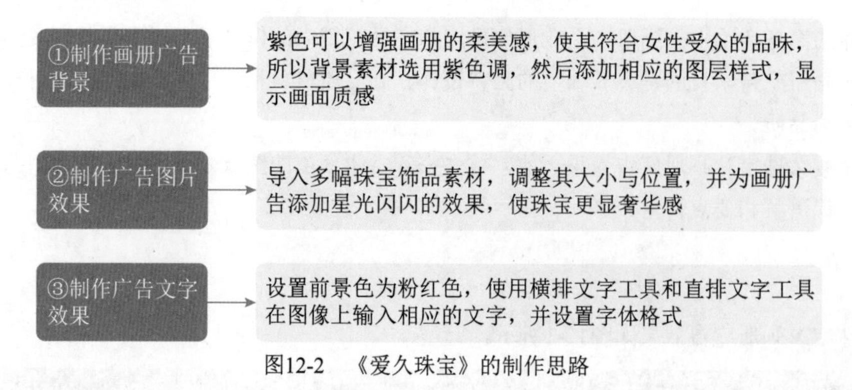

图12-2 《爱久珠宝》的制作思路

12.1.4 知识讲解

珠宝画册广告是一种全方位展示珠宝产品、品牌形象和独特设计的宣传媒介，通过高质量的图文结合，吸引潜在顾客的注意力，传递品牌价值和产品信息。画册中会详细展示不同的产品系列或者不同款式的珠宝，突出每一款珠宝的独特设计，每个系列也会有专门的版面，以展示系列中的各个产品。本案例涉及到的相关珠宝素材，依赖于高质量的珠宝摄影，需要捕捉珠宝的光泽和细节，以确保最佳的展示效果。

12.1.5 要点讲堂

在本章内容中，需要导入多个珠宝素材文件，要频繁地调整素材大小和位置，用户有两种方法可以进行操作，一是按Ctrl＋T组合键，调出变换控制框，通过拖曳素材四周的控制柄，调整素材的大小和位置，修改完成后按Enter键确认即可；二是选择“窗口”|“属性”命令，调出“属性”面板，在其中设置W、H、X和Y的参数值，精确更改素材的宽度、高度以及位置等属性，这种方式精确性高，适合要求较高的画册设计。

12.2 《爱久珠宝》制作流程

本节将为读者介绍制作《爱久珠宝》的操作方法，包括制作画册广告背景、制作广告图片效果以及制作广告文字效果等内容。

12.2.1 制作画册广告背景

扫码看视频

珠宝画册的背景以紫色为主色调，可以让画册呈现出一种高端、奢华的感觉，与珠宝的高品质和独特性相呼应。下面介绍制作画册广告背景的操作方法。

STEP 01 选择“文件”|“打开”命令，打开“画册背景.jpg”素材图像，如图12-3所示，该素材为画册广告的主要背景。

STEP 02 选择“文件”|“打开”命令，打开“素材1.psd”素材图像，使用“移动工具”将素材图像拖曳至“画册背景”图像编辑窗口中，如图12-4所示。

图12-3　打开“画册背景”素材图像

图12-4　拖曳“素材1”图像至图像编辑窗口中

专家指点

紫色的背景可以使珠宝的颜色更为突出，尤其是搭配金、银、钻石等颜色的珠宝，紫色的背景可以形成对比，使珠宝更加引人注目。

STEP 03 在菜单栏中，选择“图层”|“图层样式”|“外发光”命令，如图12-5所示。

STEP 04 弹出“图层样式”对话框，选中“外发光”复选框，在右侧单击“设置发光颜色”色块，如图12-6所示。

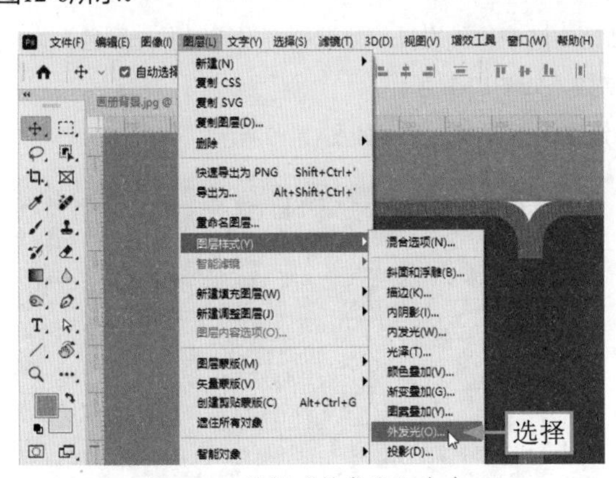

图12-5　选择“外发光”命令

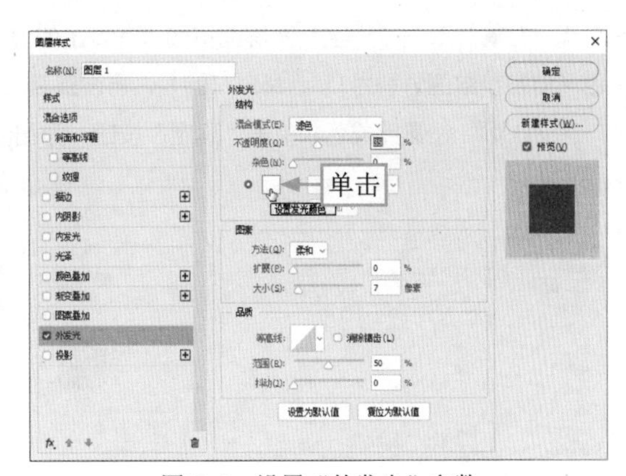

图12-6　设置“外发光”参数

STEP 05 弹出“拾色器（外发光颜色）”对话框，设置颜色为淡黄色（RGB值分别为255、255、190），如图12-7所示。

STEP 06 单击“确定”按钮，返回“图层样式”对话框，设置其他参数值，如图12-8所示。

STEP 07 设置完成后，单击“确定”按钮，为图像添加图层样式，效果如图12-9所示。

STEP 08 选择“文件”|“打开”命令，打开“素材2.psd”素材图像，使用“移动工具”将素材图像拖曳至“画册背景”图像编辑窗口中，如图12-10所示。

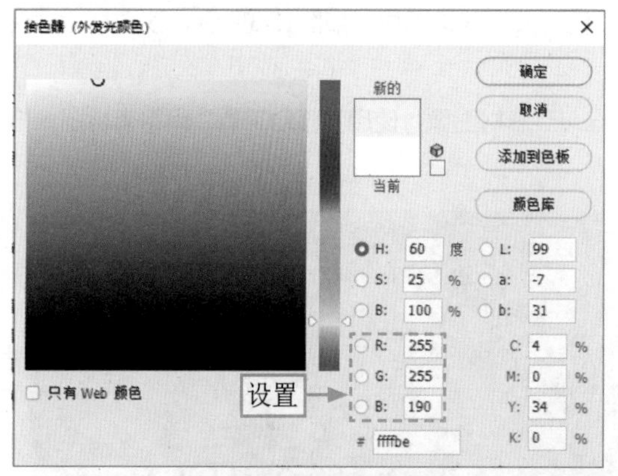

图12-7 设置发光颜色

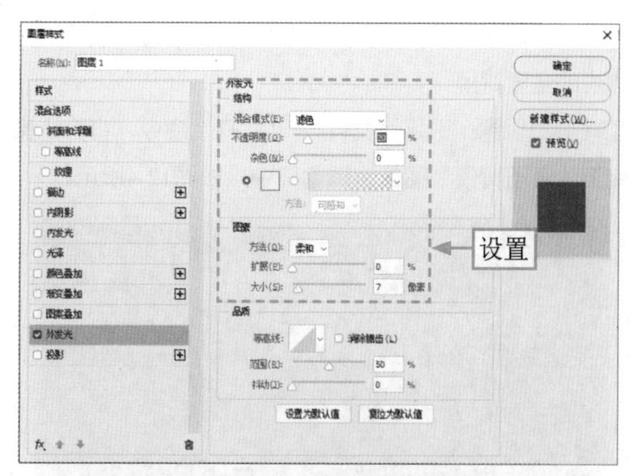

图12-8 设置其他参数值

图12-9 为“素材1”图像添加图层样式

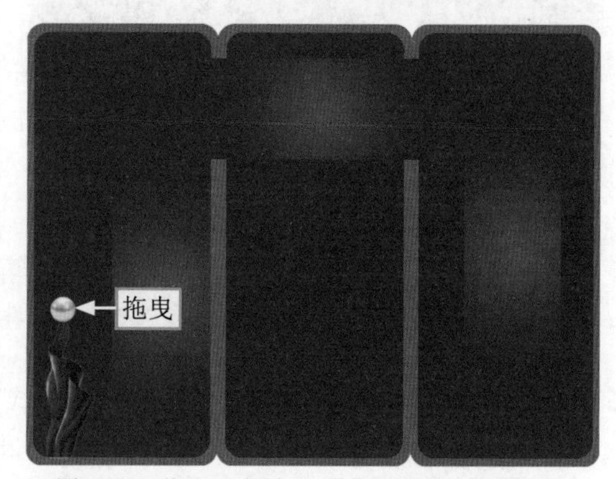

图12-10 拖曳“素材2”图像至图像编辑窗口中

STEP 09 双击“珠宝”图层缩览图，在弹出的对话框中选中“外发光”复选框，设置“发光颜色”为淡黄色（RGB参数值分别为255、255、190），再设置其他参数，如图12-11所示。

STEP 10 设置完成后，单击“确定”按钮，为图像添加图层样式，效果如图12-12所示。

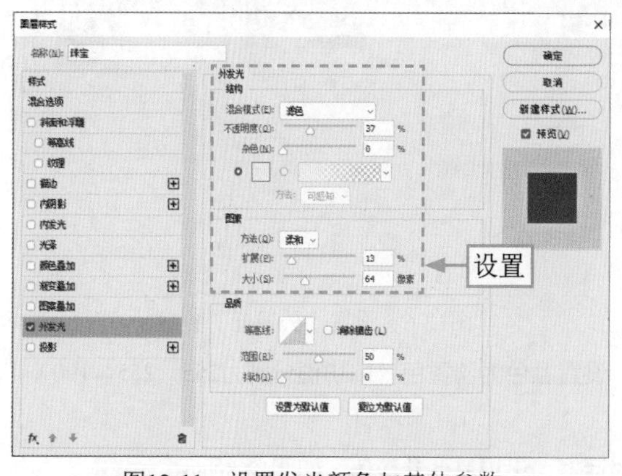

图12-11 设置发光颜色与其他参数

图12-12 为“素材2”图像添加图层样式

STEP 11 按Ctrl+J组合键两次，将“珠宝”图层复制两份，如图12-13所示。

STEP 12 使用“移动工具”适当调整图像的位置，效果如图12-14所示。

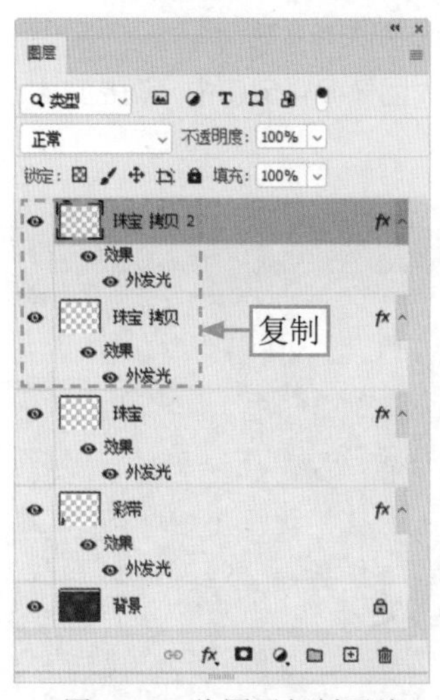

图12-13　将图层复制两份

图12-14　适当调整图像的位置

专家指点

珍珠是一种经典的珠宝材料，其圆润的外观给人一种典雅的感觉，将珍珠素材融入画册设计中，可以使整体风格更为精致，与高档珠宝的形象相符。珍珠的颜色搭配通常包括白色、淡粉色、淡金色等，这些颜色可以成为画册的配色灵感，通过巧妙使用这些颜色，可以使整体的设计更为协调，更具品牌特色。

12.2.2　制作广告图片效果

在紫色的画册背景中，添加具有金属质感的珠宝饰品素材，可以加强画册的奢华感，金属光泽在紫色背景上会显得格外亮眼，为珠宝增添高贵、富丽堂皇的氛围。下面介绍制作画册广告图片效果的操作方法。

STEP 01 选择“文件”|“打开”命令，打开“素材3.png”素材图像，如图12-15所示。

STEP 02 使用“移动工具”将“素材3”图像拖曳至“画册背景”图像编辑窗口中，调整其大小与位置，效果如图12-16所示。

图12-15　打开“素材3”图像

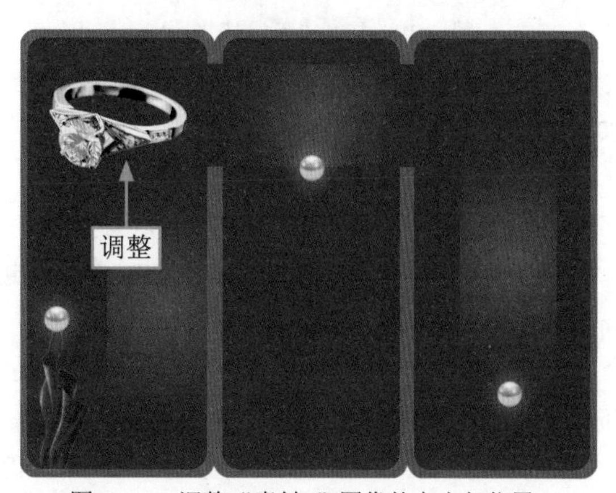

图12-16　调整“素材3”图像的大小与位置

STEP 03 选择“文件”|“打开”命令，打开“素材4.png”素材图像，如图12-17所示。

STEP 04 使用“移动工具”将“素材4”图像拖曳至“画册背景”图像编辑窗口中，调整其大小与位置，效果如图12-18所示。

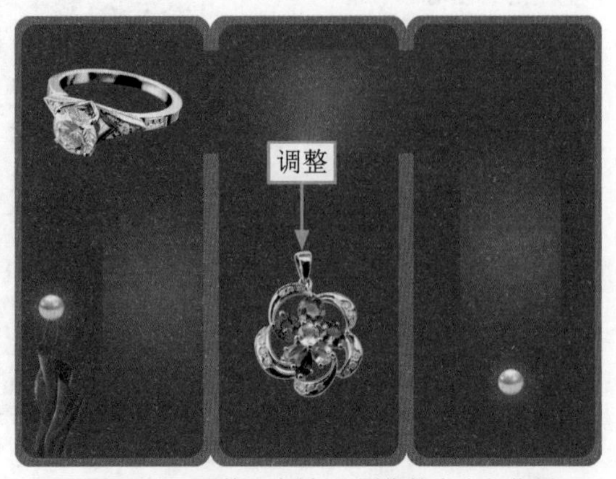

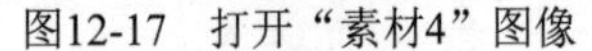

图12-17 打开“素材4”图像

图12-18 调整“素材4”图像的大小与位置

STEP 05 选择“文件”|“打开”命令，打开“素材5.png”素材图像，如图12-19所示。

STEP 06 使用“移动工具”将“素材5”图像拖曳至“画册背景”图像编辑窗口中，调整其大小与位置，效果如图12-20所示。

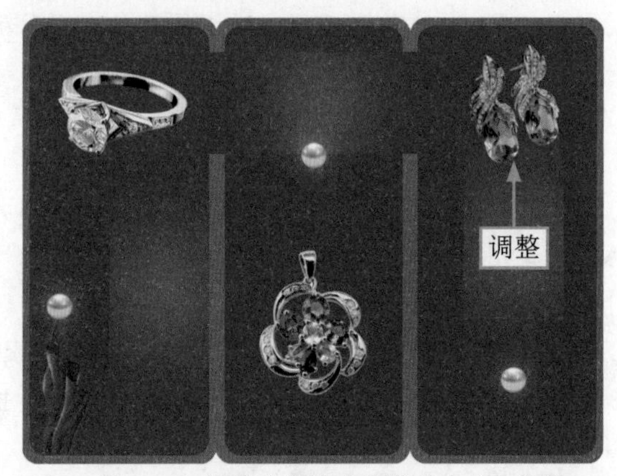

图12-19 打开“素材5”图像

图12-20 调整“素材5”图像的大小与位置

STEP 07 打开“素材6.psd”素材图像，将其拖曳至“画册背景”图像编辑窗口中的合适位置，为画册添加星点效果，如图12-21所示。

STEP 08 按Ctrl+J组合键两次，将“素材6.psd”素材图像复制两份，然后移至相应位置，效果如图12-22所示。

STEP 09 打开“素材7.jpg”素材图像，将其拖曳至“画册背景”图像编辑窗口中的合适位置，如图12-23所示。

STEP 10 设置“图层4”图层的“混合模式”为“滤色”，为画册广告添加星光闪闪的效果，如图12-24所示。

STEP 11 将“图层4”图层复制两份，然后将图层中的素材图像移至相应位置，为其他珠宝素材添加星光闪闪的效果，如图12-25所示。

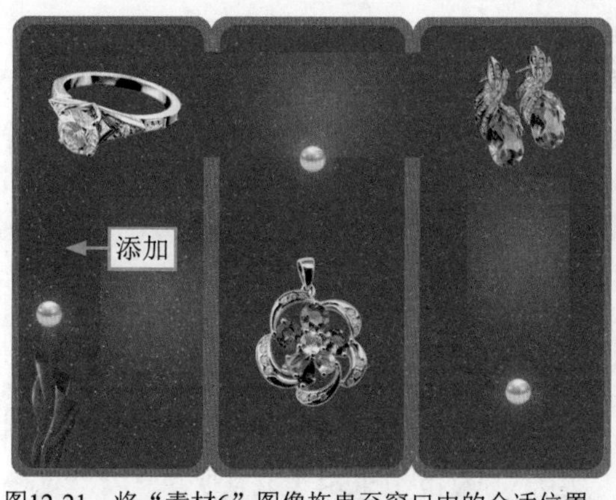

图12-21 将“素材6”图像拖曳至窗口中的合适位置

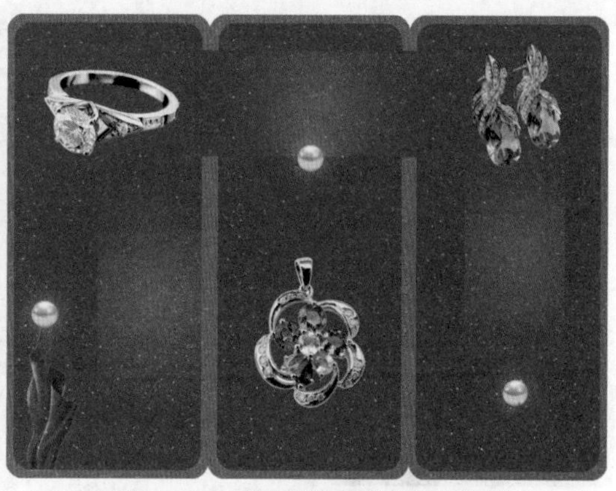

图12-22 复制素材并移至相应位置

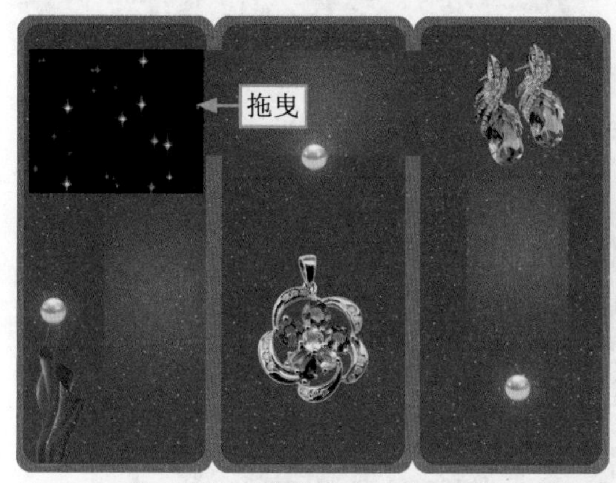

图12-23 将“素材7”图像拖曳至窗口中的合适位置

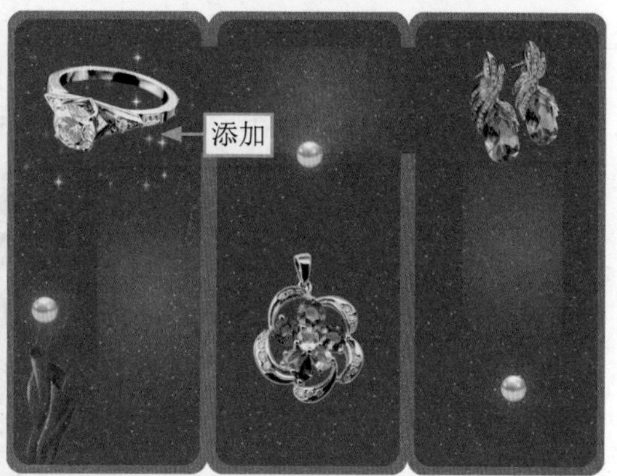

图12-24 添加星光闪闪的效果

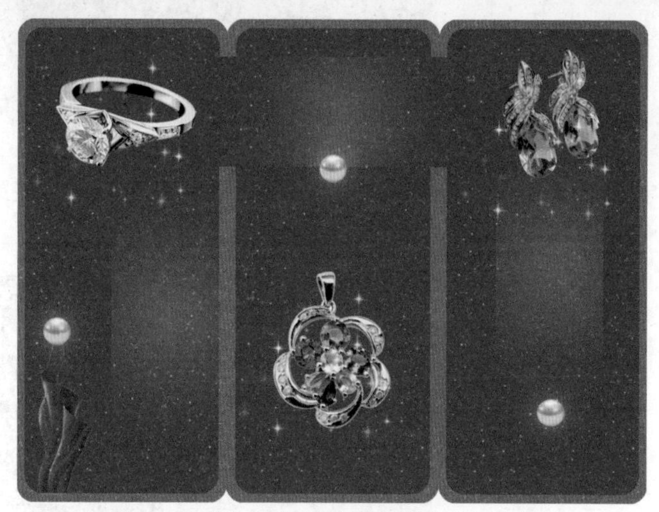

图12-25 为其他珠宝素材添加星光闪闪的效果

12.2.3 制作广告文字效果

文字在画册广告中起到至关重要的作用，它不仅可以传达品牌或产品的信息，还可以通过设计效果来吸引目标受众的注意力。下面介绍制作广告文字效果的操作方法。

STEP 01 ▶▶ 设置前景色为粉红色（RGB值为255、197、215），如图12-26所示。

STEP 02 ▶▶ 选择"横排文字工具" T，在图像编辑窗口中的适当位置输入相应文本内容，如图12-27所示。

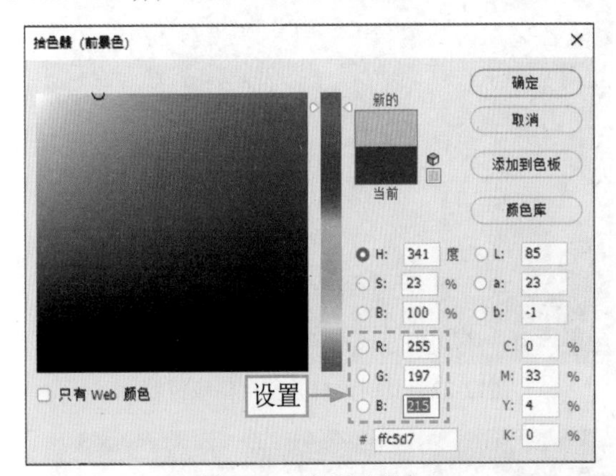

图12-26 设置前景色

图12-27 输入相应文本内容

STEP 03 ▶▶ 在"字符"面板中，设置相应的文本格式，面板与图像效果如图12-28所示。

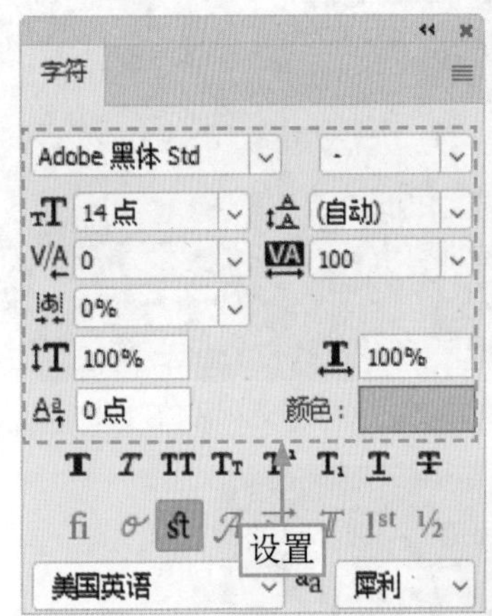

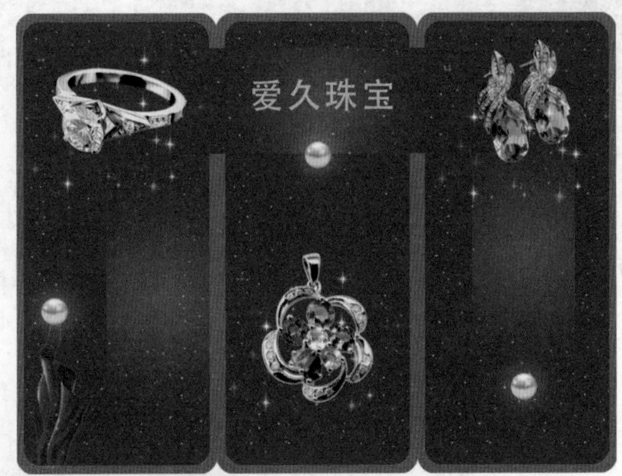

图12-28 面板与图像效果（1）

STEP 04 ▶▶ 复制文字图层，使用移动工具将其移至合适位置，在"字符"面板中设置相应的文本格式，面板与图像效果如图12-29所示。

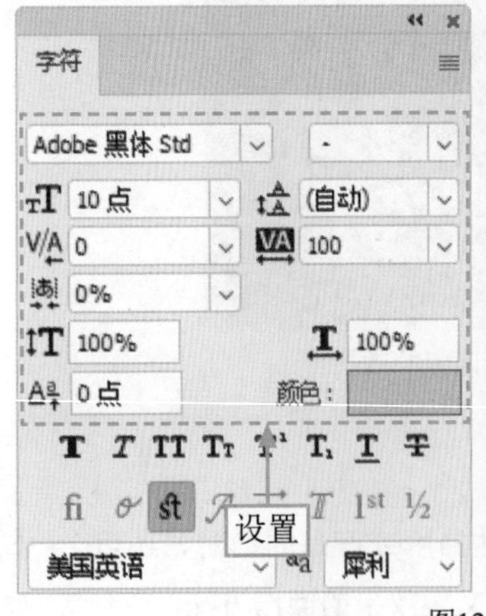

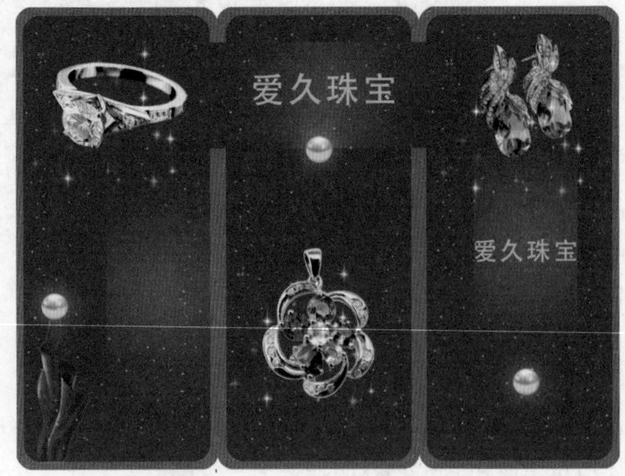

图12-29 面板与图像效果（2）

STEP 05 ▶▶ 使用横排文字工具在图像编辑窗口中的适当位置输入相应英文内容，设置相应的文本格式，面板与图像效果如图12-30所示。

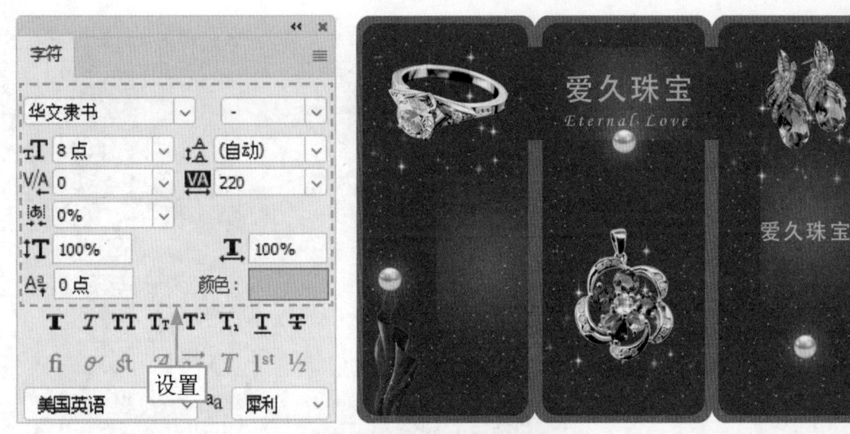

图12-30　面板与图像效果（3）

STEP 06 ▶▶ 复制英文文字图层，使用移动工具将其移至合适位置，在“字符”面板中设置相应的文本格式，面板与图像效果如图12-31所示。

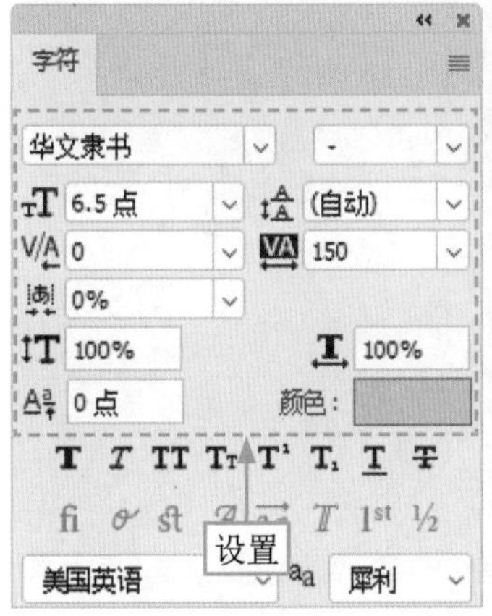

图12-31　面板与图像效果（4）

STEP 07 ▶▶ 选择工具箱中的“直排文字工具”↓T，在图像编辑窗口中的适当位置输入相应文本内容，在“字符”面板中设置相应的文本格式，面板与图像效果如图12-32所示。

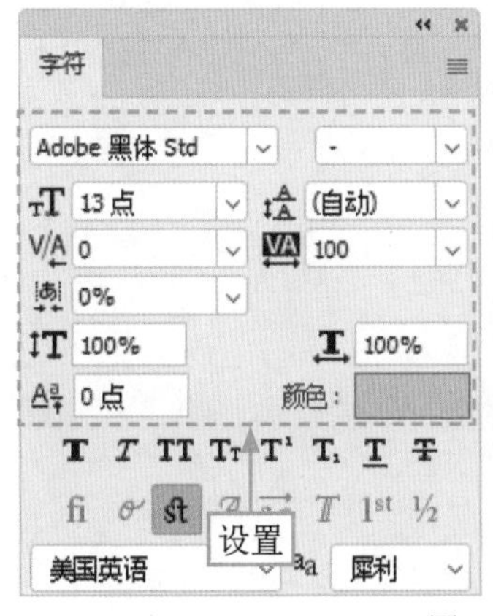

图12-32　面板与图像效果（5）

STEP 08 ▶▶ 使用直排文字工具在图像编辑窗口中的适当位置输入相应英文内容，设置相应的文本格式，面板与图像效果如图12-33所示。至此，完成《爱久珠宝》画册广告的制作。

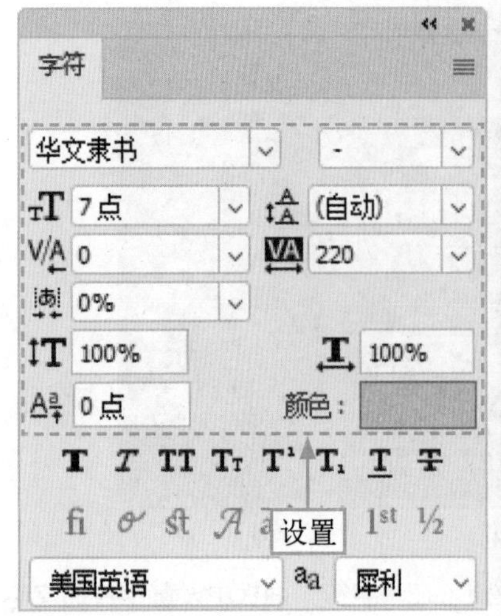

图12-33　面板与图像效果（6）

第13章 网站主页：制作《汽车广告》

网站主页广告是在线广告的一种形式，通常出现在网站的首页，是吸引用户注意力、推广产品或服务的重要手段之一，使用图片或图形进行宣传，是最常见的广告形式之一，包括全屏广告、横幅广告等。本章主要介绍制作《汽车广告》网站主页的操作方法。

13.1 《汽车广告》效果展示

汽车广告通常会展示高质量的汽车图片，以及汽车内饰细节，展示汽车的品牌和车型，突显汽车的外观、性能和特色，有助于引起用户的兴趣，吸引汽车爱好者和对汽车感兴趣的人。在汽车广告中添加汽车品牌标识，可以建立品牌的认知度，达到宣传的目的。

在制作《汽车广告》效果之前，首先来欣赏本案例的图像效果，并了解案例的学习目标、制作思路、知识讲解和要点讲堂。

13.1.1 效果欣赏

《汽车广告》网站主页效果如图13-1所示。

图13-1 《汽车广告》网站主页效果

13.1.2 学习目标

知识目标	掌握《汽车广告》网站主页的制作方法
技能目标	（1）掌握制作汽车广告主图的操作方法 （2）掌握制作汽车细节展示的操作方法 （3）掌握生成AI汽车标识的操作方法 （4）掌握制作汽车广告文本的操作方法
本章重点	制作汽车广告主图
本章难点	生成AI汽车标识
视频时长	17分56秒

13.1.3 制作思路

本案例首先介绍了制作汽车广告主图的方法，然后制作汽车的细节展示图片，接下来通过AI生成汽车标识，最后制作汽车广告文本内容，介绍汽车的性能特点。图13-2所示为《汽车广告》网站主页的制作思路。

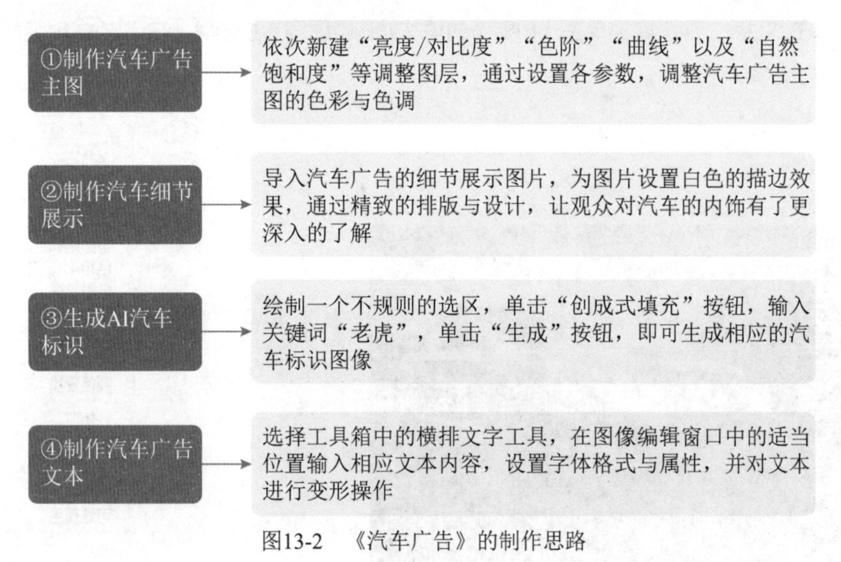

图13-2 《汽车广告》的制作思路

13.1.4 知识讲解

网站主页提供了一个理想的空间，可以详细介绍汽车产品的各个方面，包括车型的特点、配置、性能等，有助于潜在消费者更全面地了解汽车产品。本案例通过利用各种调整图层对主体图像进行修饰，再通过添加素材和文字等操作，制作出汽车广告的效果，实例目的是让读者掌握制作《汽车广告》网站主页的各种操作方法和技巧。

13.1.5 要点讲堂

在本章内容中，使用了多种调整图层来调整汽车主图的色彩与色调，用户利用调整图层对汽车图像进行颜色填充和色调调整，而不会修改图像中的像素，即颜色和色调的更改位于调整图层内，调整图层会影响此图层下面的所有图层。在Photoshop中，调整图层有很多种类型，如“亮度/对比度”“曲线”“渐变”等，用户可以根据需要进行相应操作。

13.2 《汽车广告》制作流程

本节将为读者介绍制作《汽车广告》的操作方法，包括制作汽车广告主图、制作汽车细节展示、生成AI汽车标识以及制作汽车广告文本等内容。

13.2.1　制作汽车广告主图

汽车主图主要用来展示汽车的外观，包括车身线条、造型设计以及颜色等，有助于激发用户对车辆外观的兴趣。下面介绍制作汽车广告主图的操作方法。

STEP 01 选择“文件”|“打开”命令，打开“素材1.png”素材图像，如图13-3所示。

STEP 02 在“图层”面板底部单击“创建新的填充或调整图层”按钮，在弹出的下拉菜单中选择“亮度/对比度”命令，如图13-4所示。

图13-3　打开“素材1”图像

图13-4　选择“亮度/对比度”命令

STEP 03 执行操作后，新建“亮度/对比度1”调整图层，如图13-5所示。

STEP 04 打开“属性”面板，设置“亮度”为8、“对比度”为16，如图13-6所示。

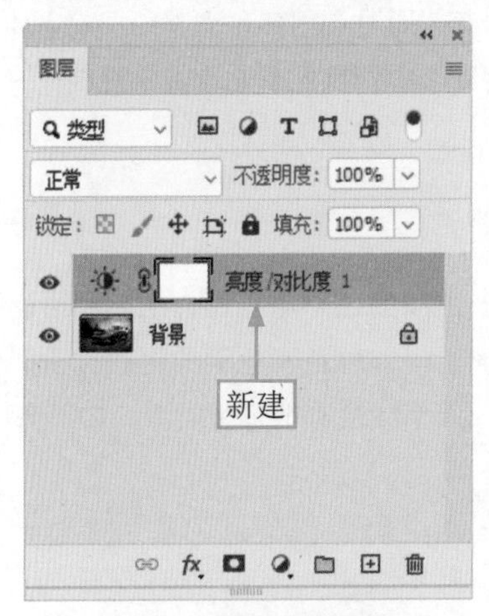

图13-5　新建调整图层

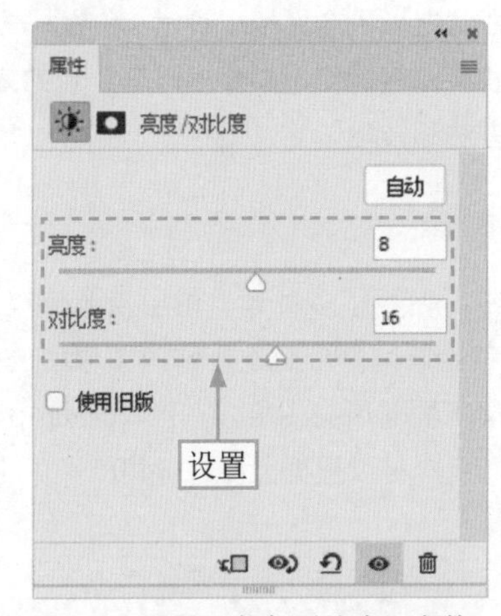

图13-6　设置“亮度/对比度”参数

STEP 05 执行上述操作后，即可提高图像的亮度和对比度，效果如图13-7所示。

STEP 06 在“图层”面板底部单击“创建新的填充或调整图层”按钮，在弹出的下拉菜单中选择“色阶”命令，如图13-8所示。

STEP 07 新建“色阶1”调整图层，打开“属性”面板，依次设置各参数为9、1.34、255，如图13-9所示。

STEP 08 执行上述操作后，即可调整图像的色调，效果如图13-10所示。

图13-7　提高图像的亮度和对比度

图13-8　选择“色阶”命令

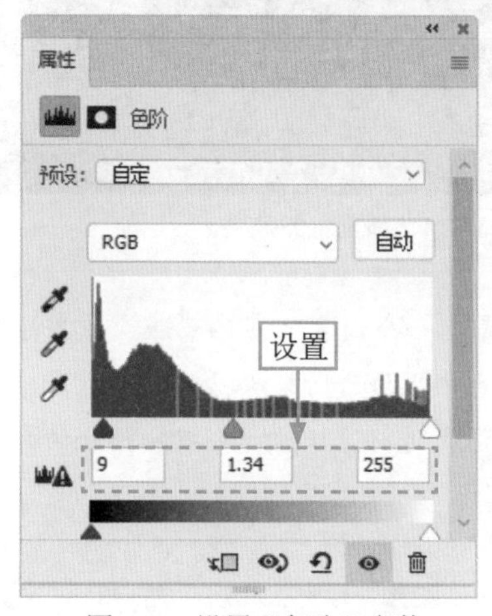

图13-9　设置“色阶”参数

图13-10　调整图像的色调

STEP 09 新建“曲线1”调整图层，打开“属性”面板，依次添加两个节点，调整曲线的形态，如图13-11所示。

STEP 10 执行上述操作后，即可改变图像的色调，效果如图13-12所示。

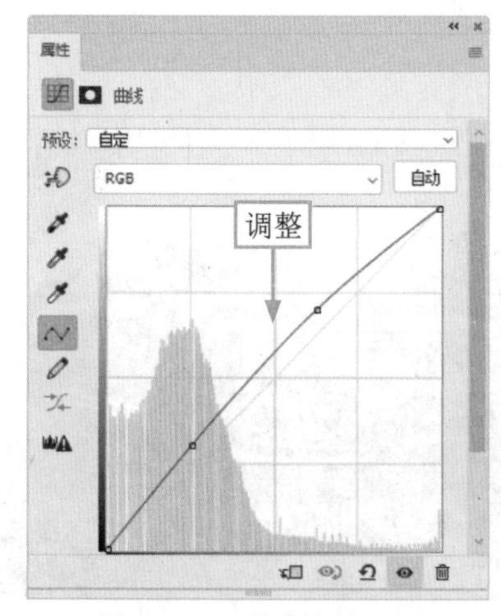

图13-11　调整曲线的形态

图13-12　改变图像的色调

STEP 11 ▶▶ 选择“曲线1”图层蒙版，选择“画笔工具”，设置前景色为黑色、“不透明度”为50%，在图像中的天空区域进行适当涂抹，恢复天空的色彩，如图13-13所示。

STEP 12 ▶▶ 执行上述操作后，预览调整后的汽车广告主图效果，如图13-14所示。

图13-13　恢复天空的色彩

图13-14　预览主图效果

专家指点

在Photoshop中新建的各种调整图层上，都有一个白色的图层蒙版，使用黑色的画笔工具在图像上进行适当涂抹，对不需要调色的区域进行擦除操作，可以修改调整图层上的色彩属性；使用白色的画笔工具在图像上进行涂抹时，可以将擦除的部分进行恢复操作。

STEP 13 ▶▶ 新建“自然饱和度1”调整图层，打开“属性”面板，设置“自然饱和度”为+42、“饱和度”为+22，如图13-15所示。

STEP 14 ▶▶ 执行上述操作后，即可提高图像的饱和度，效果如图13-16所示。

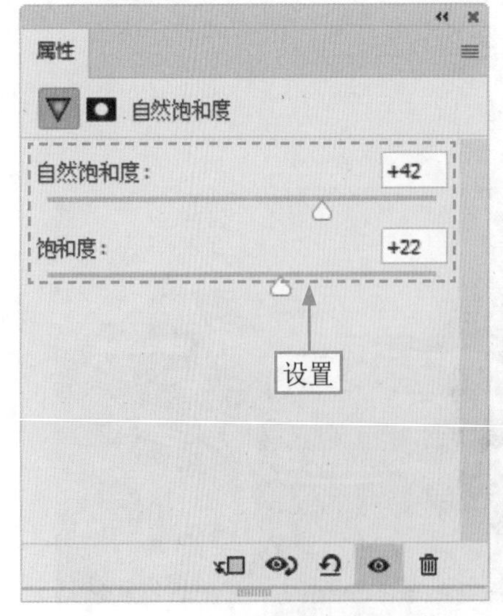

图13-15　设置“自然饱和度”参数

图13-16　提高图像的饱和度

专家指点

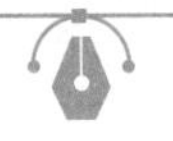

在自然饱和度的“属性”面板中，各主要选项含义如下。

自然饱和度：可以调整整幅图像或单个颜色分量的饱和度，在不过度增强或减少特定颜色的情况下，更自然地调整整幅图像的颜色饱和度。

饱和度：用于调整整幅图像的所有颜色，而不考虑当前的饱和度。

STEP 15 按Ctrl＋Shift＋Alt＋E组合键，盖印图层，得到“图层1”图层，选择“移除工具”，对汽车主图进行修饰操作，效果如图13-17所示。

图13-17　对汽车主图进行修饰操作

13.2.2　制作汽车细节展示

扫码看视频

内饰细节图可以突显汽车的舒适性和空间感，包括座椅设计、内饰色彩搭配、仪表盘布局等方面，使用户更容易想象自己在车内的舒适体验。下面介绍制作汽车细节展示图片的操作方法。

STEP 01 选择“文件”|“打开”命令，打开“素材2.psd”素材图像，如图13-18所示。

STEP 02 使用“移动工具”将“素材2”图像拖曳至汽车主图图像编辑窗口中，调整其位置，效果如图13-19所示。

图13-18　打开“素材2”图像

图13-19　调整“素材2”图像的位置

STEP 03 >>> 单击“图层”面板底部的“添加图层样式”按钮fx，在弹出的下拉菜单中选择“描边”命令，如图13-20所示。

STEP 04 >>> 弹出“图层样式”对话框，选中“描边”复选框，在右侧设置“大小”为3像素、“颜色”为白色，如图13-21所示。

图13-20 选择“描边”命令

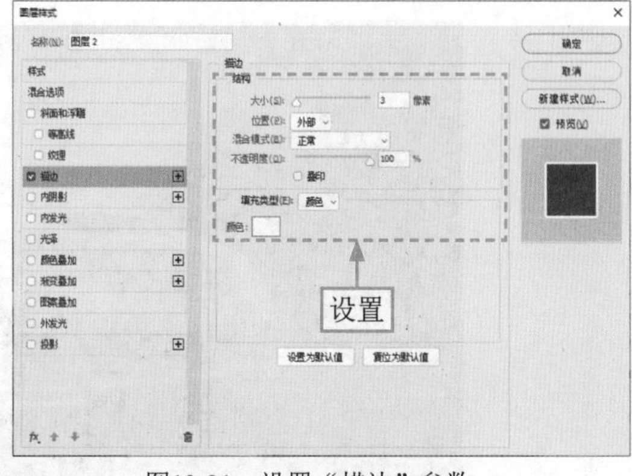

图13-21 设置“描边”参数

STEP 05 >>> 单击“确定”按钮，即可为图片添加“描边”图层样式，效果如图13-22所示。

STEP 06 >>> 选择“文件”|“打开”命令，打开“素材3.psd”素材图像，使用“移动工具”将素材图像拖曳至汽车主图图像编辑窗口中，调整其位置，效果如图13-23所示。

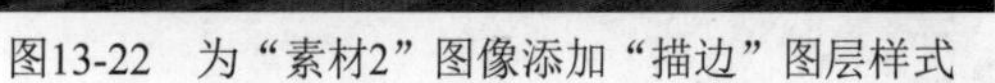

图13-22 为“素材2”图像添加“描边”图层样式

图13-23 调整“素材3”图像的位置

STEP 07 >>> 复制“图层2”图层中的“描边”图层样式，粘贴至“图层3”图层中，为素材图片添加“描边”图层样式，效果如图13-24所示。

STEP 08 >>> 选择“文件”|“打开”命令，打开“素材4.psd”素材图像，使用“移动工具”将素材图像拖曳至汽车主图图像编辑窗口中，调整其位置，效果如图13-25所示。

STEP 09 >>> 复制“图层2”图层中的“描边”图层样式，粘贴至“图层4”图层中，为素材图片添加“描边”图层样式，效果如图13-26所示。

STEP 10 >>> 选择工具箱中的“横排文字工具”T，在图像编辑窗口中的适当位置输入相应的文本内容，并设置字体格式，效果如图13-27所示。

图13-24　为“素材3”图像添加“描边”图层样式

图13-25　调整“素材4”图像的位置

图13-26　为“素材4”图像添加“描边”图层样式

图13-27　输入相应的文本内容（1）

STEP 11 使用同样的方法，在图像编辑窗口中的适当位置输入相应的文本内容，效果如图13-28所示。

STEP 12 使用同样的方法，在图像编辑窗口中的适当位置输入相应的文本内容，效果如图13-29所示。

图13-28　输入相应的文本内容（2）

图13-29　输入相应的文本内容（3）

13.2.3 生成 AI 汽车标识

在Photoshop中，有了“创成式填充”这种强大的AI（Artificial Intelligence，人工智能）工具，用户可以充分将创意与技术进行结合，生成需要的AI汽车标识，从而塑造品牌形象。下面介绍通过“创成式填充”功能生成AI汽车标识的操作方法。

STEP 01 在“图层”面板中，新建“图层5”图层，选择“矩形选框工具”，在图像编辑窗口的下方创建一个矩形选区，如图13-30所示。

STEP 02 设置前景色为白色，为选区填充前景色，按Ctrl+D组合键，取消选区，效果如图13-31所示。

图13-30 创建矩形选区

图13-31 为选区填充白色

专家指点 通过将汽车标识融入广告中，可以为广告赋予更高的专业感，品牌标识还可以加强在消费者心中的印象，迅速让观众辨认出广告中所展示的汽车品牌。

STEP 03 选择“文件”|“打开”命令，打开“素材5.psd”素材图像，使用“移动工具”将素材图像拖曳至汽车主图图像编辑窗口中，调整其位置，效果如图13-32所示。

STEP 04 选择工具箱中的“套索工具”，在素材图像的内部绘制一个不规则的选区，如图13-33所示。

图13-32 调整“素材5”图像的位置

图13-33 绘制不规则选区

STEP 05 在下方的浮动工具栏中单击“创成式填充”按钮，如图13-34所示。

STEP 06 在浮动工具栏左侧的输入框中输入关键词“老虎”，单击“生成”按钮，如图13-35所示。

STEP 07 稍等片刻，即可生成相应的图像效果，如图13-36所示。

STEP 08 在生成式图层的“属性”面板中，在“变化”选项区中选择相应的图像，如图13-37所示。

图13-34 单击“创成式填充”按钮

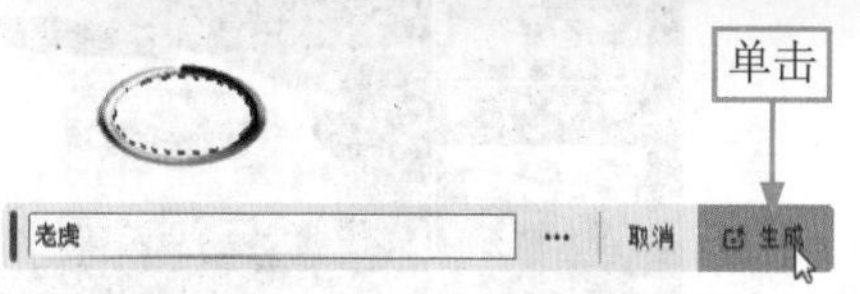

图13-35 单击“生成”按钮

图13-36 生成相应的图像效果

图13-37 选择相应的图像

STEP 09 ▶▶ 执行操作后，即可改变画面中生成的图像效果，如图13-38所示。

STEP 10 ▶▶ 选择工具箱中的“横排文字工具” T，在图像编辑窗口中的适当位置输入汽车品牌标识文字，设置相应的字体格式，效果如图13-39所示。

图13-38 改变画面中生成的图像效果

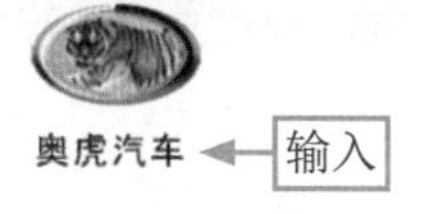

图13-39 输入汽车品牌标识文字

STEP 11 ▶▶ 将前面“创成式填充”功能生成的老虎图像进行复制操作，然后调整其大小，移至汽车主图中的适当位置，添加汽车标识，效果如图13-40所示。

图13-40　添加汽车标识

STEP 12 ▶▶ 按Ctrl+S组合键，弹出“存储为”对话框，在其中设置文件的名称与保存位置，如图13-41所示，单击“保存”按钮，保存图像文件。

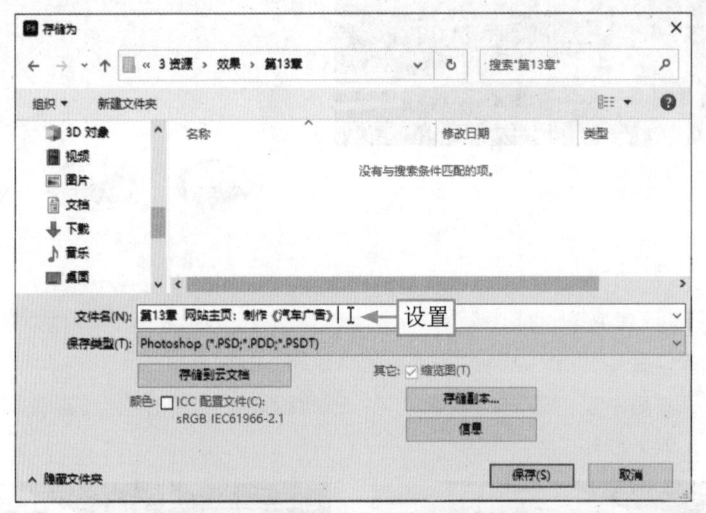

图13-41　设置文件的名称与保存位置

13.2.4　制作汽车广告文本

广告文本中可以包含汽车的宣传语、技术规格、性能特点以及地址和电话等详细信息，帮助潜在消费者更全面地了解车型与汽车品牌。下面介绍制作汽车广告文本的操作方法。

STEP 01 ▶▶ 选择工具箱中的“横排文字工具” T，在图像编辑窗口中的适当位置输入相应的文本内容，如图13-42所示。

STEP 02 ▶▶ 在“字符”面板中设置“字体”为“黑体”、“字体大小”为52点，单击“仿斜体”按钮 T，效果如图13-43所示。

图13-42　输入“狂野驾驭”文本　　　图13-43　设置文本字体格式

STEP 03 按Ctrl＋T组合键，调出变换控制框，按住Ctrl键的同时将鼠标指针移至控制框正上方的控制点上，如图13-44所示。

STEP 04 按住鼠标左键并向右水平拖曳，使文字倾斜至合适状态后，释放鼠标左键，如图13-45所示，按Ctrl＋Enter组合键确认。

图13-44　移动鼠标指针至上方的控制点上　　　图13-45　倾斜文字

STEP 05 在“图层”面板中，将“狂野驾驭”文字图层进行复制操作，然后使用“移动工具”将文字移至合适位置，如图13-46所示。

STEP 06 使用“横排文字工具”T将图像编辑窗口中复制的“狂野驾驭”文字更改为“超越一切”，效果如图13-47所示。

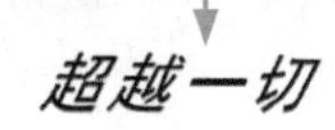

图13-46　调整文本位置　　　图13-47　更改文本内容

STEP 07 使用“横排文字工具”T在图像编辑窗口中的其他位置输入相应的文本内容，介绍汽车的设计特点，设置“字体大小”为20点，效果如图13-48所示。

图13-48　输入相应的文本内容

STEP 08 使用“横排文字工具”在图像编辑窗口中输入公司名称、地址以及电话等信息，设置“字体大小”为18点，效果如图13-49所示。至此，完成《汽车广告》的制作。

图13-49　最终效果

第14章 横幅广告：制作《彩妆口红》

横幅广告是一种常见的在线广告形式，具有较长而窄的形状，适合横跨在网页的顶部或底部，通常使用吸引人的颜色、图像和设计，以引起目标受众的兴趣。本章主要介绍制作《彩妆口红》横幅广告的操作方法。

14.1 《彩妆口红》效果展示

横幅广告可以强调口红的名称、特点和产品图片，口红的特点包括持久性、保湿性、易携带性等，使消费者更直观地了解产品，如果有任何促销或折扣活动，可以通过横幅形式直接传达这些信息，激发用户的购买欲望。

在制作《彩妆口红》横幅广告效果之前，首先来欣赏本案例的图像效果，并了解案例的学习目标、制作思路、知识讲解和要点讲堂。

14.1.1 效果欣赏

《彩妆口红》横幅广告效果如图14-1所示。

图14-1 《彩妆口红》横幅广告效果

14.1.2 学习目标

知识目标	掌握《彩妆口红》横幅广告的制作方法
技能目标	（1）掌握制作横幅广告背景的操作方法 （2）掌握制作口红立体效果的操作方法 （3）掌握制作优惠折扣信息的操作方法 （4）掌握制作横幅广告文字的操作方法
本章重点	制作横幅广告文字
本章难点	制作口红立体效果
视频时长	9分07秒

14.1.3 制作思路

本案例首先介绍了制作粉红色广告背景的方法，然后介绍了制作口红立体效果与优惠折扣信息，最后介绍文字的设计。图14-2所示为《彩妆口红》横幅广告的制作思路。

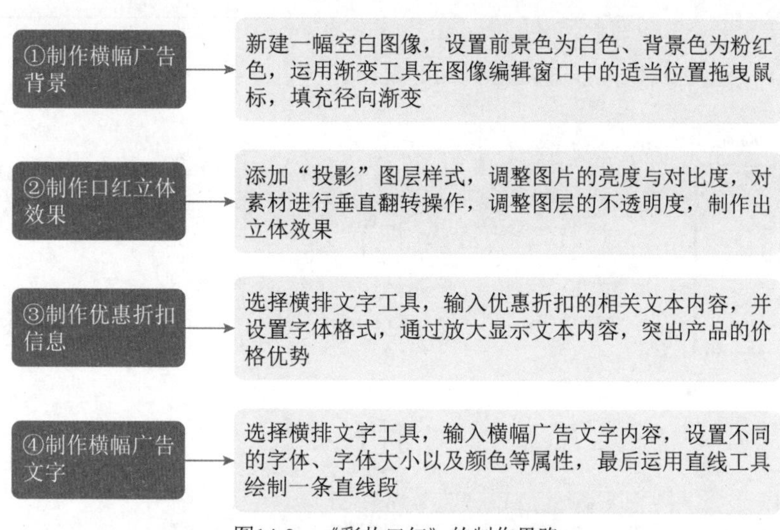

图14-2 《彩妆口红》的制作思路

14.1.4 知识讲解

本案例是为美妆网店设计的首页横幅广告，在画面的配色中借鉴了商品的色彩，并通过大小和外形不同的文字来表现店铺的主题内容，使用同一色系的颜色来提升画面的品质，让设计的整体效果更加协调统一。

14.1.5 要点讲堂

在本章内容中，用到了一个调色工具——“亮度/对比度”命令，使用该命令可以对图像中的色彩进行简单的调整，它对图像中的每个像素都会进行同样的调整，此调整方式方便、快捷。这里需要说明的是，“亮度/对比度”命令对单个通道不起作用，所以该调整方法不适合用于较为复杂的图像或者精度要求较高的图像。

14.2 《彩妆口红》制作流程

本节将为读者介绍制作《彩妆口红》的操作方法，包括制作横幅广告背景、制作口红立体效果、制作优惠折扣信息以及制作横幅广告文字等内容。

14.2.1 制作横幅广告背景

粉红色是浪漫和感性的代表颜色之一，通常与女性和温柔的特质相关联，可以传达出幸福和浪漫的氛围。在《彩妆口红》横幅广告中选择粉红色作为主色调，可以增强广告的视觉吸引力，适合吸引年轻的目标受众。下面介绍制作横幅广告背景的操作方法。

STEP 01 选择“文件”|“新建”命令，弹出“新建文档”对话框，设置“名称”为“第14章 横幅广告：制作《彩妆口红》”、“宽度”为1440像素、“高度”为570像素、“分辨率”为72像素/英寸、“颜色模式”为“RGB颜色”、“背景内容”为“白色”，如图14-3所示。

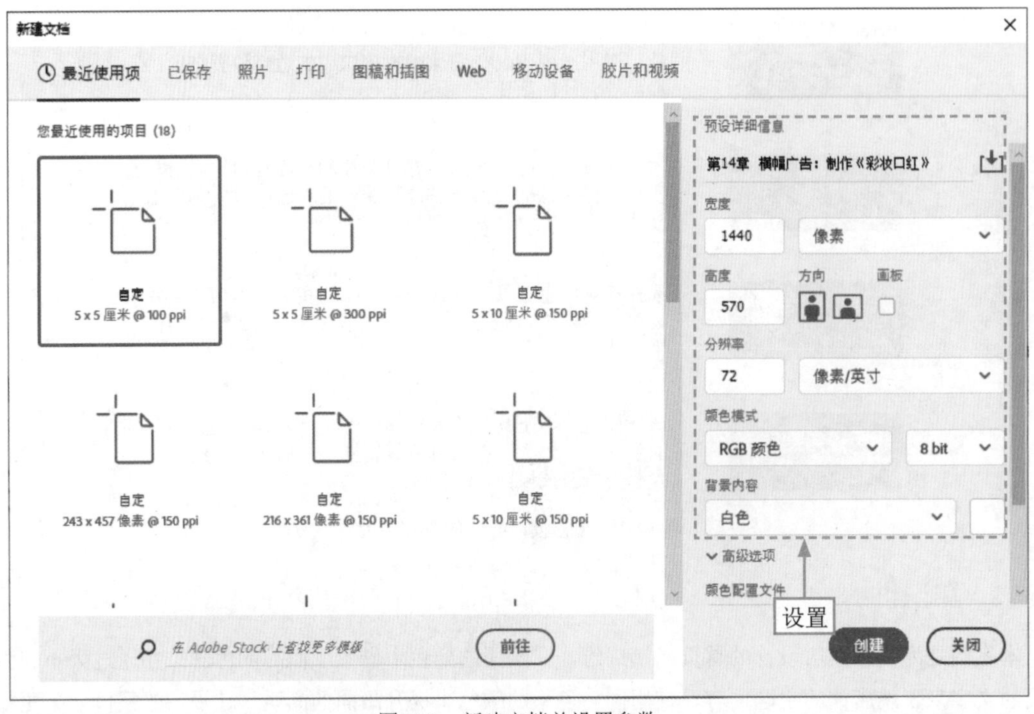

图14-3　新建文档并设置参数

专家指点

用户在新建图像的时候，在"新建文档"对话框的上方有一排选项标签，单击即可进入相应选项卡，其中包含了多种预设的图像尺寸可供用户选择。

STEP 02 ▶▶ 单击"创建"按钮，新建一幅空白图像，设置前景色为白色（RGB值分别为255、255、255），如图14-4所示。

STEP 03 ▶▶ 设置背景色为粉红色（RGB值分别为255、162、186），如图14-5所示。

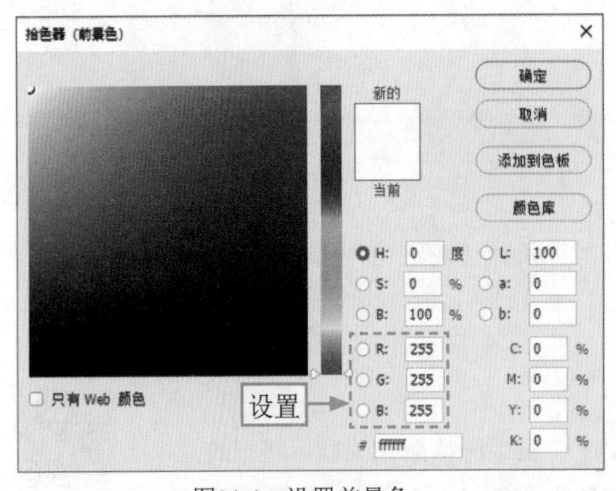

图14-4　设置前景色

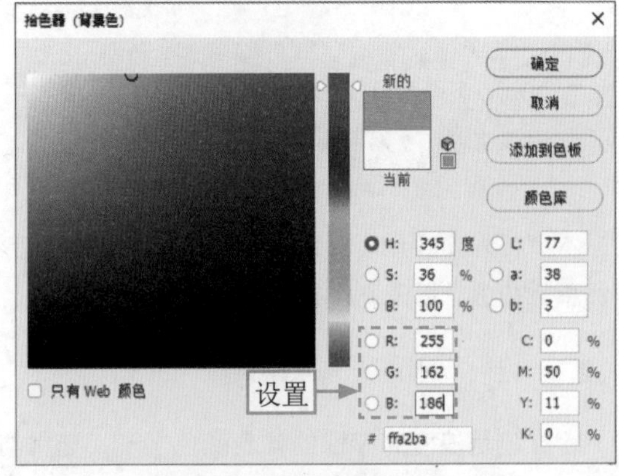

图14-5　设置背景色

STEP 04 ▶▶ 选择"渐变工具"■，在工具属性栏中单击"选择和管理渐变预设"按钮，在弹出的下拉列表中展开"基础"选项，选择"前景色到背景色渐变"选项，如图14-6所示。

STEP 05 ▶▶ 在工具属性栏中，单击"径向渐变"按钮■，如图14-7所示。

STEP 06 ▶▶ 在工具属性栏的"方法"下拉列表框中，选择"古典"选项，如图14-8所示。

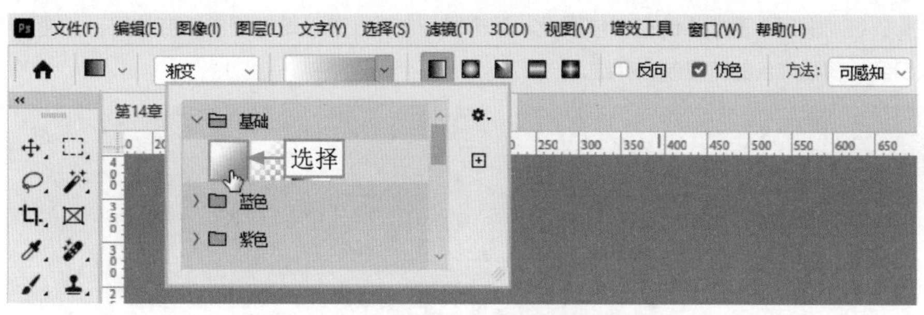

图14-6 选择“前景色到背景色渐变”选项

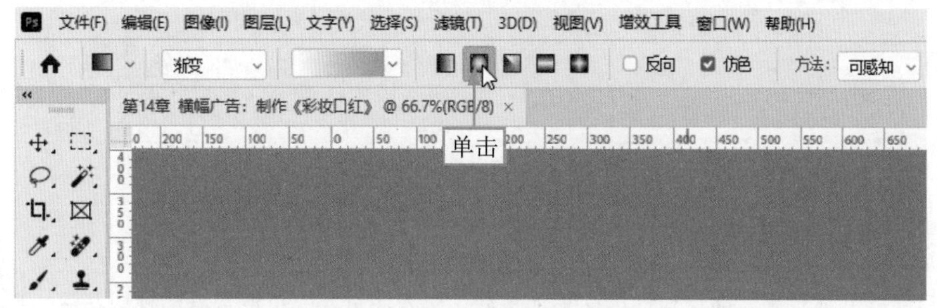

图14-7 单击“径向渐变”按钮

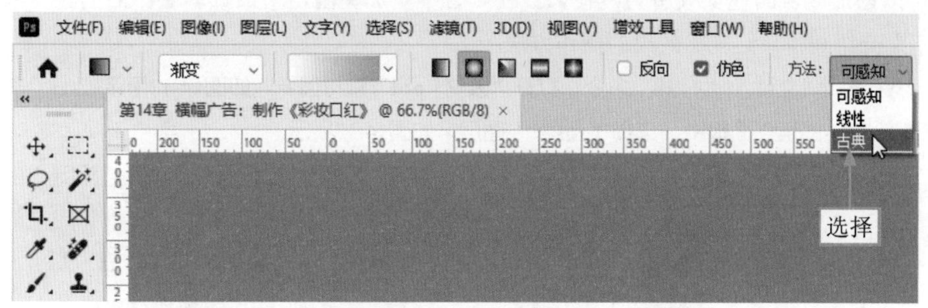

图14-8 选择“古典”选项

STEP 07 在图像编辑窗口中的适当位置拖曳鼠标，填充径向渐变，如图14-9所示。

STEP 08 在“图层”面板中，自动新建“渐变填充1”图层，如图14-10所示。

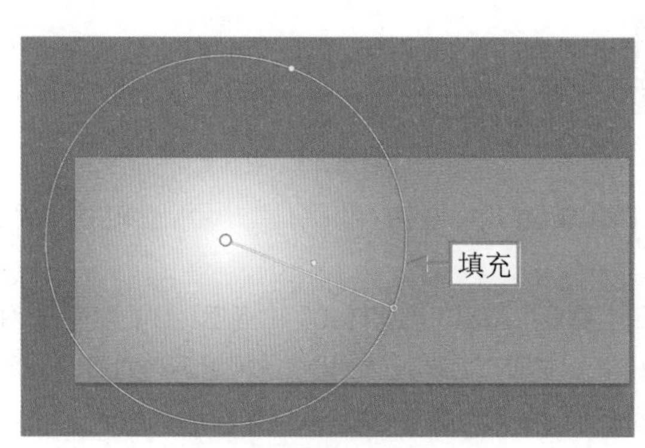

图14-9 填充径向渐变

图14-10 新建“渐变填充1”图层

STEP 09 ▶▶ 在“图层”面板中的空白位置上，单击鼠标左键，确认填充径向渐变效果，如图14-11所示。至此，《彩妆口红》横幅广告的背景制作完成。

图14-11　填充径向渐变效果

14.2.2　制作口红立体效果

扫码看视频

制作口红的立体效果能够使口红产品更加生动、引人注目，吸引消费者的视线，这种立体感可以增加广告的视觉吸引力，使口红在广告中更加突出，增加顾客对产品的直观了解。下面介绍制作口红立体效果的操作方法。

STEP 01 ▶▶ 选择“文件”|“打开”命令，打开“素材1.psd”素材图像，如图14-12所示。

STEP 02 ▶▶ 在“图层”面板中，选择“图层1”图层，如图14-13所示。

图14-12　打开“素材1”图像

图14-13　选择“图层1”图层

STEP 03 ▶▶ 将“图层1”图层拖曳至口红广告图像编辑窗口中，使用“移动工具”将图像移至合适位置，效果如图14-14所示。

STEP 04 ▶▶ 选择“图层”|“图层样式”|“投影”命令，弹出“图层样式”对话框，在右侧设置“投影颜色”为黑色、“不透明度”为75%、“距离”为6像素、“扩展”为9%、“大小”为18像素，如图14-15所示。

STEP 05 ▶▶ 单击“确定”按钮，即可为口红图像添加“投影”图层样式，效果如图14-16所示。

图14-14　将图像移至合适位置

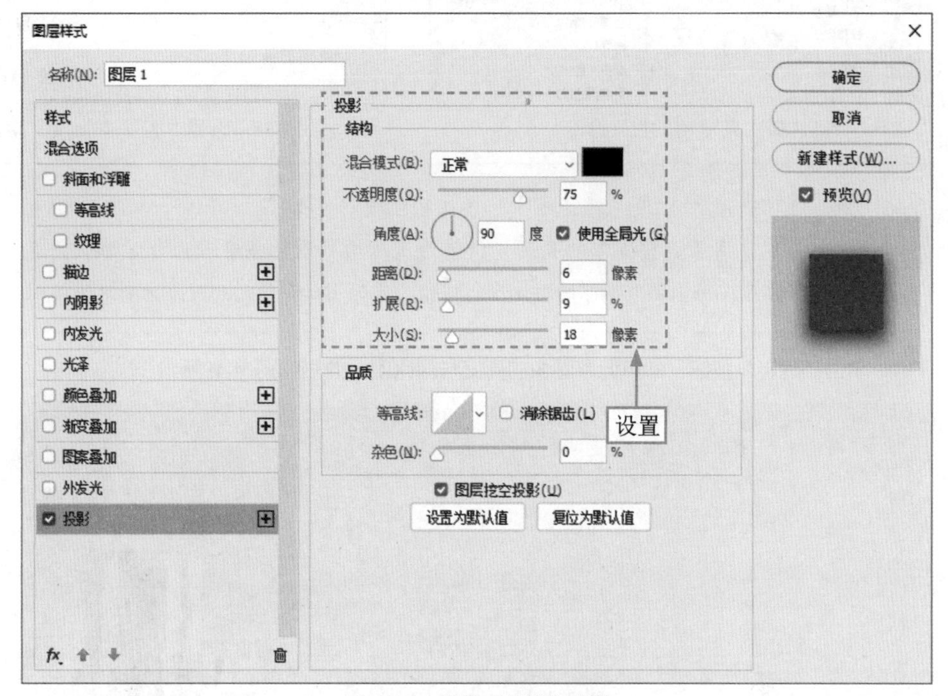

图14-15　设置“投影”参数

图14-16　添加“投影”图层样式

STEP 06 ▶▶ 在菜单栏中，选择“图像”|“调整”|“亮度/对比度”命令，如图14-17所示。

STEP 07 ▶▶ 弹出“亮度/对比度”对话框，在其中设置“亮度”为10、“对比度”为18，如图14-18所示。

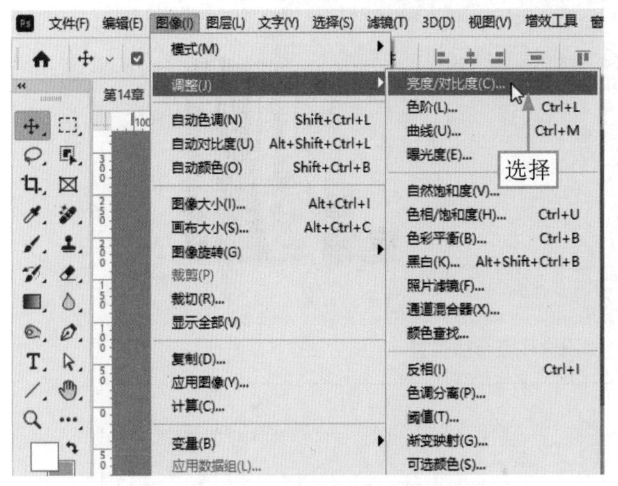

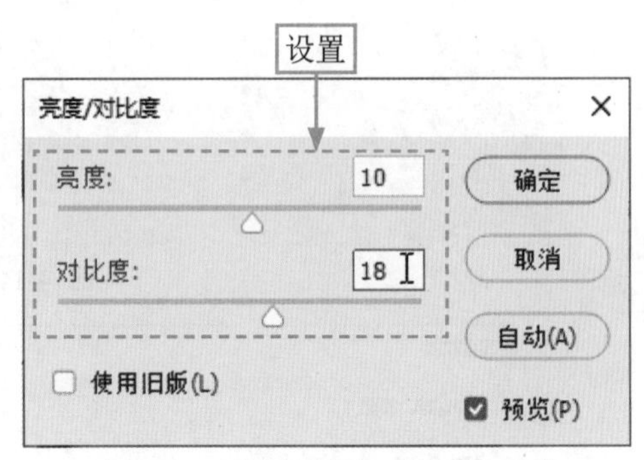

图14-17 选择“亮度/对比度”命令

图14-18 设置“亮度/对比度”参数

专家指点

在“亮度/对比度”对话框中，各选项主要含义如下。

亮度：用于调整图像的亮度，该值为正时增加图像亮度，为负时降低亮度。

对比度：用于调整图像的对比度，该值为正时增加图像对比度，为负时降低对比度。

STEP 08 ▶▶ 单击“确定”按钮，即可调整图像的亮度与对比度，效果如图14-19所示。

图14-19 调整图像的亮度与对比度

STEP 09 ▶▶ 按Ctrl+J组合键，复制“图层1”图层，得到“图层1拷贝”图层，如图14-20所示。

STEP 10 ▶▶ 按Ctrl+T组合键，调出变换控制框，在素材图像上单击鼠标右键，在弹出的快捷菜单中选择“垂直翻转”命令，如图14-21所示。

STEP 11 ▶▶ 执行操作后，即可对图像进行垂直翻转操作，如图14-22所示。

STEP 12 ▶▶ 使用“移动工具” 调整图像的位置，如图14-23所示。

STEP 13 ▶▶ 按Enter键确认，并设置图层的“不透明度”为30%，制作出口红广告的倒影效果，如图14-24所示，使产品具有立体感。

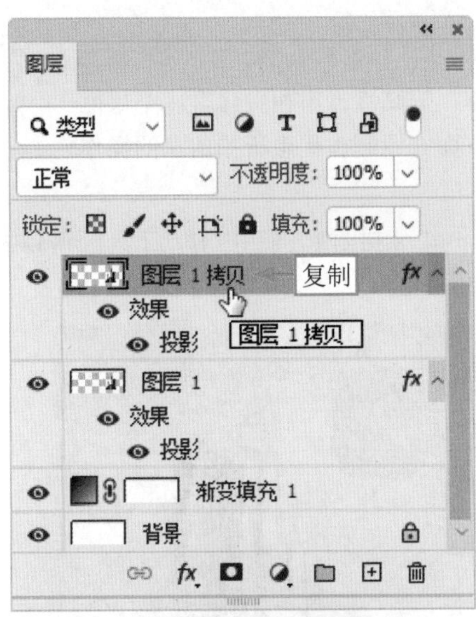

图14-20　复制图层

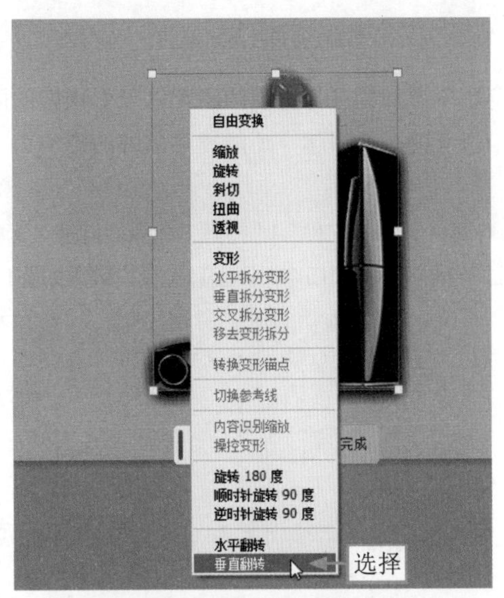

图14-21　选择“垂直翻转”命令

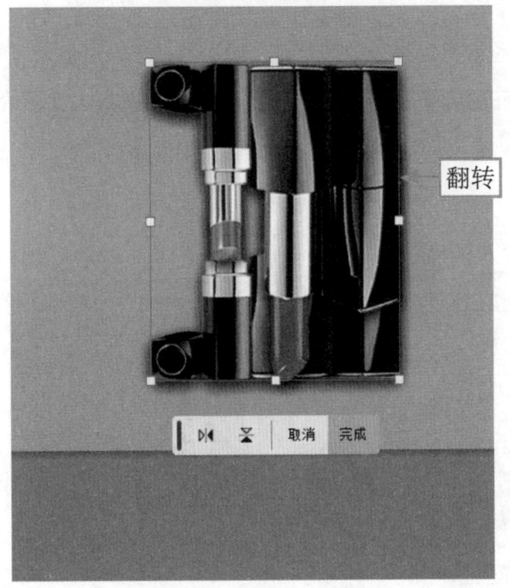

图14-22　垂直翻转图像

图14-23　调整图像的位置

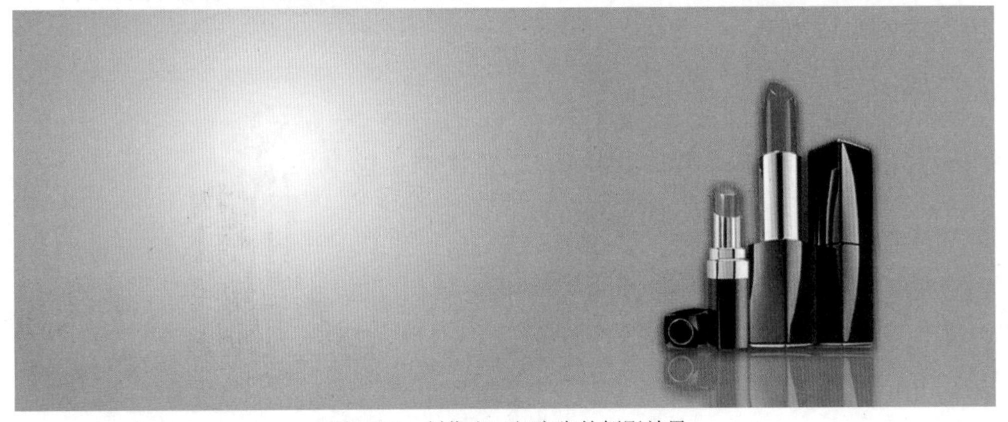
图14-24　制作出口红广告的倒影效果

14.2.3　制作优惠折扣信息

在广告中添加优惠与折扣信息可以吸引顾客的眼球，提高点击率和转化率，不仅能够激发消费者的购物兴趣，还能提高品牌的影响力。下面介绍制作优惠折扣信息的操作方法。

STEP 01 选择“文件”|“打开”命令，打开“素材2.psd”素材图像，使用“移动工具”将素材图像拖曳至口红广告图像编辑窗口中，调整其位置，效果如图14-25所示。

图14-25　调整素材位置

STEP 02 选择工具箱中的“横排文字工具” T，在图像编辑窗口中的适当位置输入文本“优惠价”，设置“字体”为“宋体”、“字体大小”为30点，效果如图14-26所示。

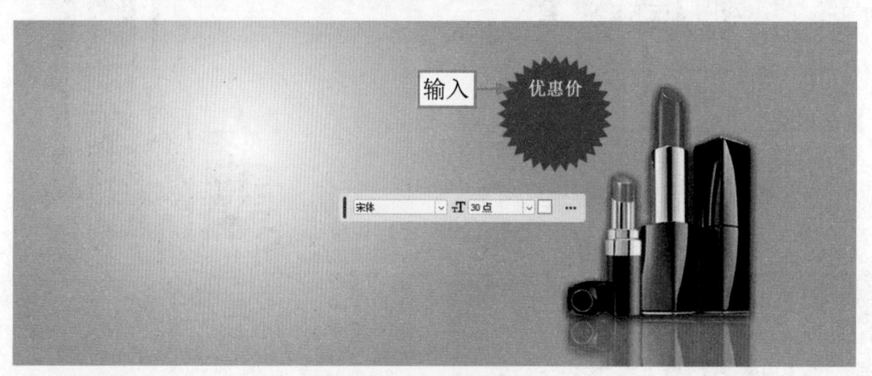

图14-26　设置字体格式

STEP 03 使用横排文字工具在图像编辑窗口中的适当位置输入价格“¥88”，设置“字体大小”为60点，突出显示，效果如图14-27所示。

图14-27　设置字体大小（1）

STEP 04 ▶▶ 使用横排文字工具在图像编辑窗口中的适当位置输入相应的文本内容，设置“字体大小”为22点，效果如图14-28所示。

图14-28 设置字体大小（2）

14.2.4 制作横幅广告文字

在口红广告中，通过详细的文字介绍，如口红的色彩、质地、持久性等，让潜在消费者更全面了解产品。下面介绍制作横幅广告文字的操作方法。

STEP 01 ▶▶ 选择工具箱中的“横排文字工具” T，在图像编辑窗口中的适当位置输入文本“金南彩妆梦幻口红”，设置“字体”为“幼圆”、“字体大小”为36点、“文本颜色”为红色（RGB值分别为254、65、104），效果如图14-29所示。

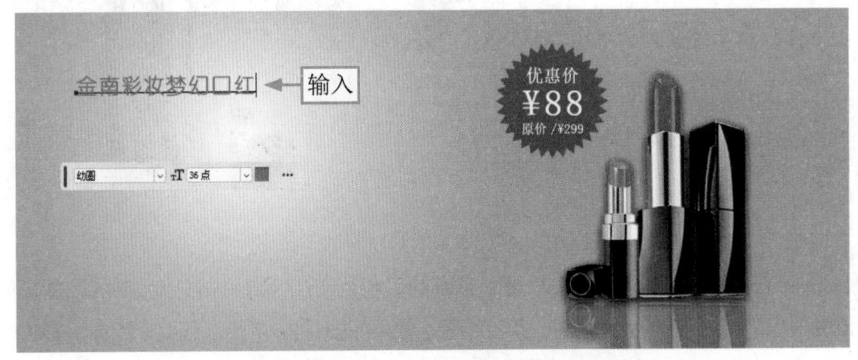

图14-29 输入文本“金南彩妆梦幻口红”

STEP 02 ▶▶ 使用横排文字工具在图像编辑窗口中的适当位置输入相应的英文内容，设置“字体”为“仿宋”、“字体大小”为30点，效果如图14-30所示。

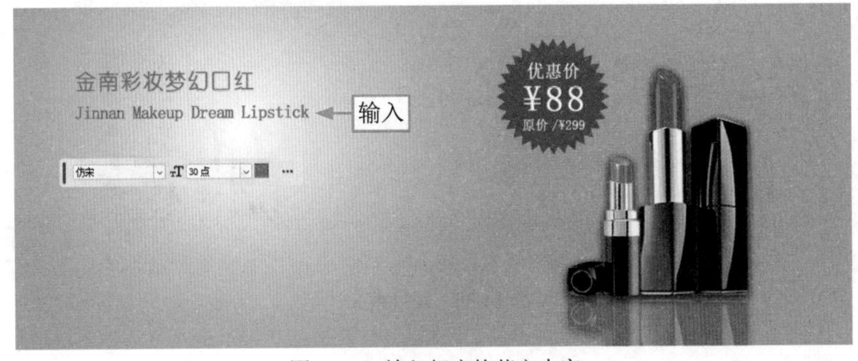

图14-30 输入相应的英文内容

STEP 03 使用横排文字工具在图像编辑窗口中的适当位置输入文本“梦幻唇颜舞动心弦”，设置“字体”为“Adobe 黑体 Std”、“字体大小”为85点、“文本颜色”为红色（RGB参数值分别为203、23、60），效果如图14-31所示。

图14-31　输入文本“梦幻唇颜舞动心弦”

STEP 04 选择“文件”|“打开”命令，打开“素材3.psd”素材图像，将其中的文本内容拖曳至口红广告图像编辑窗口中的适当位置，效果如图14-32所示。

图14-32　将文本内容拖曳至适当位置

STEP 05 选择工具箱中的“直线工具”，设置前景色为红色（RGB值分别为203、23、60），新建一个图层，在图像编辑窗口中的适当位置绘制一条直线段，效果如图14-33所示。至此，完成《彩妆口红》横幅广告的制作。

图14-33　最终效果

第15章 微店广告：制作《新品上市》

微店是指用户在平台上创建自己的在线店铺，用来展示和销售商品，这对于个体商家和小微企业提供了一个简便的电商平台，商家可以通过微店平台发布新品促销活动、优惠券等，用来吸引客户，提高销售额。本章主要介绍制作《新品上市》的操作方法。

15.1 《新品上市》效果展示

新品发布活动的主要目的是力求引起顾客对新产品、新店铺产生兴趣，从而实现将产品销售出去，这也是最为常规的营销方式。在制作新产品推广活动页面时，通常可以结合各种促销手段来增加活动的吸引力，从而快速获取优质用户。

在制作《新品上市》广告效果之前，首先来欣赏本案例的图像效果，并了解案例的学习目标、制作思路、知识讲解和要点讲堂。

15.1.1 效果欣赏

《新品上市》广告效果如图15-1所示。

图15-1 《新品上市》广告效果

15.1.2 学习目标

知识目标	掌握《新品上市》广告效果的制作方法
技能目标	（1）掌握扩展广告图像背景的操作方法 （2）掌握制作新品上市标签的操作方法 （3）掌握制作折扣活动文字的操作方法 （4）掌握制作镜头光晕特效的操作方法
本章重点	制作折扣活动文字
本章难点	扩展广告图像背景
视频时长	7分47秒

15.1.3 制作思路

本案例首先介绍了扩展广告图像背景的方法，然后为图像添加新品上市标签，制作折扣文字效果，最后添加镜头光晕特效。图15-2所示为《新品上市》的制作思路。

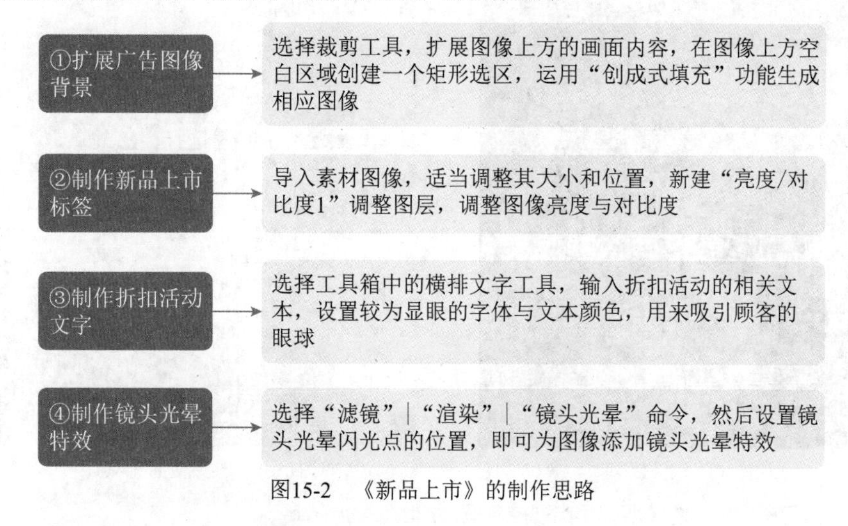

图15-2 《新品上市》的制作思路

15.1.4 知识讲解

“新品上市”的折扣活动能够迅速提高产品的曝光量、销售量，建立品牌声誉，使其在竞争激烈的市场中赢得更多的消费者。产品价格优惠通常会引发用户的口碑传播，满意的消费者更有可能推荐新产品给其他用户，从而扩大产品的影响力。本案例主要介绍使用裁剪工具、“创成式填充”功能、横排文字工具以及“镜头光晕”命令等制作《新品上市》效果。

15.1.5 要点讲堂

在本章内容中，重点讲解了如何扩展广告图像的背景，这个知识点比较重要，我们在处理图像的过程中也会经常遇到。本案例中主要使用裁剪工具扩展画布尺寸，然后使用“创成式填充”功能自动填充空白的画布区域，生成与原图像对应的内容。如果用户想把一张竖幅的人物照片变成一张横幅的人物照片，此时可以在Photoshop中扩展人物照片两侧的画布，使用“创成式填充”功能填充两侧空白的画布区域，从而形成一张完整的照片效果。

15.2 《新品上市》制作流程

本节将为读者介绍制作《新品上市》的操作方法，包括扩展广告图像背景、制作新品上市标签、制作折扣活动文字以及制作镜头光晕特效等内容。

15.2.1 扩展广告图像背景

扫码看视频

有时候拍摄产品照片时，有些部分没有拍摄完整，此时可以扩展图像画布区域，然后通过“内容识别填充”功能对画布重新绘画，生成相应的图像内容，具体操作步骤如下。

STEP 01 ▶▶ 选择“文件”|“打开”命令，打开“产品素材.png”素材图像，如图15-3所示。

STEP 02 ▶▶ 在工具箱中，选择“裁剪工具”，如图15-4所示。

图15-3　打开素材图像

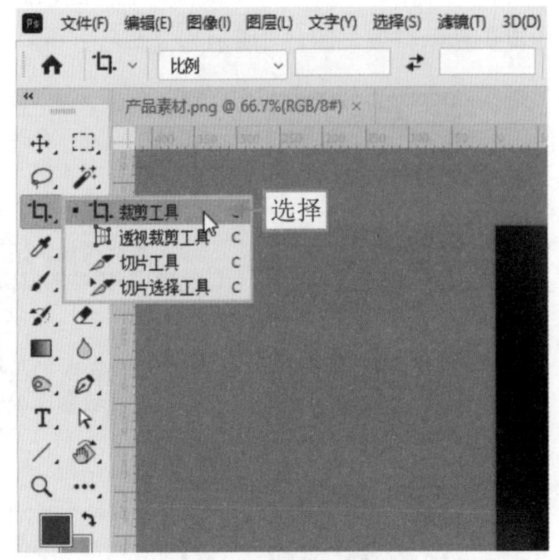

图15-4　选择裁剪工具

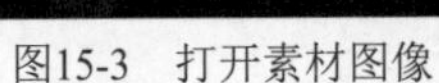

STEP 03 ▶▶ 执行操作后，图像四周将出现控制框，如图15-5所示。

STEP 04 ▶▶ 向上拖曳上方中间的控制柄，扩展图像上方的画面内容，如图15-6所示。

图15-5　图像四周出现控制框

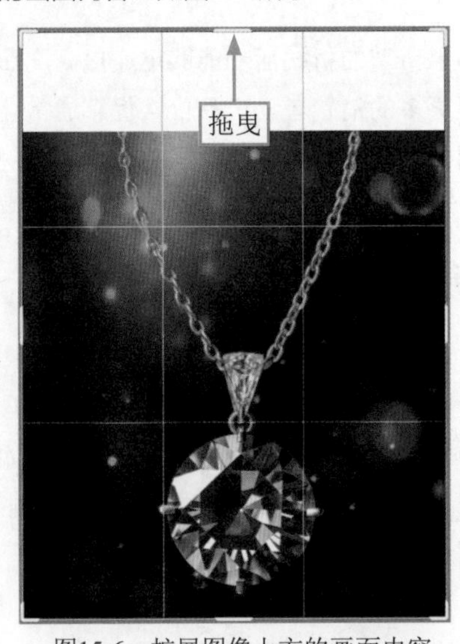

图15-6　扩展图像上方的画面内容

STEP 05 ▶▶ 在属性栏中，设置“填充”为“背景（默认）”选项，如图15-7所示。

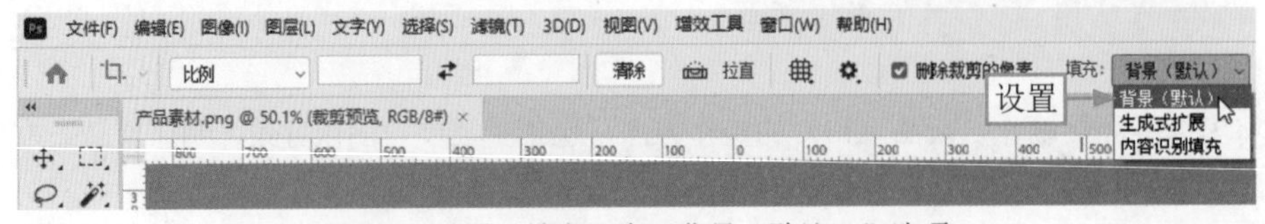

图15-7　设置“填充”为“背景（默认）”选项

STEP 06 ▶▶ 按Enter键确认，扩展图像画布，如图15-8所示。

STEP 07 ▶▶ 选择工具箱中的“矩形选框工具”，通过鼠标拖曳的方式，在图像上方空白区域创建一个矩形选区，如图15-9所示。

图15-8 扩展图像画布

图15-9 创建矩形选区

STEP 08 在浮动工具栏中，单击“创成式填充”按钮，如图15-10所示。

STEP 09 在浮动工具栏中，单击“生成”按钮，如图15-11所示。

图15-10 单击“创成式填充”按钮

图15-11 单击“生成”按钮

STEP 10 即可在空白的画布中生成相应的图像内容，且能够与原图像无缝融合，效果如图15-12所示。

STEP 11 按Ctrl＋Shift＋Alt＋E组合键盖印图层，得到“图层1”图层，如图15-13所示。

STEP 12 选择“移除工具”，在广告图像上进行适当涂抹，鼠标涂抹过的区域呈淡红色显示，如图15-14所示。

STEP 13 释放鼠标左键，即可去除多余的图像元素，效果如图15-15所示。

专家指点

使用Photoshop中的移除工具，可以一键智能去除画面中的干扰元素，大幅提高工作效率。

图15-12　生成相应的图像内容

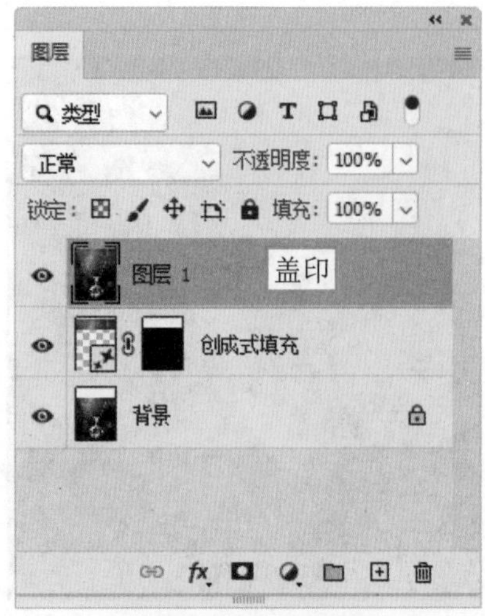

图15-13　盖印图层

图15-14　在图像上进行适当涂抹

图15-15　去除多余的图像元素

15.2.2　制作新品上市标签

新品上市标签能够在图像中引起观众的关注，使他们更加关心和注意到广告内容，让观众知道这不是常规产品，而是新产品，能够激发观众的好奇心与购买兴趣。下面介绍制作新品上市标签的操作方法。

STEP 01 选择“文件”|“打开”命令，打开“新品标签.psd”素材图像，如图15-16所示。

STEP 02 使用“移动工具”将素材图像拖曳至“产品素材”图像编辑窗口中，如图15-17所示。

STEP 03 按Ctrl+T组合键，调出变换控制框，如图15-18所示。

STEP 04 拖曳图像四周的控制柄，适当调整其大小和位置，按Enter键确认，效果如图15-19所示。

图15-16　打开素材图像

图15-17　拖曳素材图像至相应窗口中

图15-18　调出变换控制框

图15-19　调整图像大小和位置

STEP 05 新建"亮度/对比度1"调整图层，打开"属性"面板，设置"亮度"为35、"对比度"为20，如图15-20所示，调整画面的亮度与对比度。

STEP 06 在"亮度/对比度1"调整图层上，单击鼠标右键，在弹出的快捷菜单中选择"创建剪贴蒙版"命令，如图15-21所示。

专家指点

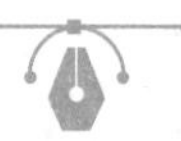

剪贴蒙版可以用一个图层中包含像素的区域来限制它上层图像的显示范围，它最大的优点是可以通过一个图层来控制多个图层的可见内容，而图层蒙版和矢量蒙版都只能控制一个图层。在Photoshop中，选择"图层"|"释放剪贴蒙版"命令，即可从剪贴蒙版中释放出该图层，如果该图层上面还有其他内容图层，则这些图层也会被一同释放。

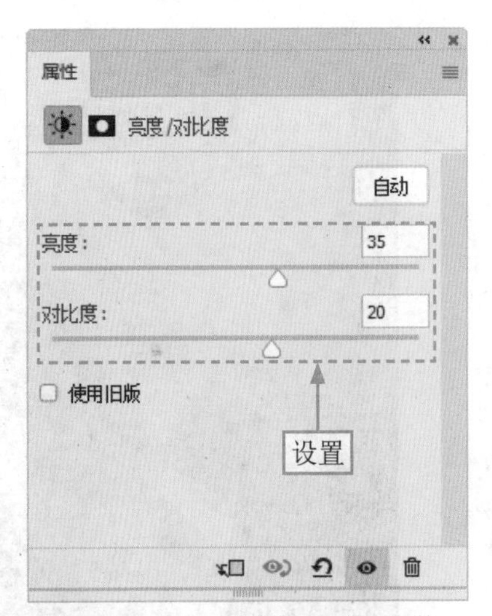

图15-20 设置“亮度/对比度”参数

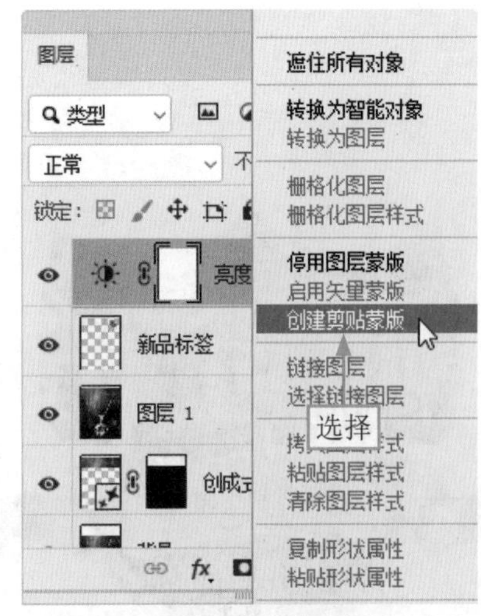

图15-21 选择“创建剪贴蒙版”命令

STEP 07 ▶▶ 为调整图层创建剪贴蒙版，此时“亮度/对比度1”调整图层只对“新品标签”图层中的图像起作用，如图15-22所示。

STEP 08 ▶▶ 预览调整“新品标签”图像亮度与对比度的效果，如图15-23所示。

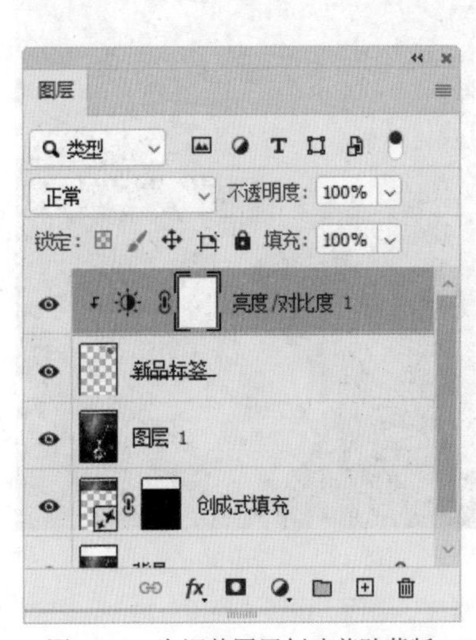

图15-22 为调整图层创建剪贴蒙版

图15-23 预览图像效果

15.2.3 制作折扣活动文字

扫码看视频

折扣活动的文字要使用引人注目的字体和颜色，能够在广告中吸引用户的眼球，文字内容要强调价格优惠和折扣力度，能够激发观众的购买欲望，促使其购买新产品。下面介绍制作折扣活动文字效果的操作方法。

STEP 01 ▶▶ 选择工具箱中的“横排文字工具” T，在图像编辑窗口中的适当位置输入数字“5”，设置“字体”为“黑体”、“字体大小”为220点、“文本颜色”为红色（RGB值分别为255、65、0），效果如图15-24所示。

STEP 02 选择“图层”|“图层样式”|“描边”命令，弹出“图层样式”对话框，在右侧设置“大小”为5像素、“颜色”为白色，如图15-25所示。

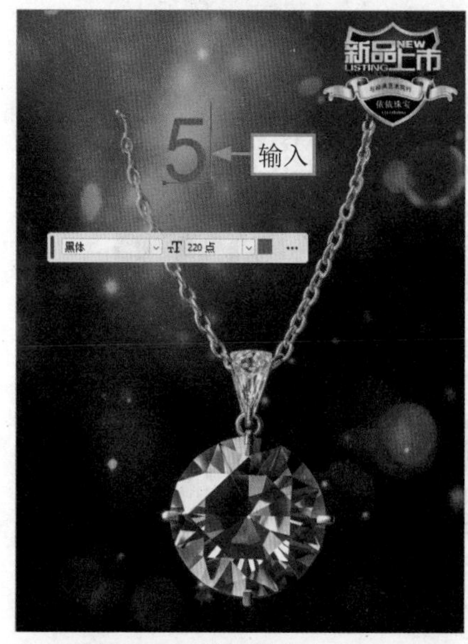

图15-24 输入数字“5”

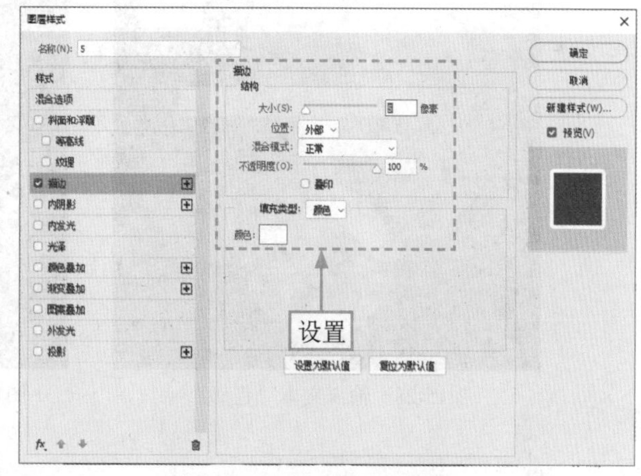

图15-25 设置“描边”参数

STEP 03 单击“确定”按钮，即可为数字添加“描边”图层样式，效果如图15-26所示。

STEP 04 使用横排文字工具在图像编辑窗口中的适当位置输入文本“折起”，设置相应的文本格式，效果如图15-27所示。

图15-26 添加“描边”图层样式

图15-27 输入文本“折起”

STEP 05 使用横排文字工具在图像编辑窗口中的适当位置输入文本“包邮”，设置相应的文本格式，效果如图15-28所示。

STEP 06 为“包邮”文字图层添加“投影”图层样式，效果如图15-29所示。

图15-28　输入文本“包邮”

图15-29　添加“投影”图层样式

15.2.4　制作镜头光晕特效

扫码看视频

在Photoshop中，镜头光晕特效能够模拟透过镜头时光线的散射效果，可以为图像增加自然光影感，使整体看起来更加真实。下面介绍制作镜头光晕特效的操作方法。

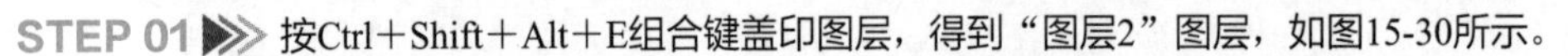

STEP 01 ▶▶ 按Ctrl+Shift+Alt+E组合键盖印图层，得到“图层2”图层，如图15-30所示。

STEP 02 ▶▶ 在菜单栏中，选择“滤镜”|“渲染”|“镜头光晕”命令，如图15-31所示。

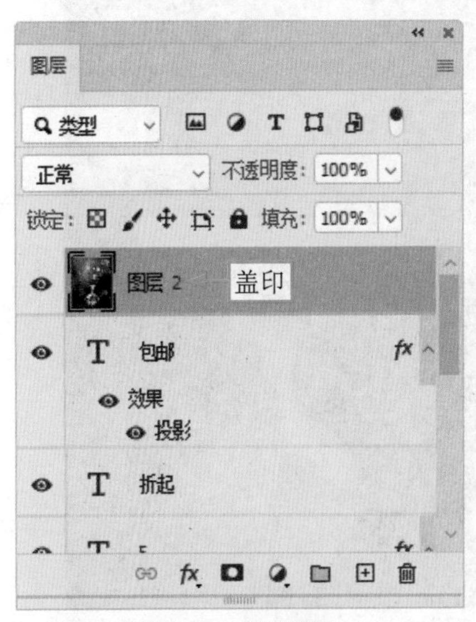

图15-30　盖印图层

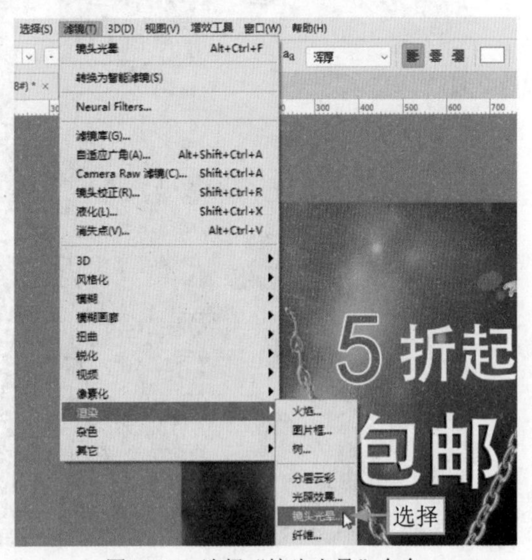

图15-31　选择“镜头光晕”命令

STEP 03 ▶▶ 弹出“镜头光晕”对话框，在其中设置镜头光晕闪光点的位置，然后设置“亮度”为100%，如图15-32所示。

STEP 04 ▶▶ 单击“确定”按钮，即可为图像添加镜头光晕特效，效果如图15-33所示。至此，完成《新品上市》广告效果的制作。

图15-32　设置“亮度”参数

图15-33　为图像添加镜头光晕特效

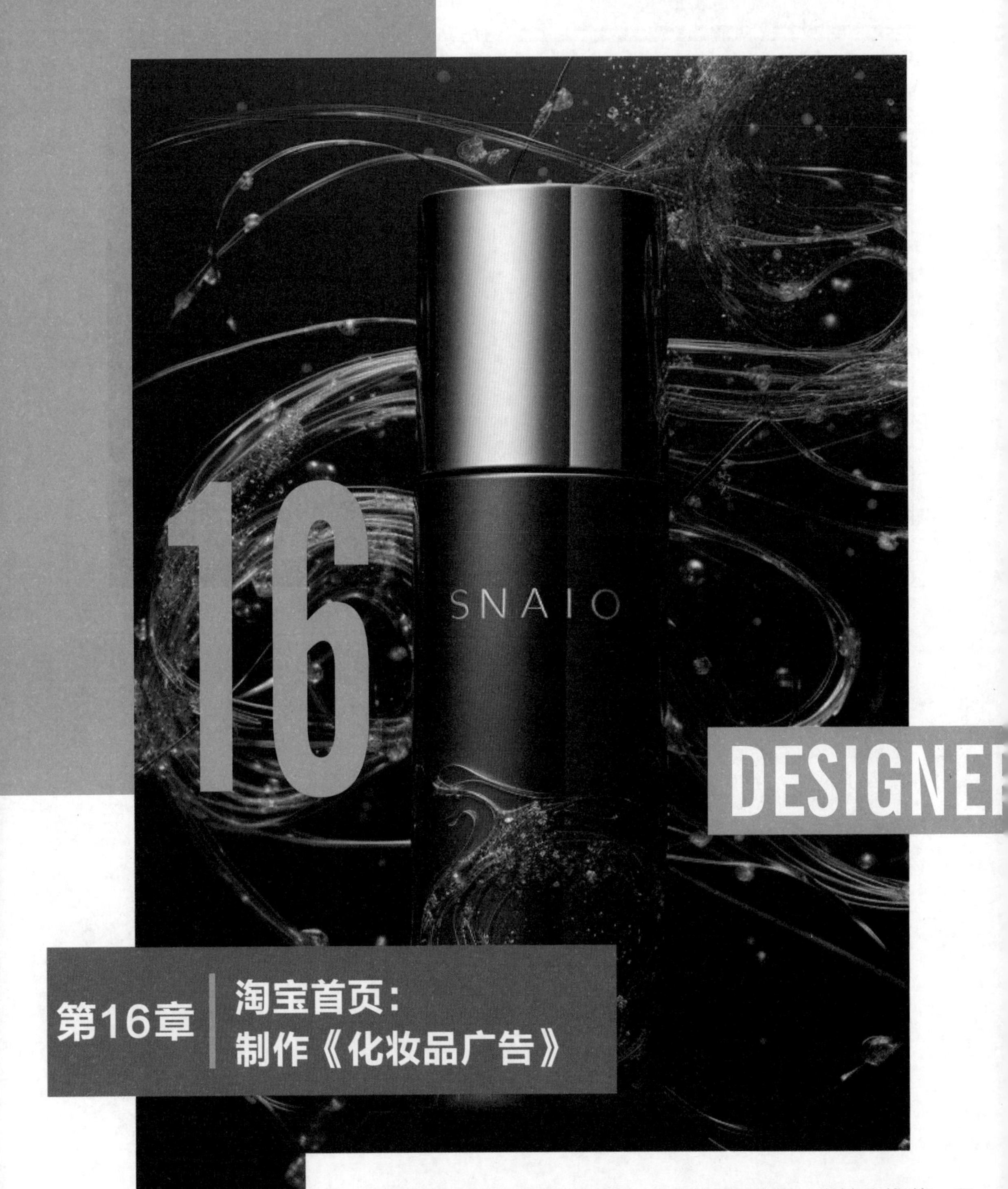

第16章 淘宝首页：制作《化妆品广告》

淘宝首页的广告形式多样，包括轮播横幅、个性化推荐、品牌专区以及特价促销等类型，旨在提高品牌的曝光度，引起用户关注，激发用户的购物兴趣，提高销量。本章主要介绍制作《化妆品广告》的操作方法，主要表达出化妆品的功能性，元素不必过多，只在于合理使用，同时通过色彩搭配来强调主题。

16.1 《化妆品广告》效果展示

化妆品广告是一种用来传达美容产品信息的营销形式，旨在吸引消费者、提高品牌认知度，并促使消费者购买产品。化妆品广告注重视觉美感，通过高质量的摄影、艺术设计和时尚元素，营造令人愉悦和引人注目的画面，强调产品的美妆效果。

在制作《化妆品广告》效果之前，我们首先来欣赏本案例的图像效果，并了解案例的学习目标、制作思路、知识讲解和要点讲堂。

16.1.1 效果欣赏

《化妆品广告》的效果如图16-1所示。

图16-1 《化妆品广告》效果

16.1.2 学习目标

知识目标	掌握《化妆品广告》的制作方法
技能目标	（1）掌握制作广告渐变背景的操作方法 （2）掌握美化广告背景效果的操作方法 （3）掌握制作化妆品倒影效果的操作方法 （4）掌握添加广告文字内容的操作方法
本章重点	制作化妆品倒影效果
本章难点	美化广告背景效果
视频时长	13分03秒

16.1.3 制作思路

本案例首先介绍制作广告渐变背景的方法，然后通过“添加杂色”和“动感模糊”滤镜来美化背景效果，接下来制作化妆品素材的倒影效果，使产品更具立体感，最后制作广告文字内容。图16-2所示为《化妆品广告》的制作思路。

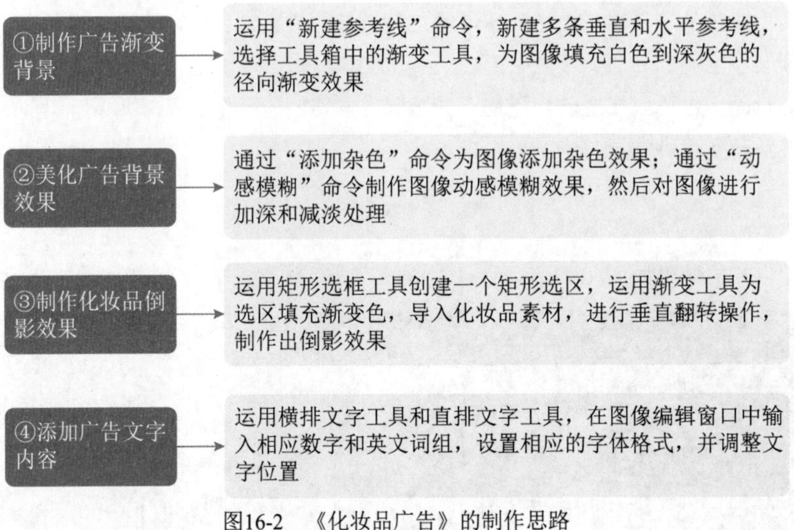

图16-2 《化妆品广告》的制作思路

16.1.4 知识讲解

化妆品广告通常以产品为重点，强调产品的质地、作用以及使用效果，以满足目标受众对产品性能和效果的需求。淘宝首页的化妆品广告品牌众多，我们在设计时需要通过高质量的摄影、精致的构图和时尚的设计，使消费者一眼就能被产品吸引。本案例主要介绍使用渐变工具、模糊工具、加深工具、减淡工具以及横排文字工具等制作《化妆品广告》效果。

16.1.5 要点讲堂

在本章内容中，用到了两个图像修饰工具，在图像后期处理中经常会用到它们。一是加深工具，该工具可以调暗图像的局部色彩，通过降低图像局部区域的亮度来达到明暗对比强烈的光影效果；二是减淡工具，该工具可以加亮图像的局部色彩，通过提高图像局部区域的亮度来校正曝光。

16.2 《化妆品广告》制作流程

本节将为读者介绍制作《化妆品广告》的操作方法，包括制作广告渐变背景、美化广告背景效果、制作化妆品倒影效果以及添加广告文字等内容。

16.2.1 制作广告渐变背景

扫码看视频

下面首先通过“新建参考线”命令在背景图像中创建多条辅助参考线，并使用“渐变工具”制作出径向渐变效果，具体操作步骤如下。

STEP 01 ▶▶ 选择“文件”|“新建”命令，弹出“新建文档”对话框，设置“名称”为“第16章 淘宝首页：制作《化妆品广告》”、“宽度”为16厘米、“高度”为9.6厘米、“分辨率”为300像素/英寸、“背景内容”为“白色”，如图16-3所示，单击“创建”按钮。

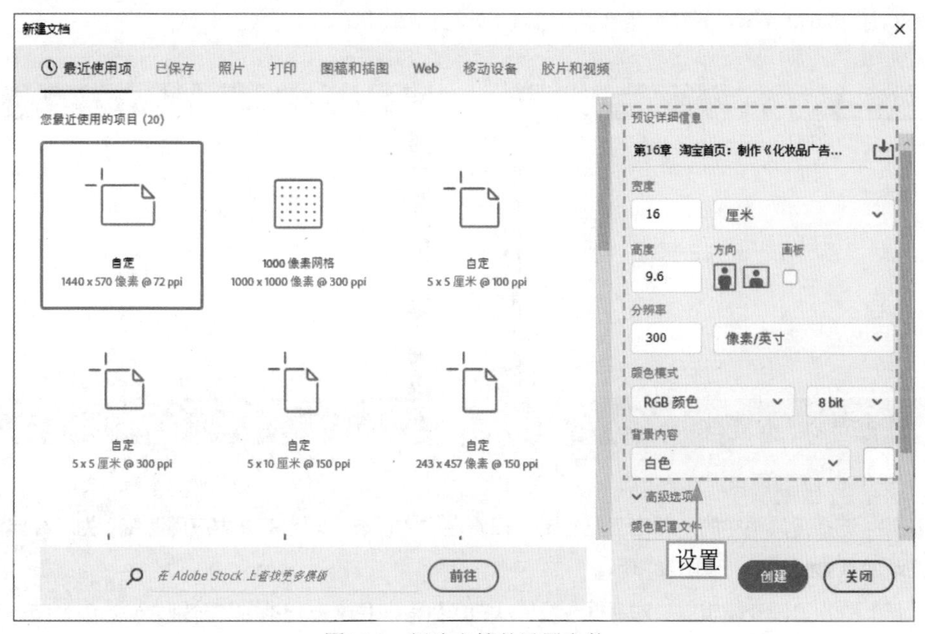

图16-3 新建文档并设置参数

专家指点

在“新建文档”对话框中，各主要选项的含义如下。

名称：设置文件的名称，创建文件后，文件名会自动显示在文档窗口的标题栏中。

宽度/高度：用来设置文档的宽度和高度，单位包括“像素”“英寸”“厘米”等。

分辨率：用来设置文件的分辨率，在右侧的列表框中可以选择分辨率的单位，如“像素/英寸”和“像素/厘米”。

STEP 02 ▶▶ 选择“视图”|“参考线”|“新建参考线”命令，弹出“新参考线”对话框，设置“取向”为“垂直”、“位置”为0.1厘米，如图16-4所示。

STEP 03 ▶▶ 单击“确定”按钮，即可新建一条垂直参考线，如图16-5所示。

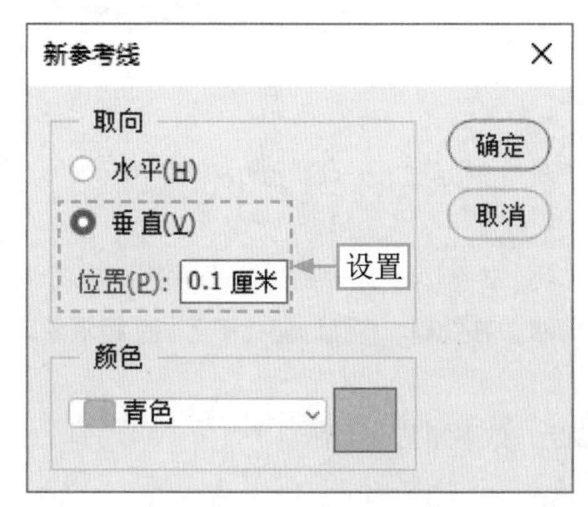

图16-4 设置参考线参数

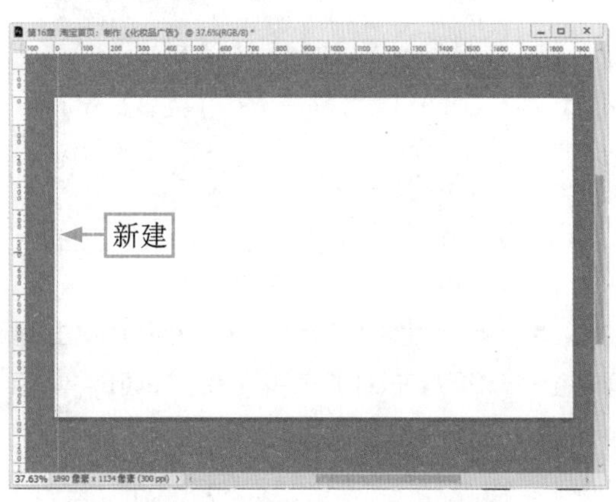

图16-5 新建一条垂直参考线

STEP 04 ▶▶ 使用同样的方法，分别设置“位置”为8厘米和15.88厘米，新建两条垂直参考线，如图16-6所示。

STEP 05 ▶▶ 再次执行“新建参考线”命令，弹出“新参考线”对话框，设置“取向”为“水平”、“位置”分别为0.1厘米和9.5厘米，新建两条水平参考线，如图16-7所示。

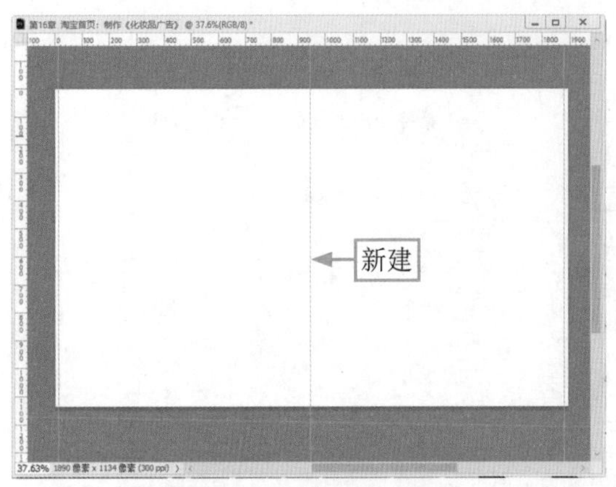

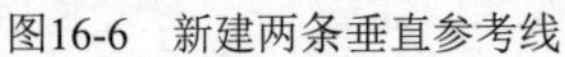

图16-6　新建两条垂直参考线

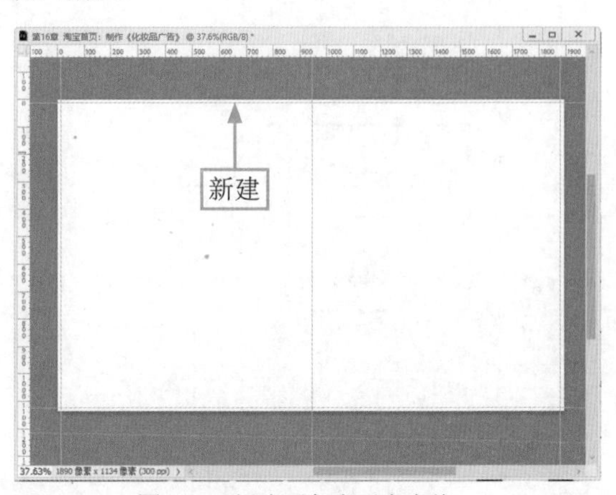

图16-7　新建两条水平参考线

STEP 06 ▶▶ 选择工具箱中的“渐变工具”，在属性栏中设置“对当前图层应用渐变”为“经典渐变”，单击右侧的渐变条，如图16-8所示。

STEP 07 ▶▶ 弹出“渐变编辑器”对话框，设置从白色到深灰色（RGB参数值分别为65、65、65）渐变色，并设置第一个滑块的“位置”为10，如图16-9所示，单击“确定”按钮。

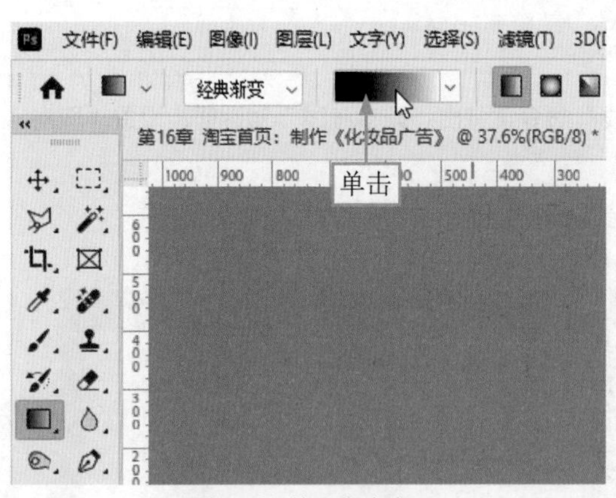

图16-8　单击渐变条

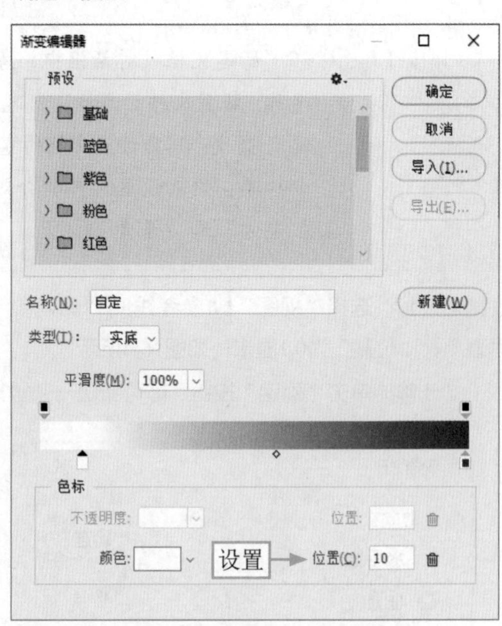

图16-9　设置“位置”参数

STEP 08 ▶▶ 新建“图层1”图层，在属性栏中单击“径向渐变”按钮，将鼠标指针移至图像编辑窗口右侧的合适位置，按住鼠标左键向左下角拖曳，如图16-10所示。

STEP 09 ▶▶ 至合适位置后，释放鼠标左键，即可填充渐变色，效果如图16-11所示。

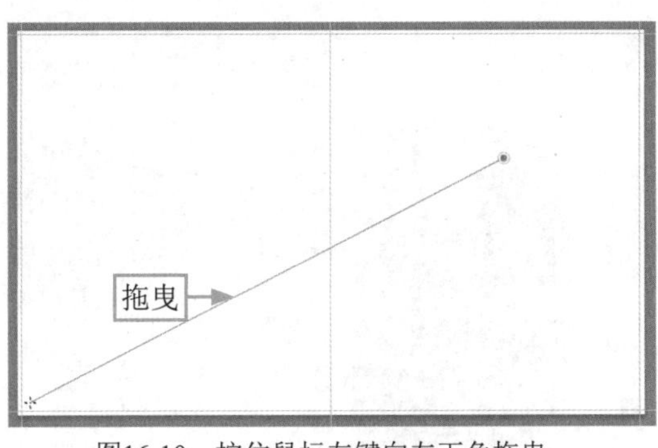

图16-10　按住鼠标左键向左下角拖曳

图16-11　填充渐变色

16.2.2　美化广告背景效果

下面首先为背景图像添加杂色效果和动感模糊效果，然后使用“模糊工具”、“加深工具”和“减淡工具”修饰图像，具体操作步骤如下。

扫码看视频

STEP 01 选择“滤镜”|“杂色”|“添加杂色”命令，如图16-12所示。

STEP 02 弹出“添加杂色”对话框，在其中设置“数量”为20%，选中“高斯分布”单选按钮和“单色”复选框，如图16-13所示。

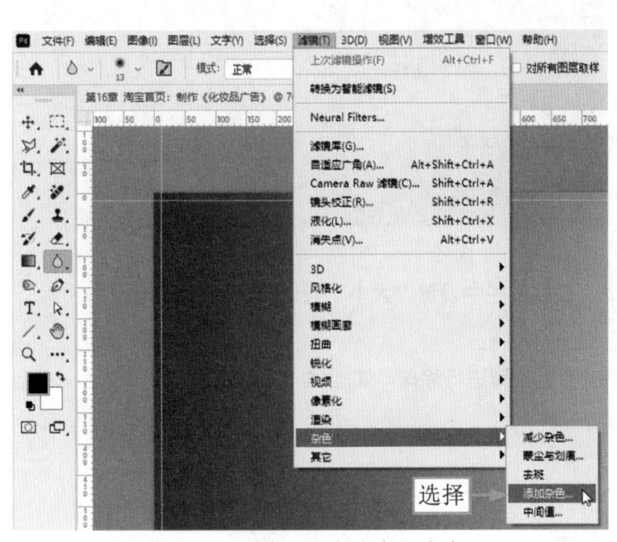

图16-12　选择“添加杂色”命令

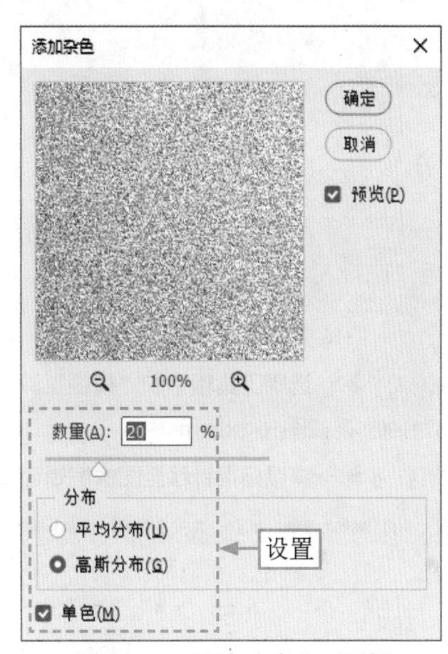

图16-13　“添加杂色”对话框

STEP 03 单击“确定”按钮，即可为图像添加杂色效果，如图16-14所示。

STEP 04 选择“滤镜”|“模糊”|“动感模糊”命令，如图16-15所示。

STEP 05 弹出“动感模糊”对话框，在其中设置“角度”为0度、“距离”为200像素，如图16-16所示。

STEP 06 单击“确定”按钮，即可为图像制作出相应的动感模糊效果，如图16-17所示。

专家指点

在Photoshop中，“动感模糊”滤镜可以在保留图像边缘的同时模糊图像，可以用该滤镜创建特殊效果，并消除图像中的杂色或粒度。

图16-14　为图像添加杂色效果

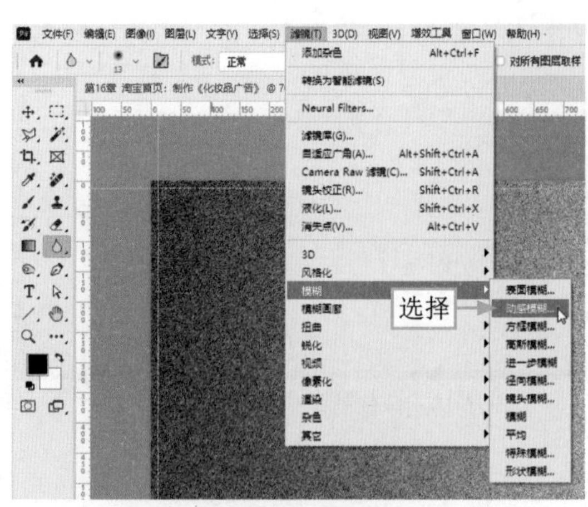

图16-15　选择“动感模糊”命令

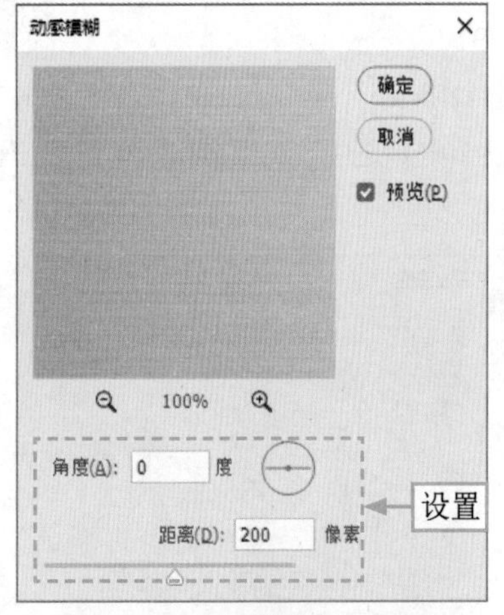

图16-16　“动感模糊”对话框

图16-17　制作动感模糊效果

STEP 07 ▶▶ 选择工具箱中的“模糊工具”，在属性栏中设置“大小”为150像素、“硬度”为50%、“强度”为100%，如图16-18所示。

STEP 08 ▶▶ 将鼠标指针移至图像编辑窗口中的合适位置进行涂抹，如图16-19所示。

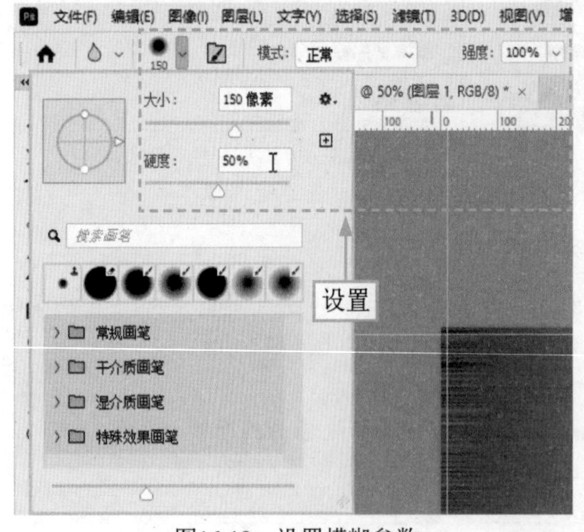

图16-18　设置模糊参数

图16-19　在合适位置进行涂抹

专家指点

在Photoshop中，使用模糊工具可以使僵硬的图像边缘变得柔和，颜色的过渡变得平缓、自然，可以模糊那些较为锐利的图像区域。

STEP 09 依次选择“加深工具”和“减淡工具”，在属性栏中进行相关设置，在图像编辑窗口中的合适位置进行涂抹，对图像进行加深和减淡处理，效果如图16-20所示。

图16-20 对图像进行加深和减淡处理

16.2.3 制作化妆品倒影效果

扫码看视频

下面主要使用“矩形选框工具”、“渐变工具”与“图层蒙版”功能，制作出商品图像的倒影效果，具体操作步骤如下。

STEP 01 选择“文件”|“打开”命令，打开“护肤品素材.psd”素材图像，使用“移动工具”将素材图像拖曳至化妆品广告图像编辑窗口中，如图16-21所示。

图16-21 将素材图像拖曳至图像编辑窗口中

STEP 02 选择工具箱中的“矩形选框工具”，在图像编辑窗口的左侧创建一个大小合适的矩形选区，如图16-22所示。

图16-22　创建矩形选区

STEP 03 新建“图层3”图层，选择工具箱中的“渐变工具”，调出“渐变编辑器”对话框，设置从深灰色（RGB值为111、111、111）到白色到深灰色再到白色的线性渐变，设置“位置”分别为10%、25%、75%、100%，如图16-23所示。

STEP 04 单击“确定”按钮，在选区内从左至右填充渐变色，如图16-24所示。

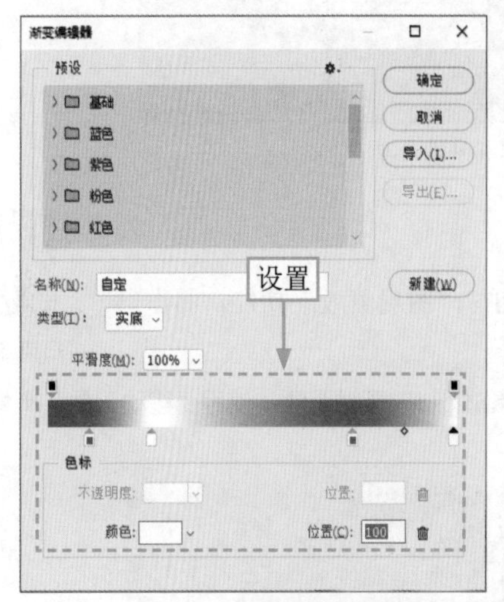

图16-23　设置渐变色

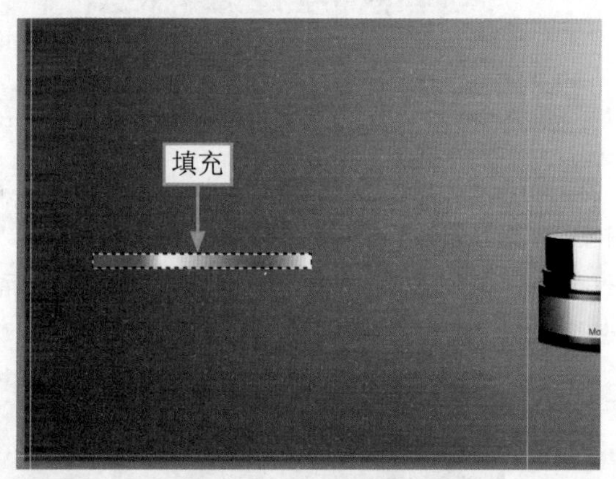

图16-24　从左至右填充渐变色

STEP 05 按Ctrl+D组合键，取消选区，效果如图16-25所示。

图16-25　取消选区后的图像效果

STEP 06 在“图层”面板中，选中“图层2”图层，按Ctrl＋J组合键，得到“图层2 拷贝”图层，如图16-26所示。

STEP 07 按Ctrl＋T组合键，调出变换控制框，单击鼠标右键，在弹出的快捷菜单中选择“垂直翻转”命令，如图16-27所示。

图16-26 复制图层

图16-27 选择“垂直翻转”命令

STEP 08 执行上述操作后，适当调整图像位置，按Enter键确认，效果如图16-28所示。

图16-28 调整图像位置

STEP 09 将“图层2 拷贝”图层移至“图层2”图层的下方，调整图层顺序；单击“图层”面板底部的“图层蒙版”按钮，为“图层2拷贝”图层添加一个蒙版，如图16-29所示。

STEP 10 设置前景色为黑色、背景色为白色，选择“渐变工具”，在属性栏中设置“对当前图层应用渐变”为“渐变”，然后选择“前景色到背景色渐变”选项，如图16-30所示。

STEP 11 在图像编辑窗口中，按住鼠标左键从下至上拖曳鼠标，至合适位置后释放鼠标，制作出图像的倒影效果，如图16-31所示。

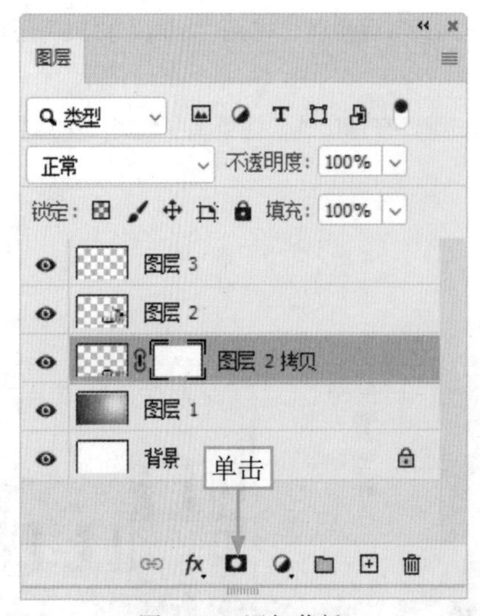

图16-29 添加蒙版

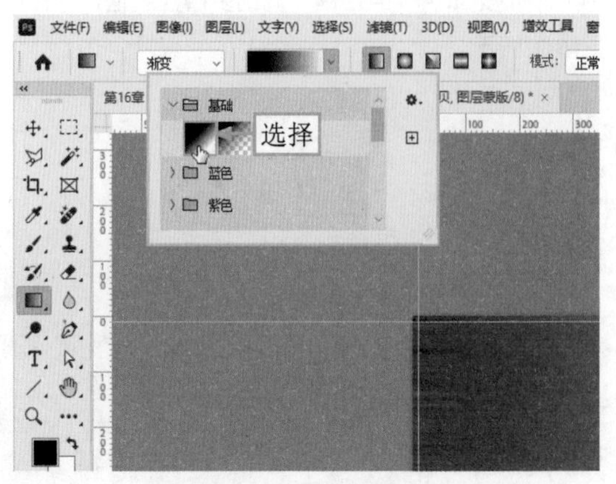

图16-30 设置相应选项

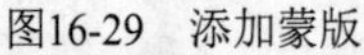

图16-31 制作图像倒影效果

16.2.4 添加广告文字内容

扫码看视频

下面主要使用“横排文字工具”T，在图像中的适当位置输入相应的文本内容，制作出化妆品广告的整体文字效果，具体操作步骤如下。

STEP 01 ▶▶ 选择工具箱中的“横排文字工具”T，在图像编辑窗口中输入相应字母，打开“字符”面板，设置“字体”类型，然后设置“字体大小”为27点、“为选定字符设置跟踪”为100、“颜色”为白色，效果如图16-32所示。

STEP 02 ▶▶ 选择工具箱中的“直排文字工具”IT，在图像编辑窗口中输入相应数字和英文词组，打开“字符”面板，设置相应的字体格式，再将该文字旋转180°，选择移动工具适当调整文字位置，效果如图16-33所示。

STEP 03 ▶▶ 选择“文件”|“打开”命令，打开“文字素材.psd”素材图像，并将其拖曳至化妆品广告图像编辑窗口中的合适位置，按Ctrl+H组合键，隐藏参考线，效果如图16-34所示。至此，完成《化妆品广告》效果的制作。

图16-32　输入相应字母

图16-33　输入相应数字和英文词组

图16-34　最终效果

第17章 电商详页：制作《达芬奇书籍》

在电商产品详页中，顾客可以找到对产品的大致感觉，通过对商品的细节进行展示，能够让商品在顾客的脑海中形成大致的印象。当顾客有意识地想要购买商品的时候，商品细节区域的恰当表现就起作用了，表现细节是让顾客更加了解这个商品的主要手段，顾客熟悉商品才能对最后的成交起到关键作用。本章主要介绍制作《达芬奇书籍》电商详页的操作方法。

17.1 《达芬奇书籍》效果展示

详情页是向潜在购买者展示达芬奇书籍外观、封面设计、印刷质量和页面布局的主要场所，通过高质量的图片展示，以及本书特色与亮点的体现，可以吸引用户的注意力，并激发他们的购买欲望。

在制作《达芬奇书籍》效果之前，我们首先来欣赏本案例的图像效果，并了解案例的学习目标、制作思路、知识讲解和要点讲堂。

17.1.1 效果欣赏

《达芬奇书籍》的效果如图17-1所示。

图17-1 《达芬奇书籍》效果

17.1.2 学习目标

知识目标	掌握《达芬奇书籍》电商详页的制作方法
技能目标	（1）掌握制作图书书名效果的操作方法 （2）掌握制作图书封面效果的操作方法 （3）掌握制作本书特色与亮点的操作方法 （4）掌握制作书中细节展示的操作方法
本章重点	制作图书封面效果
本章难点	制作图书书名效果
视频时长	13分14秒

17.1.3 制作思路

本案例首先介绍了制作图书的书名，然后制作图书的封面效果，展示了本书的特色与亮点，最后展示了书中的细节插图。图17-2所示为《达芬奇书籍》的制作思路。

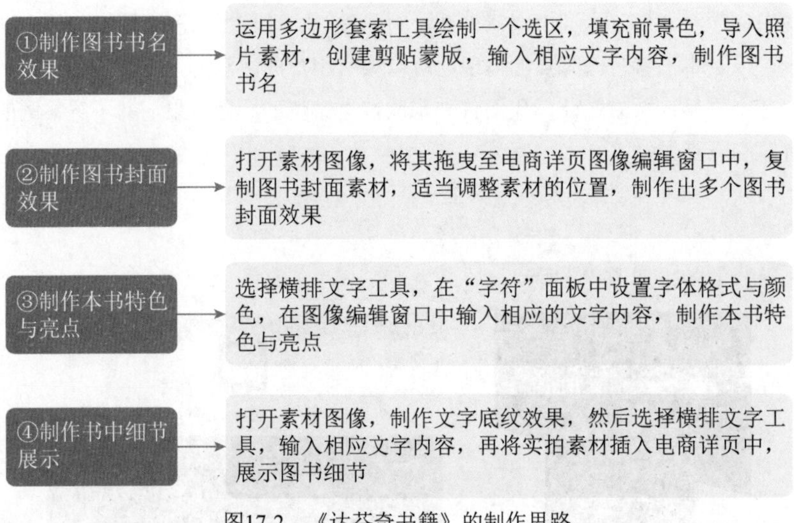

图17-2 《达芬奇书籍》的制作思路

17.1.4 知识讲解

本案例主要介绍制作《达芬奇书籍》的电商详情页，其中包括商品的大致信息，如本书书名、图书封面、多少个实战案例、多少分钟视频以及多少个素材效果等，提供足够的信息促使用户做出购买决策，这样的详情页设计不仅能提高销售转化率，还能提升用户体验。

本案例主要介绍使用“创建剪贴蒙版”命令、横排文字工具、图层“不透明度”功能等制作出《达芬奇书籍》效果。

17.1.5 要点讲堂

在Photoshop中，移动工具是图像处理或平面设计中最常用的工具之一，通过移动工具可以移动图层，还可以对选区内的图像或者整个图像的位置进行调整。在Photoshop中，有以下3种关于移动图像的快捷键操作。

（1）按住Ctrl键的同时，在图像上按住鼠标左键拖曳，即可移动图像。

（2）按住Alt键的同时，在图像上按住鼠标左键拖曳，即可复制图像。

（3）按住Shift键的同时，可以将图像垂直或水平移动。

17.2 《达芬奇书籍》制作流程

本节将为读者介绍制作《达芬奇书籍》的操作方法，包括制作图书书名效果、制作图书封面效果、制作本书特色与亮点以及制作书中细节展示等内容。

17.2.1 制作图书书名效果

清晰的书名有助于建立品牌印象，引导用户更深入地了解书籍内容，促使他们更迅速、直观地做出购买决策。下面介绍制作图书书名效果的操作方法。

STEP 01 选择“文件”|“新建”命令，弹出“新建文档”对话框，设置“名称”为“第17章 电商详页：制作《达芬奇书籍》”、“宽度”为790像素、“高度”为2200像素、“分辨率”为72像素/英寸、“背景内容”为“白色”，如图17-3所示，单击“创建”按钮。

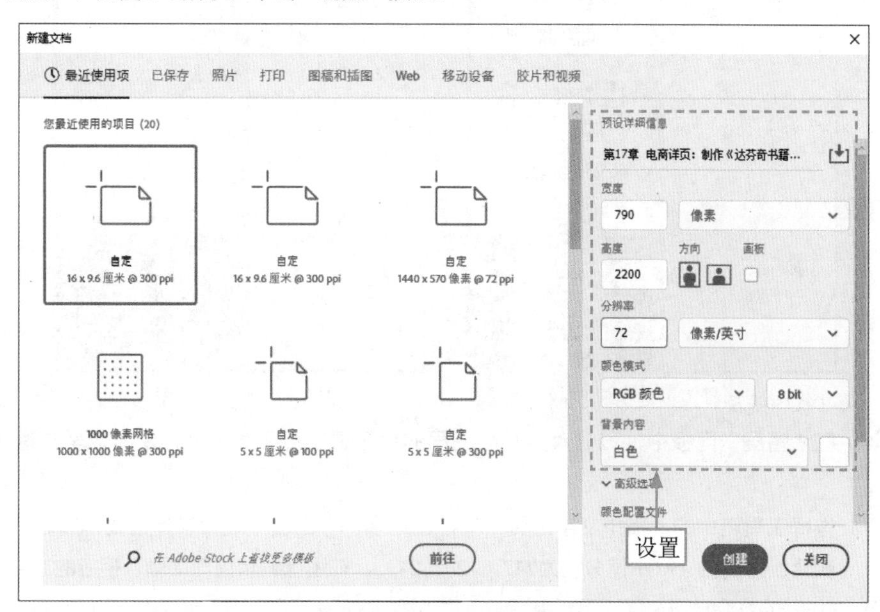

图17-3　新建文档并设置参数

STEP 02 在工具箱中设置前景色为黑色，打开“图层”面板，新建“图层1”图层，使用“多边形套索工具”绘制一个选区，填充前景色，并取消选区，效果如图17-4所示。

STEP 03 打开“照片.psd”素材图像，使用“移动工具”将素材图像拖曳至电商详页图像编辑窗口中，适当调整图像的位置，如图17-5所示。

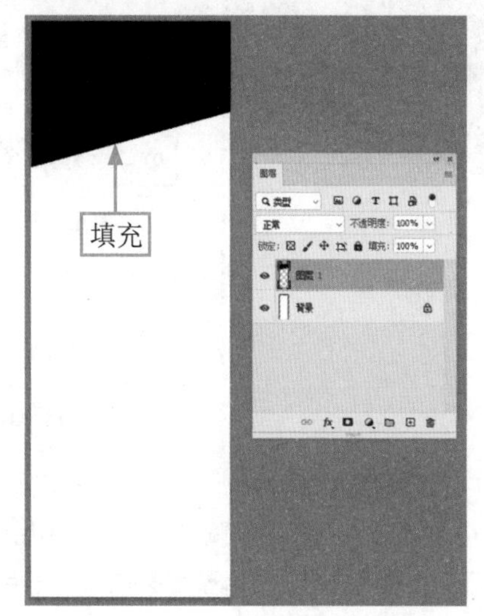

图17-4　绘制选区并填充前景色

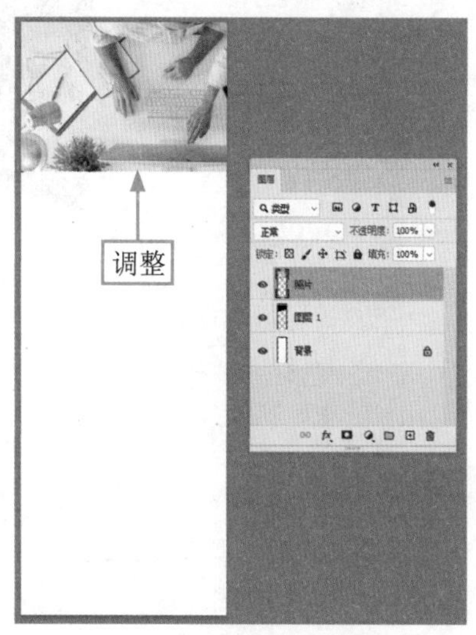

图17-5　调整图像的位置

STEP 04 ▶▶ 选中“照片”图层，单击鼠标右键，在弹出的快捷菜单中选择“创建剪贴蒙版”命令，如图17-6所示。

STEP 05 ▶▶ 执行操作后，即可创建剪贴蒙版，图像效果如图17-7所示。

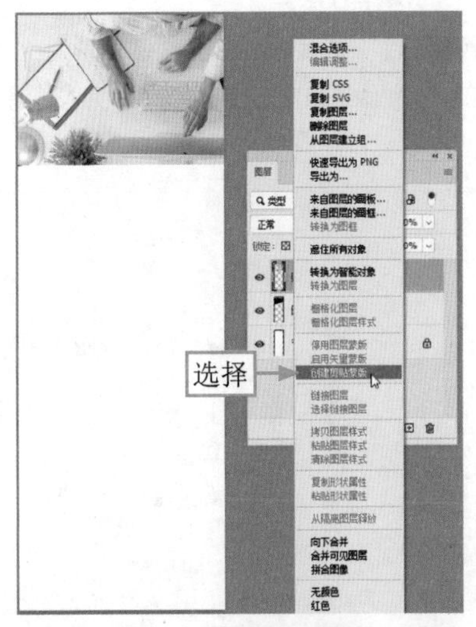

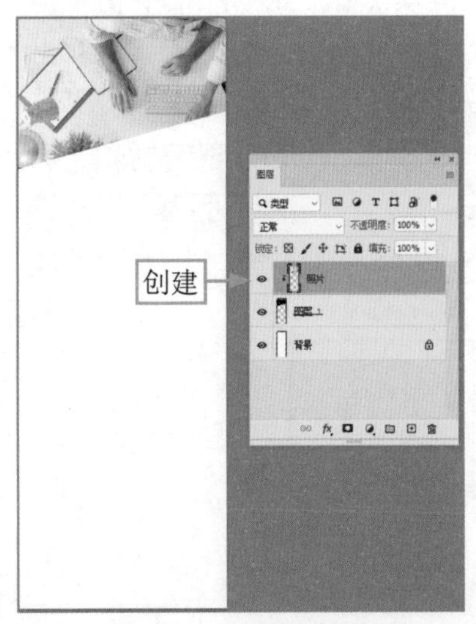

图17-6 选择“创建剪贴蒙版”命令　　图17-7 创建剪贴蒙版

STEP 06 ▶▶ 在“图层”面板中，设置“照片”图层的“不透明度”为20%，使图像呈半透明效果，如图17-8所示。

STEP 07 ▶▶ 选择工具箱中的“横排文字工具” T，在“字符”面板中设置字体格式，然后设置“字体大小”为55点、“颜色”为橘色（RGB值分别为247、126、24），在图像编辑窗口中输入相应的文字内容，并调整至合适位置，效果如图17-9所示。

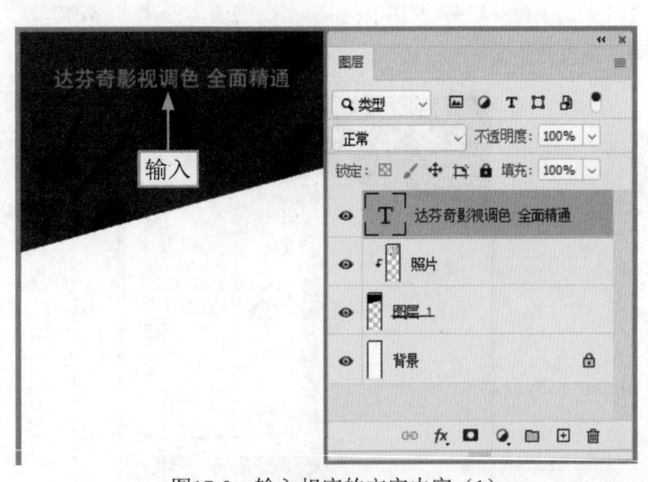

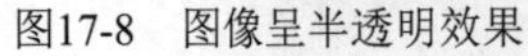

图17-8 图像呈半透明效果　　图17-9 输入相应的文字内容（1）

STEP 08 ▶▶ 选择工具箱中的“横排文字工具” T，在“字符”面板中设置字体格式，然后设置“字体大小”为20点、“颜色”为白色，在图像编辑窗口中输入相应的文字内容，并调整图层的“不透明度”为50%，效果如图17-10所示。

STEP 09 ⯈⯈ 打开“符号.psd”素材图像，使用“移动工具”将素材图像拖曳至电商详页图像编辑窗口中，适当调整图像的位置，效果如图17-11所示。

图17-10 输入相应的文字内容（2）

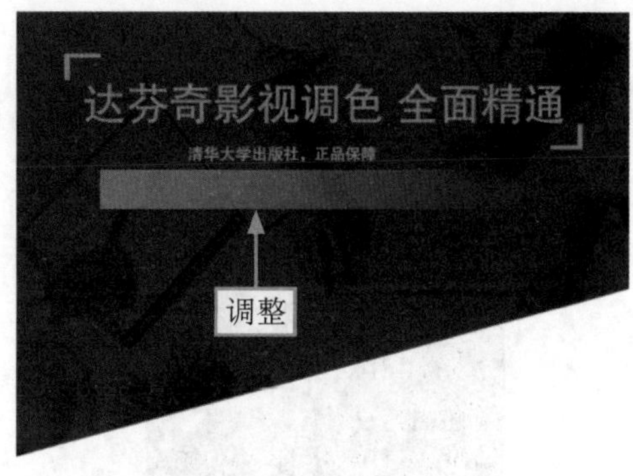

图17-11 添加素材图像

STEP 10 ⯈⯈ 选择工具箱中的“横排文字工具”T，在“字符”面板中设置字体格式，然后设置“字体大小”为25点、“颜色”为白色，在图像编辑窗口中输入相应的文字内容，效果如图17-12所示。

图17-12 输入相应的文字内容（3）

17.2.2 制作图书封面效果

在详情页广告中放上图书封面图片，能够迅速吸引购买者的目光，通过视觉展示可以传递书籍风格、主题和质感。封面是书籍给客户的第一印象，能提高客户对书籍外观的满意度，激发客户的购买兴趣。下面介绍制作图书封面效果的操作方法。

STEP 01 ⯈⯈ 打开“图书封面.psd”素材图像，如图17-13所示。

STEP 02 ⯈⯈ 使用“移动工具”将素材图像拖曳至电商详页图像编辑窗口中，效果如图17-14所示。

图17-13 打开素材图像

图17-14 拖曳素材图像至电商详页图像编辑窗口中

专家指点

选择“移动工具”后，其属性栏中有一个“自动选择”复选框，如果文档中包含多个图层或图层组，可在选中该复选框的同时单击右侧的下拉按钮，在弹出的下拉列表框中选择要移动的内容。例如，选择“组”选项，在图像中单击鼠标左键时，可自动选择工具下面包含像素的最顶层的图层所在的图层组；若选择“图层”选项，使用移动工具在画面中单击时，可自动选择工具下面包含像素的最顶层的图层。

STEP 03 适当调整素材图像的位置，效果如图17-15所示。

STEP 04 在“图层”面板中，复制“图层3”图层，得到“图层3 拷贝”图层，并将其移至“图层3”图层的下方，然后调整图像的位置，效果如图17-16所示。

图17-15 调整素材图像的位置

图17-16 复制素材并调至合适位置

17.2.3　制作本书特色与亮点

通过文字表述本书的特色和亮点，可以让购买者详细了解书籍的内容和独特之处，激发他们对书籍的兴趣。下面介绍制作本书特色与亮点的操作方法。

STEP 01 打开“矩形.psd”素材图像，如图17-17所示。

STEP 02 使用“移动工具”将素材图像拖曳至电商详页图像编辑窗口中，适当调整图像的位置，效果如图17-18所示。

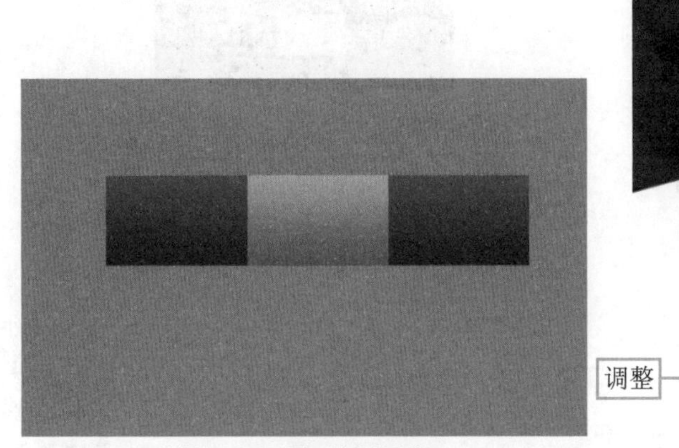

图17-17　打开素材图像

图17-18　调整图像的位置

STEP 03 选择工具箱中的“横排文字工具”T，在“字符”面板中设置字体格式，然后设置“字体大小”为35点、“颜色”为白色，在图像编辑窗口中输入相应的文字内容，效果如图17-19所示。

STEP 04 将文字复制两次，使用移动工具将文字向右移至合适位置，如图17-20所示。

图17-19　输入相应的文字内容

图17-20　将文字向右移至合适位置

STEP 05 ▶▶ 使用横排文字工具修改文本的内容，效果如图17-21所示。

STEP 06 ▶▶ 将中间的文本颜色更改为黑色，效果如图17-22所示。

图17-21 修改文本的内容

图17-22 将文本颜色更改为黑色

17.2.4 制作书中细节展示

在详情页广告中制作书中的细节展示，有助于深入展示书籍内页的质量和内容亮点，通过展示精美插图等细节，可以直观传达书籍的印刷质量，为购买者提供更全面的信息。下面介绍制作书中细节展示的操作方法。

STEP 01 ▶▶ 打开“底纹.psd”素材图像，使用“移动工具”将素材图像拖曳至电商详页图像编辑窗口中，适当调整图像的位置，如图17-23所示。

STEP 02 ▶▶ 选择工具箱中的横排文字工具，设置字体格式，然后设置“字体大小”为55点、“颜色”为白色，在图像编辑窗口中输入相应的文字内容，使用移动工具将文字拖曳至适当的位置，如图17-24所示。

图17-23 调整图像的位置

图17-24 输入文本“作品”

STEP 03 选择工具箱中的横排文字工具，设置字体格式，然后设置“字体大小”为44点、“颜色”为白色，在图像编辑窗口中输入相应的文字内容，使用移动工具将文字拖曳至适当的位置，如图17-25所示。

STEP 04 打开“实拍素材.psd”素材图像，使用移动工具将素材图像拖曳至电商详页图像编辑窗口中，适当调整图像的位置，效果如图17-26所示。至此，完成《达芬奇书籍》电商详页的制作。

图17-25　输入文本“展示”

图17-26　最终效果

第18章 H5设计：制作《招聘广告》

H5是指第5代HTML，指的是包括HTML、CSS和JavaScript在内的一套技术组合。HTML 5被设计用来降低对于浏览器插件的需求，从而使得丰富性网络应用服务能够更加普及，同时，HTML 5提供了一系列标准，如Canvas、Web Sockets和Web Workers等，有效增强了网络应用的功能和性能。H5可以使互联网也能够轻松实现类似桌面的应用体验，目前已成为朋友圈的新潮流。本章主要介绍制作《招聘广告》效果的操作方法。

18.1 《招聘广告》效果展示

企业专场招聘会是为了满足企业的用人需求，一方面补充离职人员和扩大企业规模，另一方面也能够增强企业自身的竞争优势，同时专场招聘会所招聘的员工，他们的教育背景、工作经历以及思维方式等都不同，可以使企业的人力资源更加丰富和全面。

在制作《招聘广告》效果之前，我们首先来欣赏本案例的图像效果，并了解案例的学习目标、制作思路、知识讲解和要点讲堂。

18.1.1 效果欣赏

《招聘广告》的效果如图18-1所示。

图18-1 《招聘广告》效果

18.1.2 学习目标

知识目标	掌握《招聘广告》的制作方法
技能目标	（1）掌握制作图像渐变合成背景的操作方法 （2）掌握制作招聘信息边框效果的操作方法 （3）掌握制作招聘会的宣传内容的操作方法
本章重点	制作招聘会的宣传内容
本章难点	制作图像渐变合成背景
视频时长	11分56秒

18.1.3 制作思路

本案例首先介绍制作图像渐变合成背景的方法，将渐变背景与图片融合在一起，然后制作招聘信息的边框效果，最后制作招聘会的宣传内容。图18-2所示为《招聘广告》的制作思路。

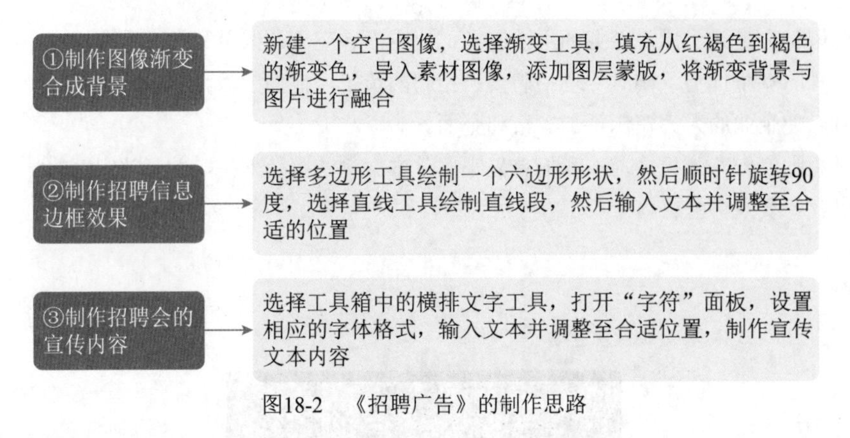

图18-2 《招聘广告》的制作思路

18.1.4 知识讲解

制作H5形式的招聘广告可以为企业带来一些优势，H5允许在网页中嵌入丰富的媒体元素，如图像、音频和视频等，可以使招聘广告更加生动、引人注目。因为H5页面便于用户在朋友圈或网络中进行分享和转发，可以通过社交媒体或其他渠道扩大招聘广告的影响范围，吸引更多潜在的候选人。本案例主要介绍使用渐变工具、多边形工具、直线工具以及横排文字工具等制作《招聘广告》效果。

18.1.5 要点讲堂

在本章内容中，用到了“编辑”菜单下的“变换”命令，在“变换”命令的子菜单中，执行相应的子命令，可以对图像进行相应的变换操作。在设计图形或调入图像时，图像角度的改变可能会影响整幅图像的效果，针对缩放或旋转图像，能使平面图像显示出独特的视角，同时也可以将倾斜的图像纠正。用户对图像进行旋转操作时，按住Shift键的同时，按住鼠标左键拖曳，可以等比例缩放图像。

18.2 《招聘广告》制作流程

本节将为读者介绍制作《招聘广告》的操作方法，包括制作图像渐变合成背景、制作招聘信息边框效果以及制作招聘会的宣传内容等。

18.2.1 制作图像渐变合成背景

扫码看视频

在设计背景时，将图片与背景使用渐变合成的方式进行制作，可以使图片与背景更为融洽。下面介绍制作图像渐变合成背景的操作方法。

STEP 01 选择“文件”|“新建”命令，弹出“新建文档”对话框，设置“名称”为“第18章 H5设计：制作《招聘广告》”、“宽度”为1080像素、“高度”为1920像素、“分辨率”为300像素/英寸、“背景内容”为“白色”，如图18-3所示。

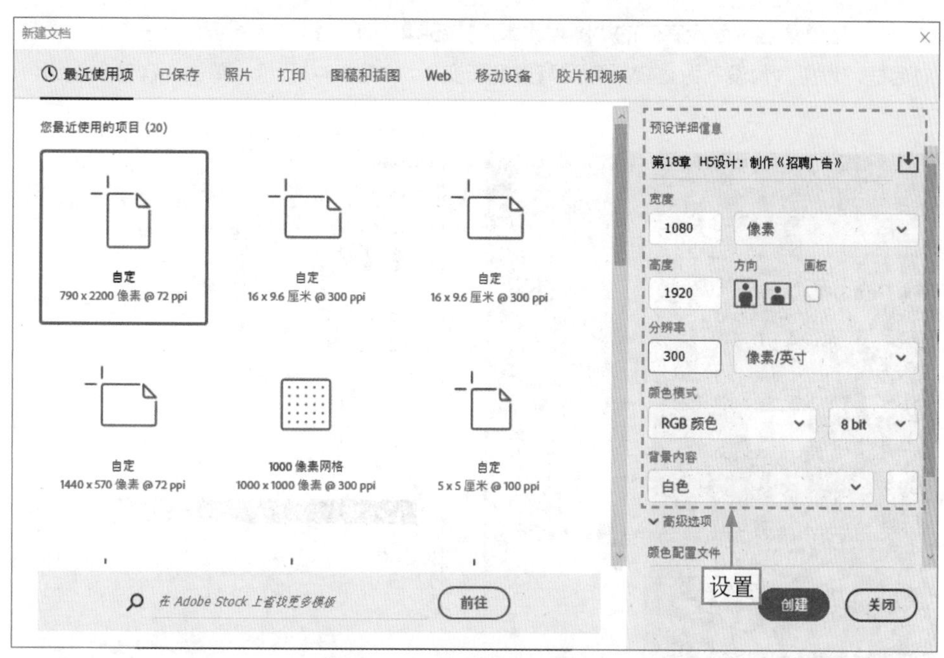

图18-3　新建文档并设置参数

STEP 02 单击“创建”按钮，新建一个空白图像。新建“图层1”图层，选择工具箱中的“渐变工具”，在属性栏中设置“对当前图层应用渐变”为“经典渐变”，单击右侧的渐变条，弹出“渐变编辑器”对话框，设置从红褐色（RGB值分别为152、53、44）到褐色（RGB值分别为39、11、1）的渐变色，如图18-4所示。

STEP 03 在属性栏中单击“线性渐变”按钮，在图像编辑窗口中的“图层1”图层上，由上至下拖动鼠标，为图层填充线性渐变，效果如图18-5所示。

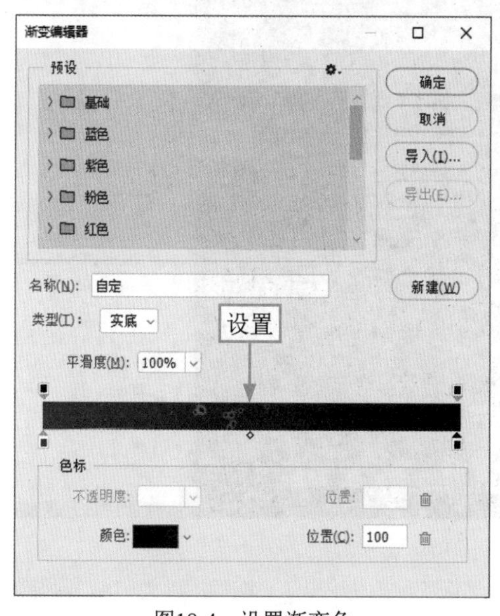

图18-4　设置渐变色

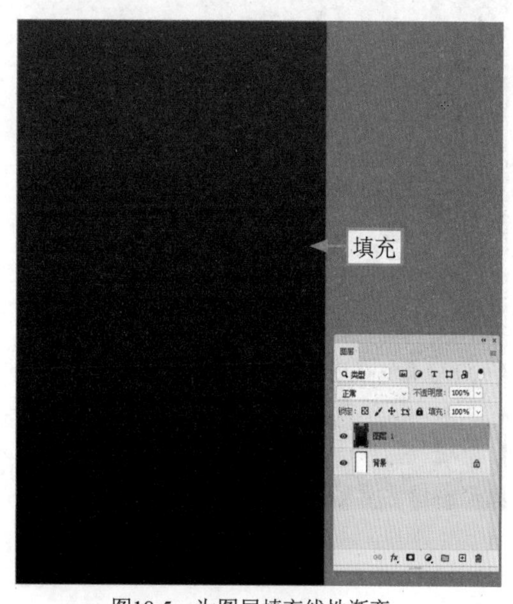

图18-5　为图层填充线性渐变

STEP 04 打开“城市夜景.jpg”素材图像，使用移动工具将素材图像拖曳至招聘广告图像编辑窗口中，调整其大小和位置，效果如图18-6所示。

STEP 05 ▶▶ 单击“图层”面板底部的“图层蒙版”按钮■，为“图层2”图层添加一个蒙版，打开“渐变编辑器”对话框，设置“预设”为“前景色到背景色渐变”，如图18-7所示，单击“确定”按钮，设置渐变预设。

图18-6 调整素材大小和位置

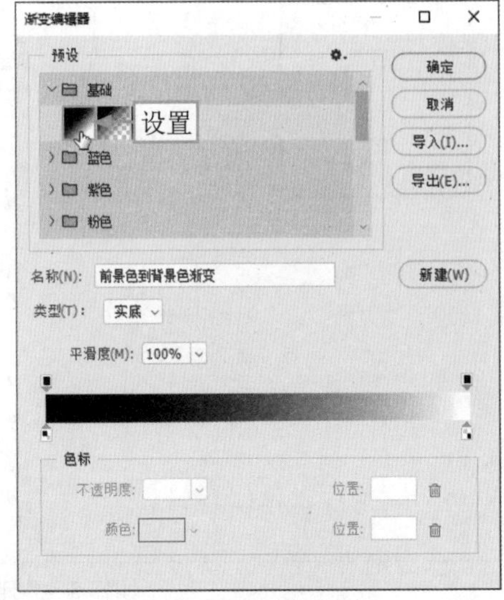

图18-7 设置渐变预设

STEP 06 ▶▶ 在图像上，由上至下垂直拖曳鼠标至合适位置，为图层蒙版添加线性渐变，效果如图18-8所示。

STEP 07 ▶▶ 新建“曲线1”调整图层，在曲线上单击鼠标左键新建两个控制点，在下方分别设置“输入”为10、“输出”为0，“输入”为190、“输出”为255，如图18-9所示。

图18-8 为图层蒙版添加线性渐变

图18-9 新建两个控制点

STEP 08 ▶▶ 新建“自然饱和度1”调整图层，设置“自然饱和度”为+70、“饱和度”为+14，调整图像的自然饱和度，效果如图18-10所示。

STEP 09 ▶▶ 新建“亮度/对比度1”调整图层，设置“亮度”为5、“对比度”为15，提高图像的亮度和对比度，效果如图18-11所示。

图18-10 调整图像的自然饱和度

图18-11 提高图像的亮度和对比度

专家指点

"曲线"命令是功能极其强大的图像校正命令，这个命令可以在图像的整个色调范围内对色调进行调整，还可以对图像中的个别颜色通道进行精确的调整。"自然饱和度"命令可以调整整幅图像或单个颜色分量的饱和度和亮度值。

18.2.2 制作招聘信息边框效果

扫码看视频

在设计招聘广告的页面时，为了突出招聘主题，可以制作一个边框效果，将招聘主题置于边框内。下面介绍制作招聘信息边框效果的操作方法。

STEP 01 选择工具箱中的"多边形工具"，在属性栏中设置"选择工具模式"为"形状"、"填充"为无、"描边"为白色（RGB值均为255）、"描边宽度"为6像素、"边数"为6，按住Shift键的同时，在图像编辑窗口中的适当位置绘制一个六边形，得到"多边形1"图层，效果如图18-12所示。

STEP 02 选择"编辑"|"变换路径"|"顺时针旋转90度"命令，顺时针旋转六边形，效果如图18-13所示。

图18-12 绘制一个六边形

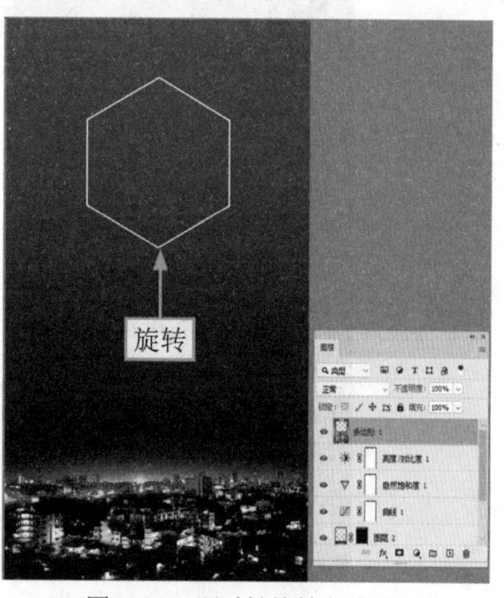

图18-13 顺时针旋转六边形

专家指点

用户不仅可以通过“顺时针旋转90度”命令对形状进行旋转操作，还可以按Ctrl+T组合键，调出变换控制框，在形状上单击鼠标右键，在弹出的快捷菜单中选择“顺时针旋转90度”命令，也可以对形状进行旋转操作。

STEP 03 选择工具箱中的“直线工具”，在属性栏中设置“选择工具模式”为“形状”、“填充”为白色、“描边”为无、“粗细”为6像素、在图像编辑窗口中绘制直线，效果如图18-14所示。

STEP 04 选择工具箱中的横排文字工具，选择“窗口”|“字符”命令，在弹出的“字符”面板中设置字体类型，然后设置“字体大小”为55点、“颜色”为白色（RGB值均为255），如图18-15所示。

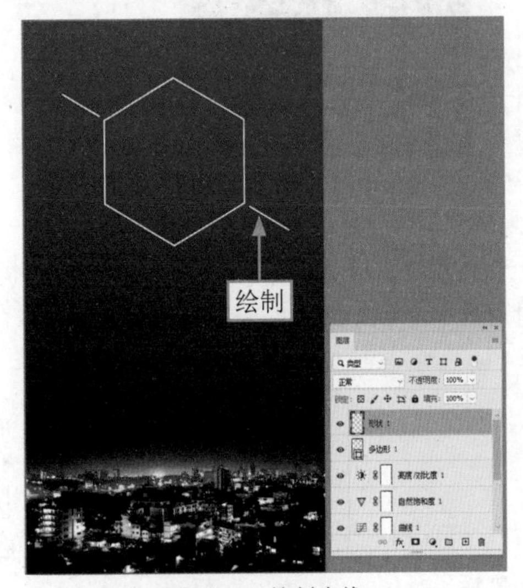

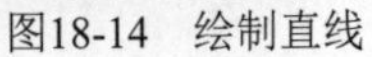
图18-14 绘制直线

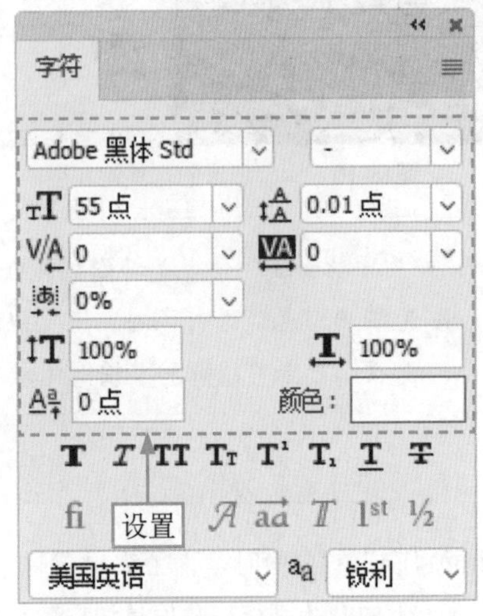

图18-15 设置字体属性

STEP 05 在图像编辑窗口中，输入相应文本并调整至合适位置，效果如图18-16所示。

STEP 06 在“字符”面板中设置字体类型，然后设置“字体大小”为13点、“为选定字符设置跟踪”为100、“颜色”为白色，在图像中的适当位置输入相应文本，并调整至合适位置，效果如图18-17所示。

图18-16 输入文本“招聘”

图18-17 输入文本“RECRUIT”

18.2.3 制作招聘会的宣传内容

扫码看视频

招聘广告页面的设计除了需要彰显主题外，还需要将一些重要的文字信息展示出来，例如招聘会的主题、时间、地点等。下面介绍制作招聘会宣传内容的操作方法。

STEP 01 选择工具箱中的横排文字工具，选择“窗口”|“字符”命令，在弹出的“字符”面板中设置字体类型，然后设置“字体大小”为18点、“为选定字符设置跟踪”为50、“颜色”为白色，输入相应文本并调整至合适位置，效果如图18-18所示。

STEP 02 使用横排文字工具，在“字符”面板中设置字体类型，然后设置“字体大小”为22点、“为选定字符设置跟踪”为0、“颜色”为白色，输入相应文本并调整至合适位置，效果如图18-19所示。

图18-18 输入文本（1）

图18-19 输入文本（2）

STEP 03 使用横排文字工具，在“字符”面板中设置“字体大小”为10点、“为选定字符设置跟踪”为50、“颜色”为白色，输入相应文本并调整至合适位置，效果如图18-20所示。

STEP 04 打开“文字素材.psd”素材图像，使用移动工具将素材图像拖曳至招聘广告图像编辑窗口中，调整其位置，效果如图18-21所示。

图18-20 输入文本（3）

图18-21 最终效果

第19章 微博广告：制作《微单相机》

微博广告是在新浪微博平台上展示的营销信息，旨在通过这个社交媒体平台向用户传达特定的品牌、产品或服务信息。通过微博平台，广告主可以将品牌信息传播给广大的潜在客户，并提高品牌的知名度。本章主要介绍制作《微单相机》的操作方法。

19.1 《微单相机》效果展示

在微博平台上可以通过定向投放功能将《微单相机》广告展示给特定的目标受众，比如对摄影感兴趣的用户、喜欢旅行的人群等，这样能够更精准地触达潜在购买者。另外，微博广告还具有较强的互动性，用户可以在广告下方进行评论、点赞、转发等操作，有助于提高品牌曝光度和用户参与度。

在制作《微单相机》效果之前，首先来欣赏本案例的图像效果，并了解案例的学习目标、制作思路、知识讲解和要点讲堂。

19.1.1 效果欣赏

《微单相机》的效果如图19-1所示。

图19-1 《微单相机》效果

19.1.2 学习目标

知识目标	掌握《微单相机》的制作方法
技能目标	（1）掌握制作相机主图效果的操作方法 （2）掌握制作相机品牌信息的操作方法 （3）掌握展示相机独特功能的操作方法 （4）掌握在图像中绘制矩形的操作方法
本章重点	制作相机主图效果
本章难点	制作相机品牌信息
视频时长	7分34秒

19.1.3 制作思路

本案例首先介绍制作相机主图效果的方法，然后在广告中添加相机品牌信息与独特功能，最后在图像中绘制矩形边框效果。图19-2所示为《微单相机》的制作思路。

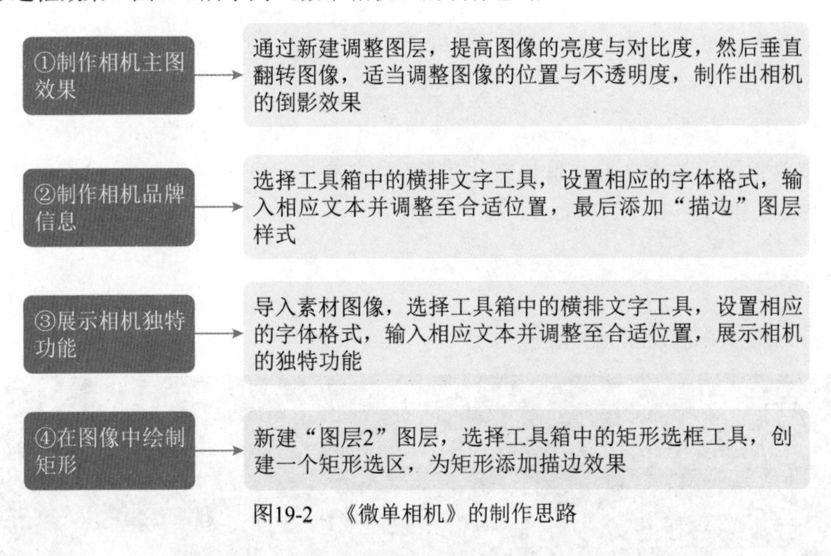

图19-2 《微单相机》的制作思路

19.1.4 知识讲解

在设计新媒体平台的宣传广告时，应体现通俗化、大众化的原则。美观的相机产品图片容易引起用户的分享欲望，企业可以将相机广告图分享给自己的粉丝或分享到社交圈，从而扩大相机广告的影响范围。本案例通过添加产品素材、变换图像、添加文字和应用图层样式等制作《微单相机》广告效果。

19.1.5 要点讲堂

在本章内容中，用到了一个比较常用的“矩形选框工具”，该工具主要用于创建矩形或正方形选区，用户还可以在属性栏上进行相应选项的设置。这里讲解一些与矩形选框工具相关的操作技巧：按M键，可以选择矩形选框工具；按Shift键，可以创建正方形选区；按Alt键，可以创建以起点为中心的矩形选区；按Alt＋Shift组合键，可以创建以起点为中心的正方形。

19.2 《微单相机》制作流程

本节将为读者介绍制作《微单相机》的操作方法，包括制作相机主图效果、制作相机品牌信息、展示相机的独特功能以及在图像中绘制矩形等内容。

19.2.1 制作相机主图效果

相机的产品图往往具有高度的视觉吸引力，能够引起用户的兴趣，通过直观地展示相机的外观、设计、颜色等特点，让购买者更加全面地了解相机。清晰、美观的相机主图可以瞬间吸引用户的注意力，让广告更有吸引力。下面介绍制作相机主图效果的操作方法。

STEP 01 ▶▶ 选择“文件”|“打开”命令，打开“广告背景.jpg”素材图像，如图19-3所示。

STEP 02 ▶▶ 在“图层”面板底部单击“创建新的填充或调整图层”按钮◑，在弹出的下拉菜单中选择“亮度/对比度”命令，如图19-4所示。

图19-3　打开素材图像

图19-4　选择“亮度/对比度”命令

STEP 03 ▶▶ 执行操作后，新建“亮度/对比度1”调整图层，如图19-5所示。

STEP 04 ▶▶ 展开“属性”面板，设置“亮度”为42、“对比度”为10，如图19-6所示。

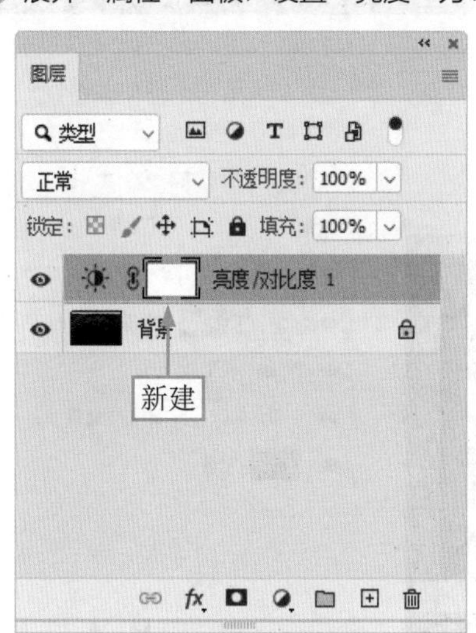

图19-5　新建调整图层

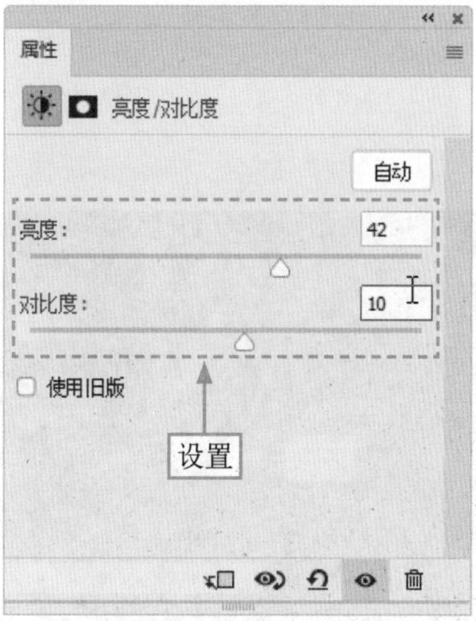

图19-6　设置相应参数

STEP 05 ▶▶ 执行操作后，即可提高图像的亮度与对比度，效果如图19-7所示。

STEP 06 ▶▶ 打开“相机.psd”素材图像，使用移动工具将素材图像拖曳至“广告背景.jpg”图像编辑窗口中，效果如图19-8所示。

STEP 07 ▶▶ 按Ctrl+T组合键，调出变换控制框，如图19-9所示。

STEP 08 ▶▶ 拖曳图像四周的控制柄，调整图像素材的大小和位置，按Enter键确认，效果如图19-10所示。

STEP 09 ▶▶ 按住Ctrl键的同时，单击“图层1”图层的缩览图，调出相机选区，如图19-11所示。

STEP 10 ▶▶ 在“图层”面板底部单击“创建新的填充或调整图层”按钮◑，在弹出的下拉菜单中选择“曲线”命令，新建“曲线1”调整图层，如图19-12所示。

图19-7　提高图像的亮度与对比度

图19-8　拖曳素材至图像编辑窗口中

图19-9　调出变换控制框

图19-10　调整图像素材

图19-11　调出相机选区

图19-12　新建调整图层

STEP 11 ▶▶ 在曲线上单击鼠标左键新建两个控制点，在下方分别设置“输入”为88、“输出”为122，“输入”为155、“输出”为182，如图19-13所示。

STEP 12 ▶▶ 执行操作后，即可单独调整相机图像的曝光度，效果如图19-14所示。

STEP 13 ▶▶ 将“曲线1”与“图层1”图层进行合并操作，并重命名为“图层1”图层，复制该图层，得到“图层1 拷贝”图层，按Ctrl+T组合键，调出变换控制框，单击鼠标右键，在弹出的快捷菜单中选择“垂直翻转”命令，如图19-15所示。

STEP 14 ▶▶ 执行操作后，即可垂直翻转图像，按Enter键确认，效果如图19-16所示。

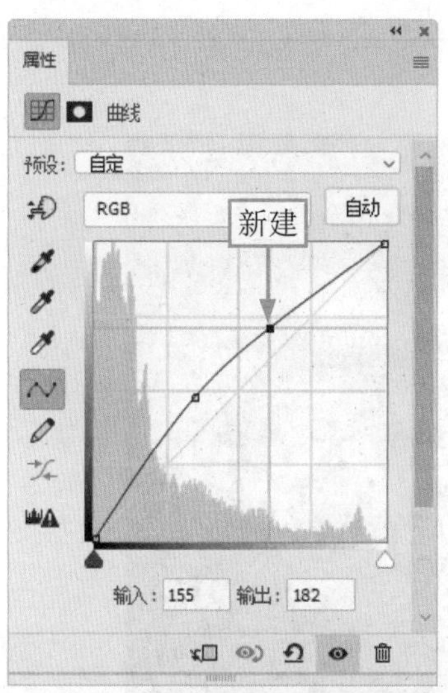

图19-13　新建两个控制点

图19-14　调整相机图像的亮度

图19-15　选择“垂直翻转”命令

图19-16　垂直翻转图像的效果

STEP 15 将“图层1 拷贝”图层调整至“图层1”图层的下方，如图19-17所示。

STEP 16 适当调整复制图像的位置，效果如图19-18所示。

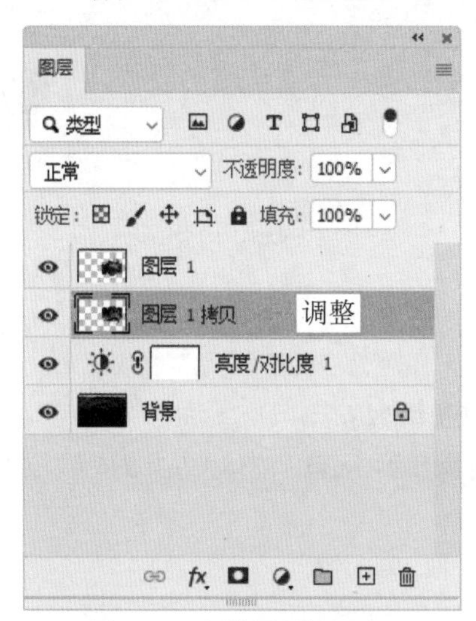

图19-17　调整图层的顺序

图19-18　调整复制图像的位置

STEP 17 ▶▶ 在“图层”面板中，设置“图层1”图层的“不透明度”为40%，制作出相机的倒影效果，如图19-19所示。

图19-19　制作相机的倒影效果

19.2.2　制作相机品牌信息

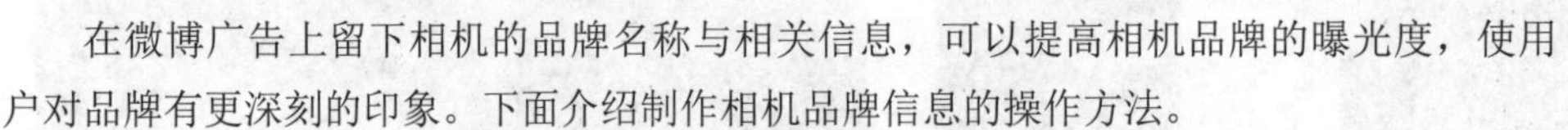

在微博广告上留下相机的品牌名称与相关信息，可以提高相机品牌的曝光度，使用户对品牌有更深刻的印象。下面介绍制作相机品牌信息的操作方法。

STEP 01 ▶▶ 选择工具箱中的横排文字工具，选择“窗口”|“字符”命令，在弹出的“字符”面板中，设置“字体”为“方正大黑简体”、“字体大小”为8点、“为选定字符设置跟踪”为100、“颜色”为粉红色（RGB参数值分别为255、0、120），输入相应文本并调整至合适位置，效果如图19-20所示。

STEP 02 ▶▶ 双击文字图层，在弹出的“图层样式”对话框中选中“描边”复选框，设置“大小”为2像素、“颜色”为白色，其他参数保持不变，如图19-21所示。

图19-20　输入相应文本

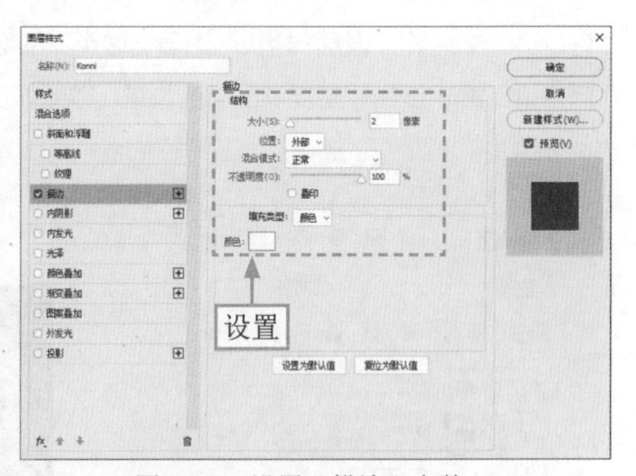

图19-21　设置“描边”参数

STEP 03 ▶▶ 单击“确定”按钮，应用“描边”图层样式，效果如图19-22所示。

STEP 04 ▶▶ 使用横排文字工具在图像编辑窗口中输入相机的品牌信息，设置“字体大小”为6点，效果如图19-23所示。

STEP 05 ▶▶ 选择文字“康尼”，设置“字体大小”为8点，效果如图19-24所示。

STEP 06 ▶▶ 使用同样的方法，为文字添加白色的描边样式，效果如图19-25所示。

图19-22　应用“描边”图层样式

图19-23　输入相机的品牌信息

图19-24　设置字体大小

图19-25　添加白色的描边样式

19.2.3　展示相机独特功能

扫码看视频

在微博广告上展示相机的独特功能，可以吸引消费者的目光，让他们更加了解产品的功能，提高产品的成交量，具体操作步骤如下。

STEP 01 选择“文件”|“打开”命令，打开“广告文字.psd”素材图像，如图19-26所示。

STEP 02 使用移动工具将素材图像拖曳至“广告背景”图像编辑窗口中，调整其位置，效果如图19-27所示。

图19-26　打开素材图像

图19-27　调整素材的位置

STEP 03 选择工具箱中的横排文字工具，在“字符”面板中设置字体类型，然后设置“字体大小”为10点、“为选定字符设置跟踪”为100、“颜色”为白色，输入相应文本并调整至合适位置，效果如图19-28所示。

STEP 04 使用同样的方法，输入其他文本内容，设置字体格式，效果如图19-29所示。

图19-28 输入相应文本内容

图19-29 设置字体格式

19.2.4 在图像中绘制矩形

为了使某些广告文本突出显示，可以为文本添加一个矩形边框，这样可以聚焦观众的视线，具体操作步骤如下。

STEP 01 在“图层”面板中，新建“图层2”图层，如图19-30所示。

STEP 02 选择工具箱中的“矩形选框工具”，在图像编辑窗口下方创建一个矩形选区，如图19-31所示。

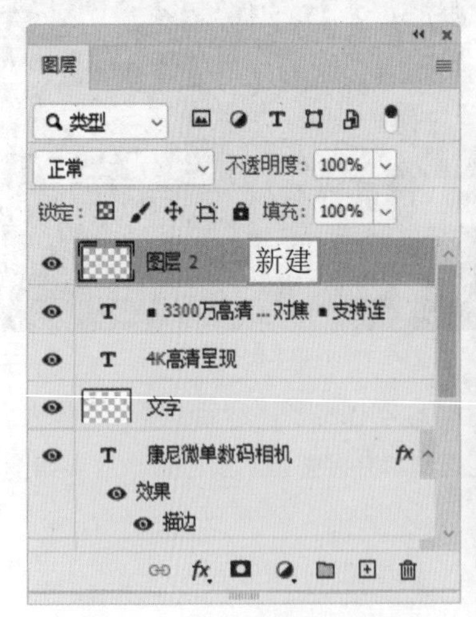

图19-30 新建“图层2”图层

图19-31 创建一个矩形选区

STEP 03 ▶▶ 选择“编辑”|“描边”命令，弹出“描边”对话框，在其中设置“宽度”为3像素、“颜色”为黄色（RGB值分别为249、226、9），如图19-32所示。

STEP 04 ▶▶ 单击“确定”按钮，即可为矩形添加描边效果，如图19-33所示。至此，完成《微单相机》的制作。

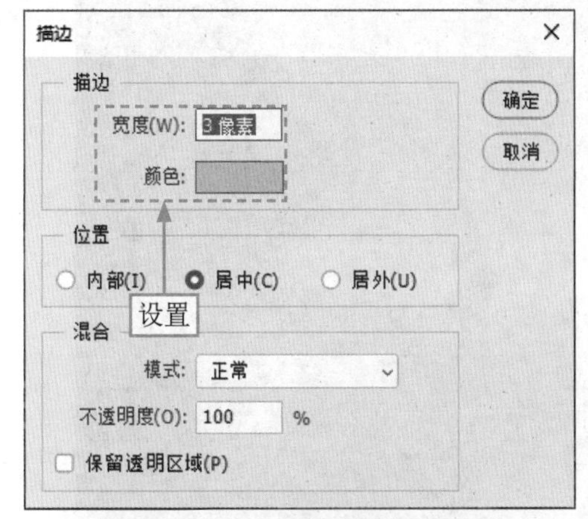

图19-32 设置“描边”参数

图19-33 为矩形添加描边效果

第20章 直播长页：制作《微课宣传》

直播宣传长页在推广直播活动时发挥着重要的作用，通过吸引人的标题和鲜明的图像展示，能够迅速引起潜在观众的注意，使其对直播活动产生兴趣。本章主要介绍制作《微课宣传》的操作方法。

20.1 《微课宣传》效果展示

微课的直播宣传长页提供了足够的空间来详细介绍直播活动的内容、主题、纲要和讲师等信息，观众可以在长页中获取有关活动的信息。企业通过直播宣传长页可以轻松地分享活动信息，从而扩大活动的传播范围，吸引更多观众的注意。

在制作《微课宣传》效果之前，我们首先来欣赏本案例的图像效果，并了解案例的学习目标、制作思路、知识讲解和要点讲堂。

20.1.1 效果欣赏

《微课宣传》的效果如图20-1所示。

图20-1 《微课宣传》效果

20.1.2 学习目标

知识目标	掌握《微课宣传》的制作方法
技能目标	（1）掌握制作直播主题区域的操作方法 （2）掌握制作讲师简介区域的操作方法 （3）掌握制作直播纲要区域的操作方法 （4）掌握制作作品展示区域的操作方法 （5）掌握制作好书推荐区域的操作方法
本章重点	制作直播主题区域
本章难点	制作直播纲要区域
视频时长	16分01秒

20.1.3 制作思路

本案例主要分为五个部分进行设计，包括直播主题区域、讲师简介区域、直播纲要区域、作品展示区域以及好书推荐区域等内容。图20-2所示为《微课宣传》的制作思路。

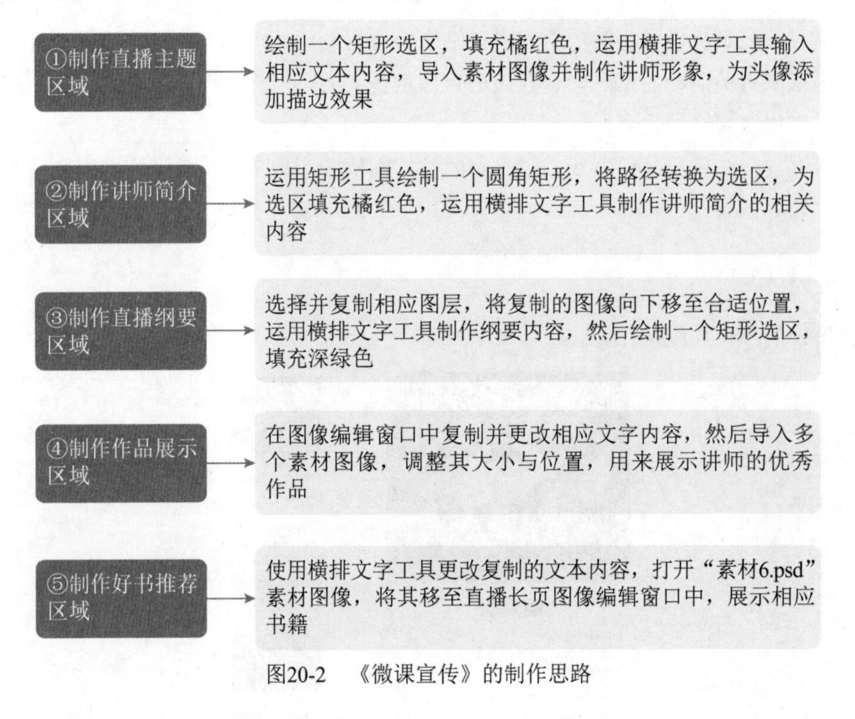

图20-2　《微课宣传》的制作思路

20.1.4 知识讲解

制作直播宣传长页时，使用矩形框将不同的内容分成几个区域，使信息更加清晰明了，采用橘红色为辅助色，让整个画面充满活力，给人一种愉悦的视觉感受。本案例主要介绍使用矩形选框工具、横排文字工具、椭圆选框工具、矩形工具等制作《微课宣传》效果。

20.1.5 要点讲堂

在本章内容中，讲到了绘制矩形选区与正圆选区，为了使编辑和绘制的选区更加精确，用户经常要对已经创建的选区进行修改，使之更加符合设计要求。在Photoshop中，使用“选择”|“变换选区”命令，可以直接改变选区的形状，而不会改变选区内的内容。创建选区后，选择“选择”|“存储选区”命令，可以将该选区进行保存，方便以后调用。

20.2 《微课宣传》制作流程

本节将为读者介绍制作《微课宣传》的操作方法，包括制作直播主题区域、讲师简介区域、直播纲要区域、作品展示区域以及好书推荐区域等内容。

20.2.1 制作直播主题区域

在直播主题区域中，主要显示了直播课程的名称、讲师的形象、讲师的姓名以及直播时间等内容。下面介绍制作直播主题区域的操作方法。

STEP 01 选择“文件”|“新建”命令，弹出“新建文档”对话框，设置“名称”为“第20章 直播长页：制作《微课宣传》”、“宽度”为800像素、“高度”为5425像素、“分辨率”为300像素/英寸、“背景内容”为“白色”，如图20-3所示。

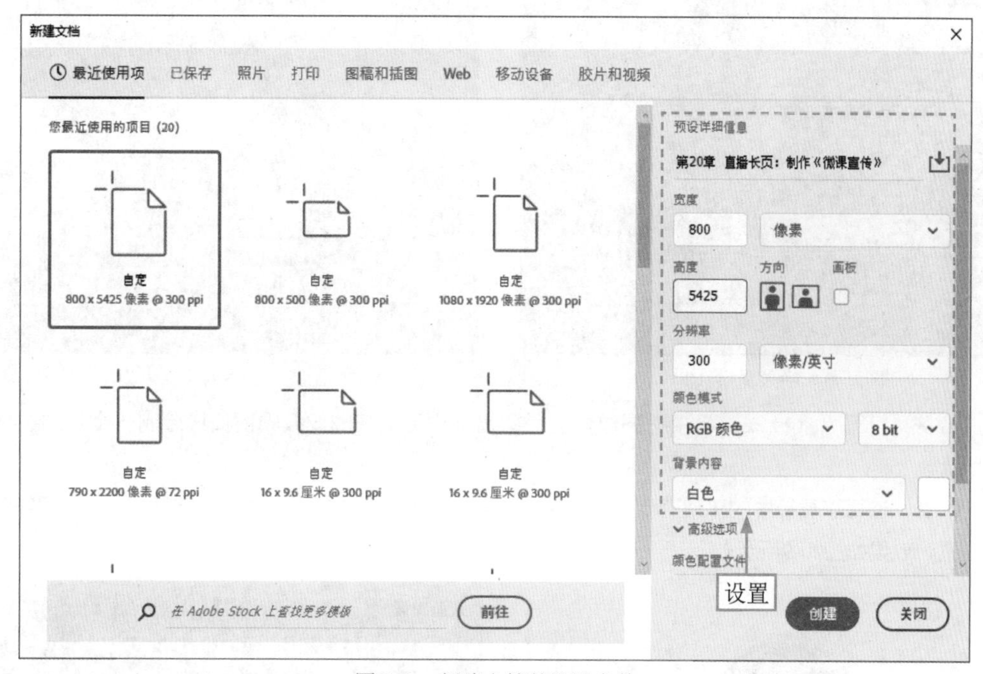

图20-3 新建文档并设置参数

STEP 02 单击“创建”按钮，新建一个空白图像，选择工具箱中的“矩形选框工具”，在图像编辑窗口中绘制一个矩形选区，如图20-4所示。

STEP 03 设置前景色为橘红色（RGB值分别为222、106、65），新建一个图层并填充前景色，按Ctrl+D组合键，取消选区，如图20-5所示。

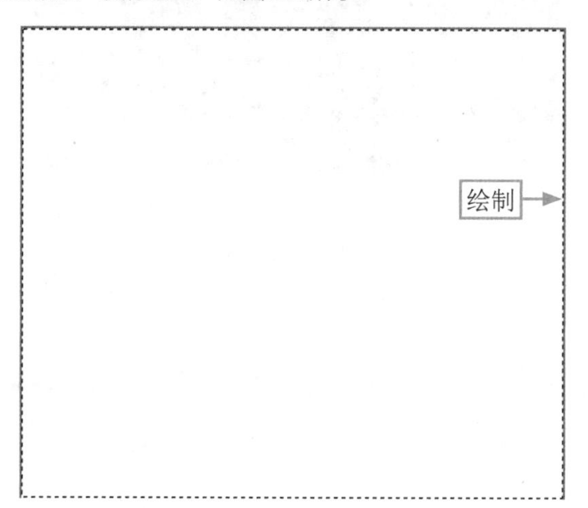

图20-4 绘制一个矩形选区

图20-5 新建图层并填充前景色

STEP 04 ▶▶ 选择工具箱中的横排文字工具，在“字符”面板中设置字体类型，然后设置“字体大小”为7点、“颜色”为黑色，并激活仿粗体图标，在图像编辑窗口中输入文字，如图20-6所示。

STEP 05 ▶▶ 使用横排文字工具，在“字符”面板中设置“字体大小”为12.5点、“颜色”为白色，在图像编辑窗口中输入文字，如图20-7所示。

图20-6 输入文字（1）

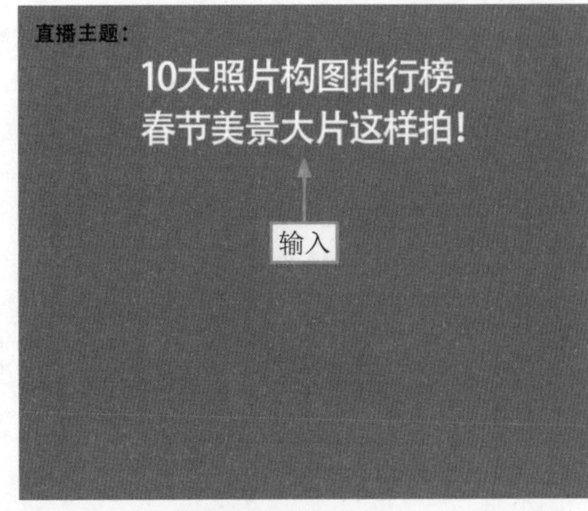

图20-7 输入文字（2）

STEP 06 ▶▶ 打开“素材1.jpg”素材图像，使用椭圆选框工具在图像编辑窗口中绘制一个正圆选区，如图20-8所示。

STEP 07 ▶▶ 选择工具箱中的移动工具，将选区内的图像拖曳至直播长页图像编辑窗口中，适当调整图像的大小与位置，效果如图20-9所示。

图20-8 绘制一个正圆选区

图20-9 调整图像的大小与位置

STEP 08 ▶▶ 双击“图层2”图层，弹出“图层样式”对话框，选中“描边”复选框，设置“大小”为3像素、“颜色”为绿色（RGB值分别为0、81、53），单击“确定”按钮，为图像添加描边效果，效果如图20-10所示。

STEP 09 ▶▶ 使用横排文字工具，在“字符”面板中设置“字体大小”为6点、“颜色”为黑色，在图像编辑窗口中输入相应文字内容，效果如图20-11所示。

图20-10　为图像添加描边效果

图20-11　输入文字（3）

20.2.2　制作讲师简介区域

在讲师简介区域中显示了讲师的详细信息，让学生们对讲师的能力与擅长的领域有了更深入的了解，以吸引学生们过来听课。下面介绍制作讲师简介区域的操作方法。

STEP 01 新建“图层3”图层，选择“矩形工具”，在属性栏中设置“选择工具模式”为“路径”，在右侧设置“圆角的半径”为50像素，如图20-12所示。

图20-12　设置选项

STEP 02 在图像编辑窗口中的合适位置，绘制一个圆角矩形，如图20-13所示。

STEP 03 按Ctrl+Enter组合键，将路径转换为选区，如图20-14所示。

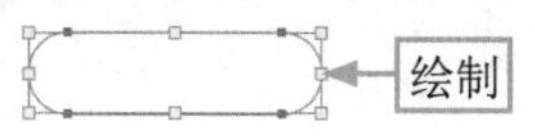

图20-13　绘制一个圆角矩形

图20-14　将路径转换为选区

STEP 04 ▶▶ 设置“前景色”为橘红色（RGB值分别为222、106、65），按Alt＋Delete组合键，为选区填充前景色，并取消选区，效果如图20-15所示。

STEP 05 ▶▶ 选择横排文字工具，设置“字体大小”为8.5点、“颜色”为黑色，在图像编辑窗口中输入相应文字内容，如图20-16所示。

图20-15　为选区填充前景色

图20-16　输入文字内容

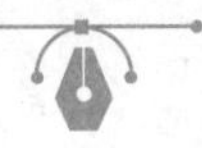

专家指点

调整图层顺序时，按Shift＋Ctrl＋]组合键，可以快速将图层或图层组置顶。

STEP 06 ▶▶ 选择“文件”|“打开”命令，打开“素材2.psd”素材图像，如图20-17所示。

STEP 07 ▶▶ 使用移动工具将素材图像拖曳至直播长页图像编辑窗口中，调整其位置，效果如图20-18所示。

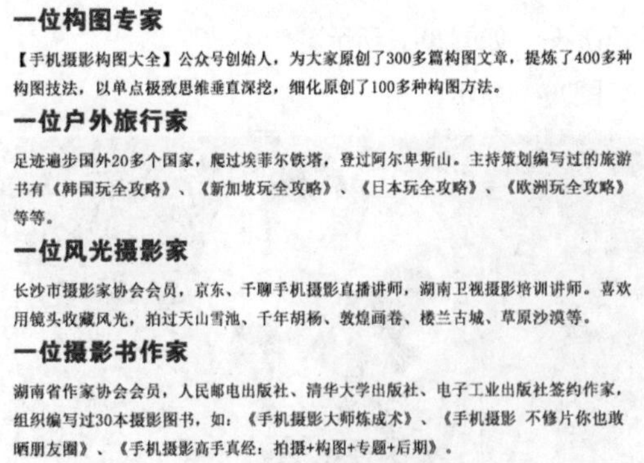

图20-17　打开素材图像

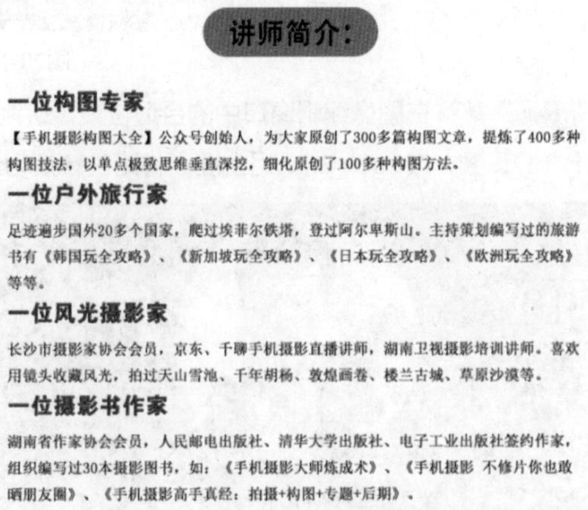

图20-18　拖曳素材图像至图像编辑窗口中

20.2.3　制作直播纲要区域

在直播纲要区域中显示了本次直播的目录大纲，让学生们对这一次直播的内容有一个大概的了解，吸引有需求的学生过来听课。下面介绍制作直播纲要区域的操作方法。

STEP 01 ▶▶ 在“图层”面板中，选择并复制相应图层，然后使用“移动工具”将复制的图像向下移至合适位置，如图20-19所示。

STEP 02 ▶▶ 使用横排文字工具更改复制的文本内容，效果如图20-20所示。

讲师简介：

一位构图专家

【手机摄影构图大全】公众号创始人，为大家原创了300多篇构图文章，提炼了400多种构图技法，以单点极致思维垂直深挖，细化原创了100多种构图方法。

一位户外旅行家

足迹遍步国外20多个国家，爬过埃菲尔铁塔，登过阿尔卑斯山。主持策划编写过的旅游书有《韩国玩全攻略》、《新加坡玩全攻略》、《日本玩全攻略》、《欧洲玩全攻略》等等。

一位风光摄影家

长沙市摄影家协会会员，京东、千聊手机摄影直播讲师，湖南卫视摄影培训讲师。喜欢用镜头收藏风光，拍过天山雪池、千年胡杨、敦煌画卷、楼兰古城、草原沙漠等。

一位摄影书作家

湖南省作家协会会员，人民邮电出版社、清华大学出版社、电子工业出版社签约作家，组织编写过30本摄影图书，如：《手机摄影大师炼成术》、《手机摄影 不修片你也敢晒朋友圈》、《手机摄影高手真经：拍摄+构图+专题+后期》。

图20-19 调整复制的图像位置

讲师简介：

一位构图专家

【手机摄影构图大全】公众号创始人，为大家原创了300多篇构图文章，提炼了400多种构图技法，以单点极致思维垂直深挖，细化原创了100多种构图方法。

一位户外旅行家

足迹遍步国外20多个国家，爬过埃菲尔铁塔，登过阿尔卑斯山。主持策划编写过的旅游书有《韩国玩全攻略》、《新加坡玩全攻略》、《日本玩全攻略》、《欧洲玩全攻略》等等。

一位风光摄影家

长沙市摄影家协会会员，京东、千聊手机摄影直播讲师，湖南卫视摄影培训讲师。喜欢用镜头收藏风光，拍过天山雪池、千年胡杨、敦煌画卷、楼兰古城、草原沙漠等。

一位摄影书作家

湖南省作家协会会员，人民邮电出版社、清华大学出版社、电子工业出版社签约作家，组织编写过30本摄影图书，如：《手机摄影大师炼成术》、《手机摄影 不修片你也敢晒朋友圈》、《手机摄影高手真经：拍摄+构图+专题+后期》。

图20-20 更改复制的文本内容

STEP 03 ▶▶ 选择工具箱中的横排文字工具，设置相应的字体类型，然后设置“字体大小”为7点、“为选定字符设置跟踪”为–50、“颜色”为深绿色（RGB值分别为0、57、37），输入相应文本并调整至合适位置，效果如图20-21所示。

STEP 04 ▶▶ 选择工具箱中的“矩形选框工具”，在图像编辑窗口中的适当位置创建一个矩形选区，如图20-22所示。

第一名：三分线构图——大片的谦让美　细分为7种
第二名：九宫格构图——大片的焦点美　细分为11种
第三名：黄金构图——大片的比例美　细分为8种
第四名：斜线构图——大片的动态美　细分为5种
第五名：对角线构图——大片的创意美　细分为5种
第六名：曲线构图——大片的线条美　细分为3种
第七名：透视构图——大片的立体美　细分为10种
第八名：框架构图——大片的主体美　细分为4种
第九名：对比构图——大片的衬托美　细分为10种
第十名：对称构图——大片的均称美　细分为5种

图20-21 输入文本

直播纲要：

创建

第一名：三分线构图——大片的谦让美　细分为7种
第二名：九宫格构图——大片的焦点美　细分为11种
第三名：黄金构图——大片的比例美　细分为8种
第四名：斜线构图——大片的动态美　细分为5种
第五名：对角线构图——大片的创意美　细分为5种
第六名：曲线构图——大片的线条美　细分为3种
第七名：透视构图——大片的立体美　细分为10种
第八名：框架构图——大片的主体美　细分为4种
第九名：对比构图——大片的衬托美　细分为10种
第十名：对称构图——大片的均称美　细分为5种

图20-22 创建一个矩形选区

STEP 05 ▶▶ 新建一个图层，选择“编辑”|“描边”命令，弹出“描边”对话框，设置“宽度”为4像素、“颜色”为深绿色（RGB值分别为0、81、53），如图20-23所示。

STEP 06 ▶▶ 单击“确定”按钮，即可为图像添加描边效果，如图20-24所示。

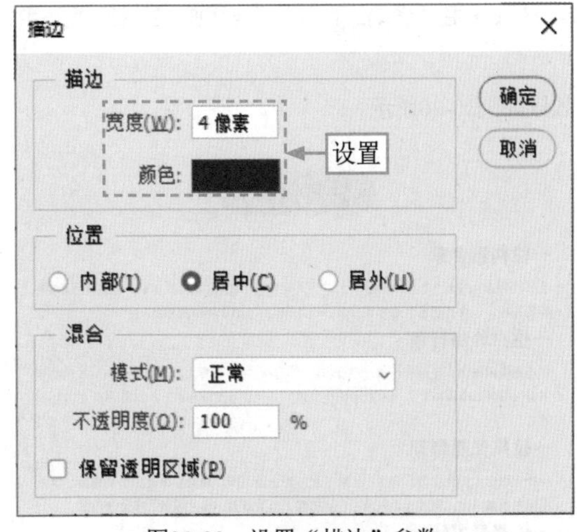

图20-23　设置“描边”参数

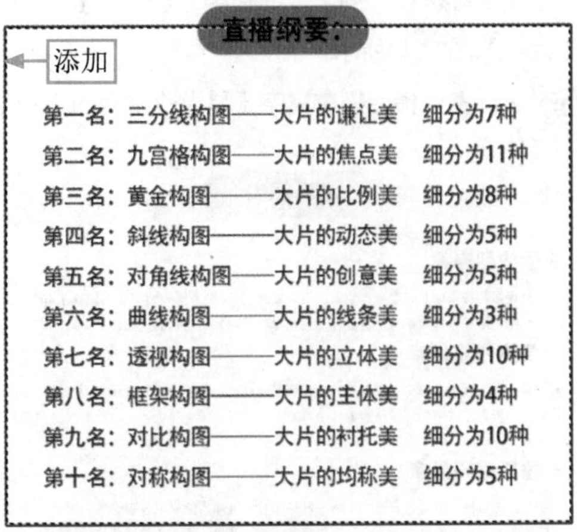

直播纲要:
添加
第一名：三分线构图——大片的谦让美　细分为7种
第二名：九宫格构图——大片的焦点美　细分为11种
第三名：黄金构图——大片的比例美　细分为8种
第四名：斜线构图——大片的动态美　细分为5种
第五名：对角线构图——大片的创意美　细分为5种
第六名：曲线构图——大片的线条美　细分为3种
第七名：透视构图——大片的立体美　细分为10种
第八名：框架构图——大片的主体美　细分为4种
第九名：对比构图——大片的衬托美　细分为10种
第十名：对称构图——大片的均称美　细分为5种

图20-24　为图像添加描边效果

STEP 07 ▶▶ 按Ctrl＋D组合键，取消选区，效果如图20-25所示。

STEP 08 ▶▶ 将矩形描边图层移至相应圆角矩形图层的下方，调整图层顺序，预览图像效果，如图20-26所示。

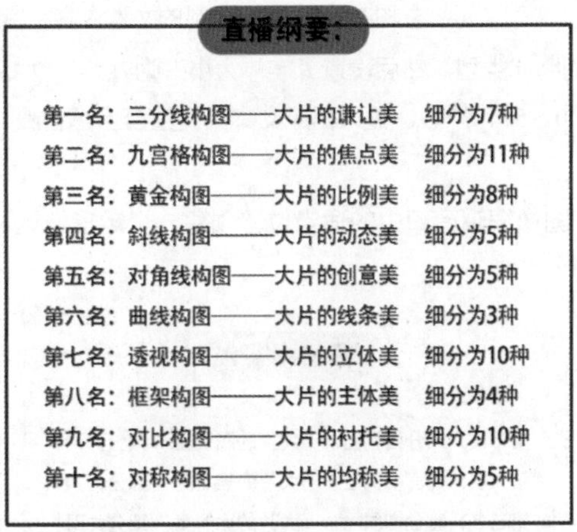

直播纲要:
第一名：三分线构图——大片的谦让美　细分为7种
第二名：九宫格构图——大片的焦点美　细分为11种
第三名：黄金构图——大片的比例美　细分为8种
第四名：斜线构图——大片的动态美　细分为5种
第五名：对角线构图——大片的创意美　细分为5种
第六名：曲线构图——大片的线条美　细分为3种
第七名：透视构图——大片的立体美　细分为10种
第八名：框架构图——大片的主体美　细分为4种
第九名：对比构图——大片的衬托美　细分为10种
第十名：对称构图——大片的均称美　细分为5种

图20-25　取消选区后的效果

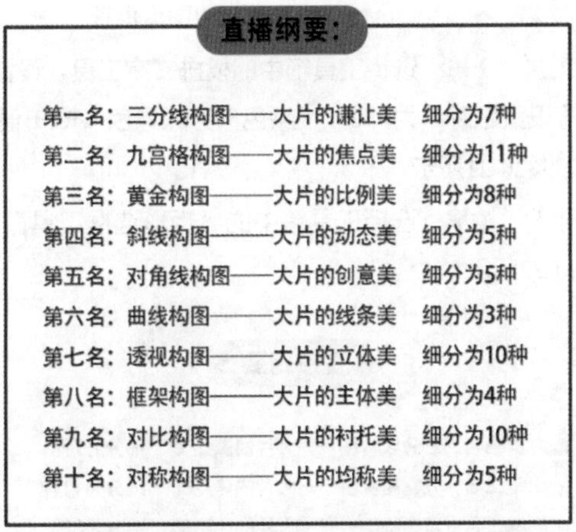

直播纲要:
第一名：三分线构图——大片的谦让美　细分为7种
第二名：九宫格构图——大片的焦点美　细分为11种
第三名：黄金构图——大片的比例美　细分为8种
第四名：斜线构图——大片的动态美　细分为5种
第五名：对角线构图——大片的创意美　细分为5种
第六名：曲线构图——大片的线条美　细分为3种
第七名：透视构图——大片的立体美　细分为10种
第八名：框架构图——大片的主体美　细分为4种
第九名：对比构图——大片的衬托美　细分为10种
第十名：对称构图——大片的均称美　细分为5种

图20-26　调整图层顺序的效果

20.2.4　制作作品展示区域

在作品展示区域中，主要用来展示讲师的一些优秀作品，体现讲师的能力素质，以吸引学生过来听课。下面介绍制作作品展示区域的操作方法。

STEP 01 ▶▶ 在“图层”面板中，选择并复制相应图层，然后使用“移动工具”将复制的图像向下移至合适位置，如图20-27所示。

STEP 02 ▶▶ 使用横排文字工具更改复制的文本内容，效果如图20-28所示。

STEP 03 ▶▶ 打开“素材3.jpg”素材图像，使用移动工具将素材图像拖曳至直播长页图像编辑窗口中，调整其大小与位置，效果如图20-29所示。

STEP 04 ▶▶ 使用同样的方法，打开“素材4.jpg”和“素材5.jpg”素材图像，分别移至直播长页图像编辑窗口中，调整其大小与位置，效果如图20-30所示。

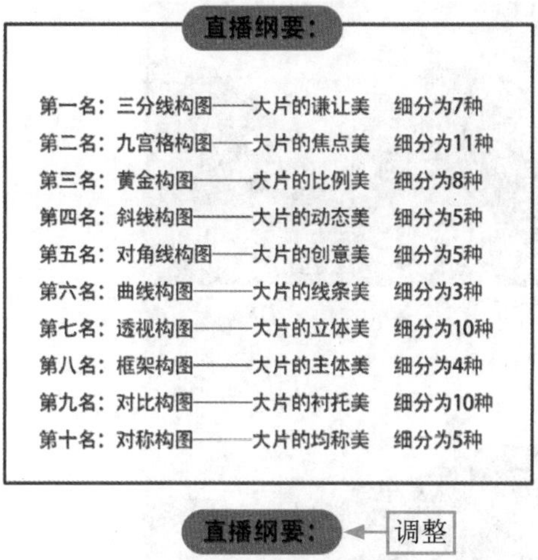

直播纲要：

第一名：三分线构图——大片的谦让美　细分为7种
第二名：九宫格构图——大片的焦点美　细分为11种
第三名：黄金构图——大片的比例美　细分为8种
第四名：斜线构图——大片的动态美　细分为5种
第五名：对角线构图——大片的创意美　细分为5种
第六名：曲线构图——大片的线条美　细分为3种
第七名：透视构图——大片的立体美　细分为10种
第八名：框架构图——大片的主体美　细分为4种
第九名：对比构图——大片的衬托美　细分为10种
第十名：对称构图——大片的均称美　细分为5种

图20-27　调整图像的位置

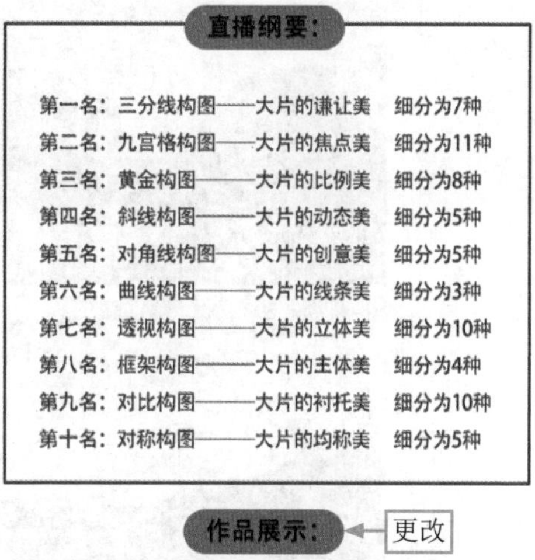

直播纲要：

第一名：三分线构图——大片的谦让美　细分为7种
第二名：九宫格构图——大片的焦点美　细分为11种
第三名：黄金构图——大片的比例美　细分为8种
第四名：斜线构图——大片的动态美　细分为5种
第五名：对角线构图——大片的创意美　细分为5种
第六名：曲线构图——大片的线条美　细分为3种
第七名：透视构图——大片的立体美　细分为10种
第八名：框架构图——大片的主体美　细分为4种
第九名：对比构图——大片的衬托美　细分为10种
第十名：对称构图——大片的均称美　细分为5种

作品展示：　更改

图20-28　更改复制的文本内容

调整

作品展示：

图20-29　调整“素材3”图像的大小与位置

作品展示：

图20-30　调整“素材4”和“素材5”图像的大小与位置

20.2.5　制作好书推荐区域

扫码看视频

在好书推荐区域中主要显示一些图书的封面图片，这些图书可以推荐给大家用来学习相关技能。下面介绍制作好书推荐区域的操作方法。

STEP 01 在“图层”面板中，选择并复制相应图层，然后使用“移动工具”将复制的图像向下移至合适位置，如图20-31所示。

STEP 02 使用横排文字工具更改复制的文本内容，效果如图20-32所示。

图20-31 调整图像的位置　　图20-32 更改复制的文本内容

STEP 03 ▶▶ 打开“素材6.psd”素材图像，使用“移动工具”将素材图像拖曳至直播长页图像编辑窗口中，适当调整图像的位置，效果如图20-33所示。

STEP 04 ▶▶ 在图像编辑窗口中的适当位置绘制一个矩形选区，设置“描边”为深绿色（RGB值分别为0、81、53），效果如图20-34所示。至此，完成《微课宣传》的制作。

图20-33 调整“素材6”图像的位置　　图20-34 最终效果

第21章 书籍包装：制作《人生百年》

书籍不是一般的商品，而是一种文化。在当今琳琅满目的书海中，书籍的封面起到了一个无声推销员的作用，它的好坏在一定程度上将会直接影响人们的购买行为。因此，在封面设计中，要具有一定的设计思想。本章主要介绍制作《人生百年》的操作方法。

21.1 《人生百年》效果展示

书籍包装是出版行业中不可忽视的一环，它不仅为书籍提供了视觉上的吸引力，也为读者提供了初步的信息，帮助他们做出购买或阅读的决策。封面是书籍包装的焦点，它需要吸引读者并传达书籍的内容和风格，封面设计包括图像、标题、作者等元素信息。

在制作《人生百年》效果之前，我们首先来欣赏本案例的图像效果，并了解案例的学习目标、制作思路、知识讲解和要点讲堂。

21.1.1 效果欣赏

《人生百年》的效果如图21-1所示。

图21-1 《人生百年》效果

21.1.2 学习目标

知识目标	掌握《人生百年》的制作方法
技能目标	（1）掌握制作纹理背景效果的操作方法 （2）掌握制作封面岩石图像的操作方法 （3）掌握制作封面文字效果的操作方法 （4）掌握制作封面立体效果的操作方法
本章重点	制作封面立体效果
本章难点	制作纹理背景效果
视频时长	21分29秒

21.1.3 制作思路

本案例首先介绍了制作书籍封面纹理背景效果的方法，然后在封面中添加岩石图像与相关纹理样式，最后制作封面文字与立体效果。图21-2所示为《人生百年》的制作思路。

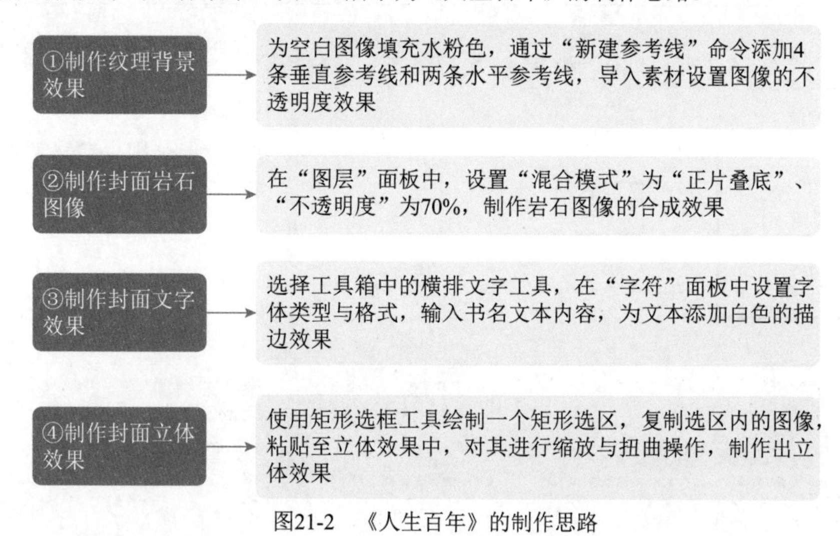

图21-2 《人生百年》的制作思路

21.1.4 知识讲解

封面设计是通过艺术设计的形式来反映书籍的内容，为读者传递书籍所要表达的某种信息，带来一种美感和一定程度的艺术享受。本案例主要介绍使用“新建参考线”命令、“混合模式”功能、矩形选框工具、椭圆选框工具等制作《人生百年》效果。

21.1.5 要点讲堂

在Photoshop中，当用户需要精细作图时，就需要用到参考线，参考线相当于辅助线，起到辅助的作用，能让用户的操作更方便，它是浮动在整个图像上却不被打印的直线，用户可以随意移动、删除或锁定参考线。移动参考线的相关快捷键操作如下。

按住Ctrl键的同时拖曳鼠标，即可移动参考线。

按住Shift键的同时拖曳鼠标，可使参考线与标尺上的刻度对齐。

21.2 《人生百年》制作流程

本节将为读者介绍制作《人生百年》的操作方法，包括制作纹理背景效果、制作封面岩石图像、制作封面文字效果以及制作封面立体效果等内容。

21.2.1 制作纹理背景效果

扫码看视频

将书籍封面制作出纹理效果可以为书籍增添独特的触感和视觉体验，纹理为封面增加了额外的视觉层次，使设计更为丰富和引人注目。下面介绍制作纹理背景效果的操作方法。

STEP 01 选择“文件”|“新建”命令，弹出“新建文档”对话框，设置“名称”为“第21章 书籍包装：制作《人生百年》”、“宽度”为30.1厘米、“高度”为20.9厘米、“分辨率”为300像素/英寸、“颜色模式”为“CMYK颜色”、“背景内容”为“白色”，如图21-3所示。

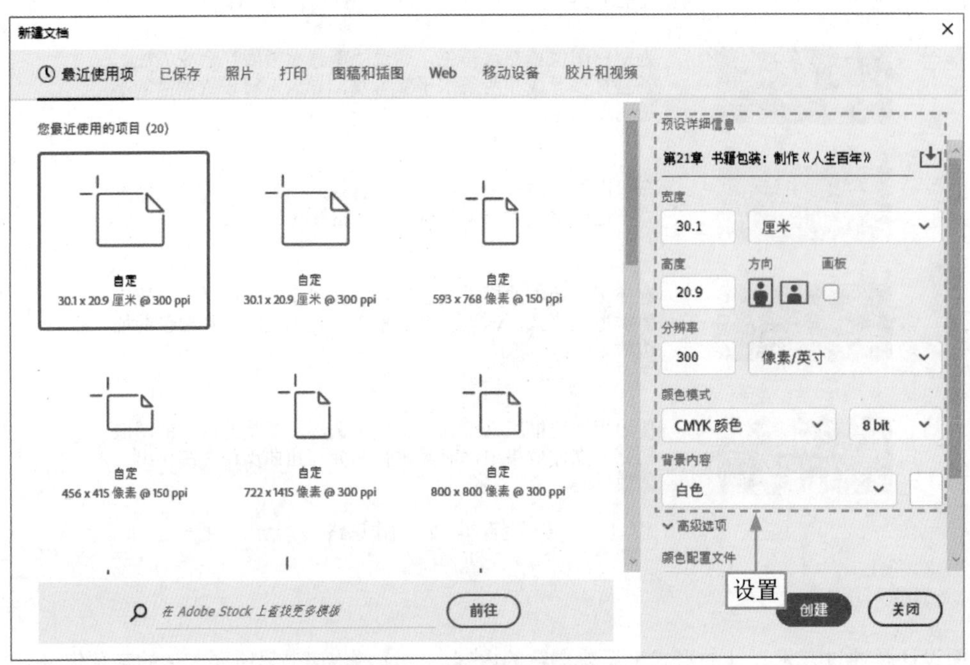

图21-3 新建文档并设置参数

STEP 02 单击“创建”按钮，新建一个空白图像，设置前景色为水粉色（RGB值分别为218、214、210），按Alt＋Delete组合键，填充前景色，效果如图21-4所示。

STEP 03 选择“视图”|“参考线”|“新建参考线”命令，弹出“新参考线”对话框，依次添加4条垂直参考线，“位置”分别为33.6、1688.7、1865.8、3520，如图21-5所示。

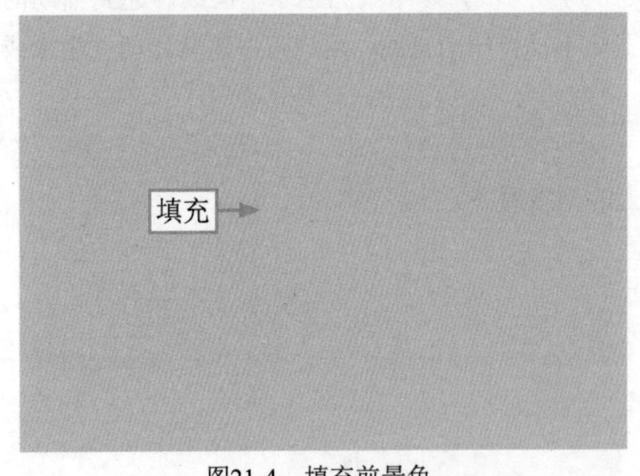

图21-4 填充前景色

图21-5 添加4条垂直参考线

STEP 04 使用同样的方法，依次添加两条水平参考线，“位置”分别为35.8、2432.8，如图21-6所示。

STEP 05 打开“纹理.psd”素材图像，使用“移动工具”将素材图像拖曳至书籍包装图像编辑窗口中，适当调整图像的大小与位置，效果如图21-7所示。

STEP 06 在“图层”面板中，设置“不透明度”为16%，面板与图像效果如图21-8所示。

图21-6 添加两条水平参考线

图21-7 调整图像的大小与位置

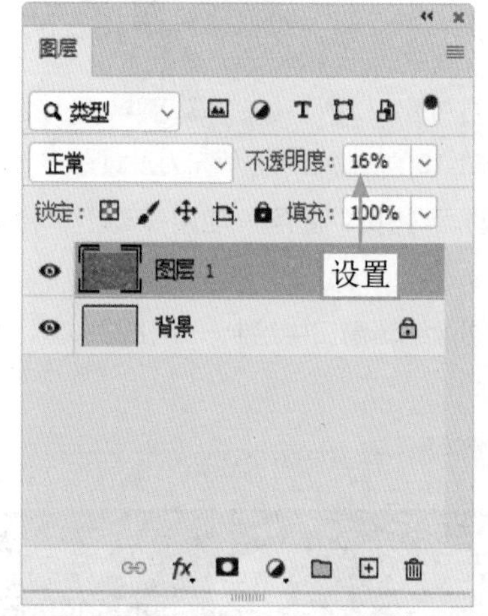

图21-8 面板与图像效果

21.2.2 制作封面岩石图像

岩石通常被视为历经岁月沧桑的象征，将其添加到封面上可以传达出关于人生经历丰富、沉淀的感觉，强调人生的稳重和深度。下面介绍处理封面岩石图像的操作方法。

STEP 01 ▶▶ 打开“岩石.psd”素材图像，使用“移动工具”将素材图像拖曳至书籍包装图像编辑窗口中，适当调整图像的位置，效果如图21-9所示。

STEP 02 ▶▶ 在“图层”面板中，设置“混合模式”为“正片叠底”、“不透明度”为70%，调整图像的效果，如图21-10所示。

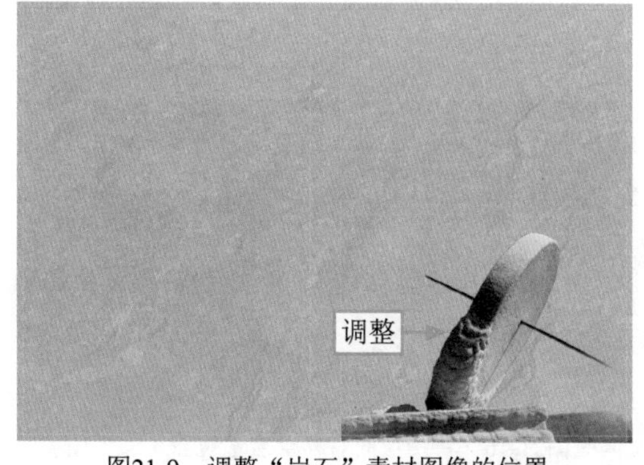

图21-9 调整“岩石”素材图像的位置

图21-10 调整图像的效果

STEP 03 ▶▶ 打开“样式.psd”素材图像，使用“移动工具”将素材图像拖曳至书籍包装图像编辑窗口中，适当调整图像的位置，效果如图21-11所示。

STEP 04 ▶▶ 新建“图层4”图层，选择“矩形选框工具”，在“样式.psd”图像下方绘制一个长条矩形选区，填充为淡黄色（RGB值分别为234、226、184），效果如图21-12所示。

图21-11 调整“样式”素材图像的位置

图21-12 绘制选区并填充为淡黄色

STEP 05 ▶▶ 按Ctrl+J组合键，复制“图层4”图层，得到“图层4拷贝”图层，使用移动工具将图像移至“样式.psd”素材图像的上方，效果如图21-13所示。

STEP 06 ▶▶ 新建“图层5”图层，使用“椭圆选框工具”在图像编辑窗口中绘制一个正圆选区，并填充为蓝绿色（RGB值分别为71、118、135），效果如图21-14所示。

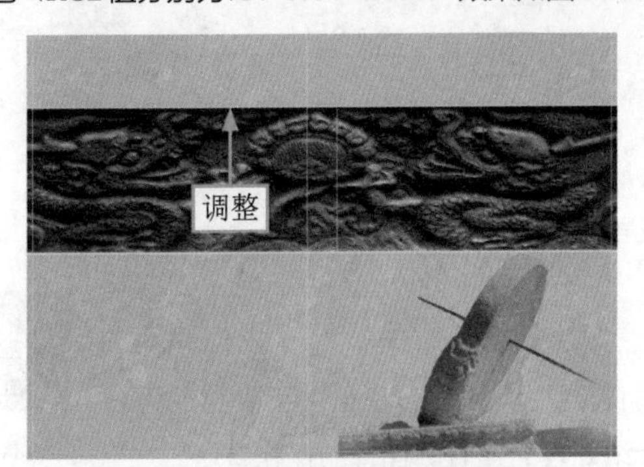

图21-13 调整图层中图像的位置

图21-14 填充选区

STEP 07 ▶▶ 按Ctrl+J组合键5次，对正圆图像进行复制操作，并将图像移至合适位置，如图21-15所示，然后合并所有正圆对象的图层，重命名为“图层5”图层。

STEP 08 ▶▶ 按Ctrl+J组合键，复制“图层5”图层，得到“图层5拷贝”图层，并将图像向右移至合适位置，效果如图21-16所示。

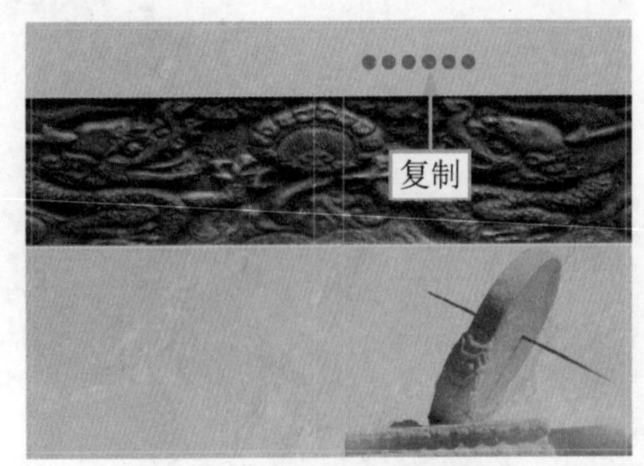

图21-15 复制并移动图像位置

图21-16 将图像向右移至合适位置

21.2.3 制作封面文字效果

封面文字可以直接传达书籍的主题，突出作者的名字，有助于建立作者或书籍的品牌形象，帮助读者更全面地了解书籍。下面介绍制作封面文字效果的操作方法。

STEP 01 选择工具箱中的横排文字工具，选择“窗口”|“字符”命令，在弹出的“字符”面板中设置字体类型，然后设置“字体大小”为90点、“颜色”为暗红色（RGB值分别为124、24、29），输入书名并调整至合适位置，效果如图21-17所示。

STEP 02 双击“人生百年”文字图层，弹出“图层样式”对话框，选中“描边”复选框，设置“大小”为10像素、“位置”为“外部”、“颜色”为白色，单击“确定”按钮，为文字添加描边效果，如图21-18所示。

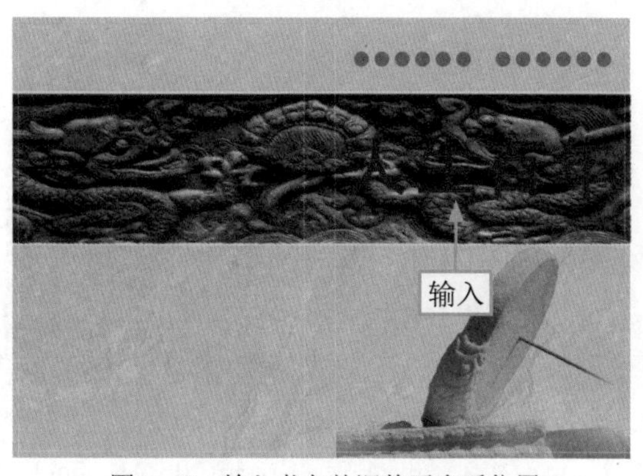

图21-17 输入书名并调整至合适位置

图21-18 为文字添加描边效果

STEP 03 选择横排文字工具，设置字体类型，然后设置“字体大小”为15点、“颜色”为白色，在书名右下角输入相应文本内容，为其添加暗红色（RGB值分别为124、24、29）描边效果，如图21-19所示。

STEP 04 使用同样的方法，在书名上方的合适位置输入相应文本内容，并设置字体格式，效果如图21-20所示。

图21-19 为文本添加暗红色描边效果

图21-20 输入相应文本内容

STEP 05 打开“文字.psd”素材图像，使用“移动工具”将文字素材拖曳至书籍包装图像编辑窗口中，适当调整文字的位置，效果如图21-21所示。

图21-21 调整文字的位置

21.2.4 制作封面立体效果

书籍的立体效果能使图书封面看起来更具深度和层次感，整体设计也更加生动和立体，能营造出特殊的氛围，增加封面的吸引力。下面介绍制作封面立体效果的操作方法。

STEP 01 打开"书籍封面立体效果.psd"素材图像，如图21-22所示。

STEP 02 确认"第21章 书籍包装：制作《人生百年》.psd"为当前图像编辑窗口，按Ctrl＋Alt＋Shift＋E组合键，盖印图层，得到"图层6"图层，选择矩形选框工具，在图像编辑窗口中绘制一个矩形选区，如图21-23所示。

图21-22 打开素材图像

图21-23 绘制矩形选区

STEP 03 按Ctrl＋C组合键复制图像；切换至"书籍封面立体效果.psd"图像编辑窗口中，按Ctrl＋V组合键粘贴复制的图像，调整图像的大小和位置，效果如图21-24所示。

STEP 04 选择"编辑"|"变换"|"缩放"命令，调出变换控制框，在右侧中间的控制柄上按住鼠标左键向左拖曳，缩放图像，如图21-25所示。

STEP 05 在变换控制框内单击鼠标右键，在弹出的快捷菜单中选择"扭曲"命令，分别调整右上角和右下角的控制柄，对图像进行扭曲变形操作，效果如图21-26所示。

STEP 06 使用同样的方法，对书脊进行"缩放"和"扭曲"操作，并调整至合适位置，效果如图21-27所示。

图21-24　调整图像的大小和位置

图21-25　对图像进行缩放操作

图21-26　对图像进行扭曲变形操作

图21-27　调整书脊至合适位置

STEP 07 ⋙ 按Ctrl＋M组合键，弹出“曲线”对话框，设置各选项，如图21-28所示。

STEP 08 ⋙ 单击“确定”按钮，调整曲线后的图像效果如图21-29所示。

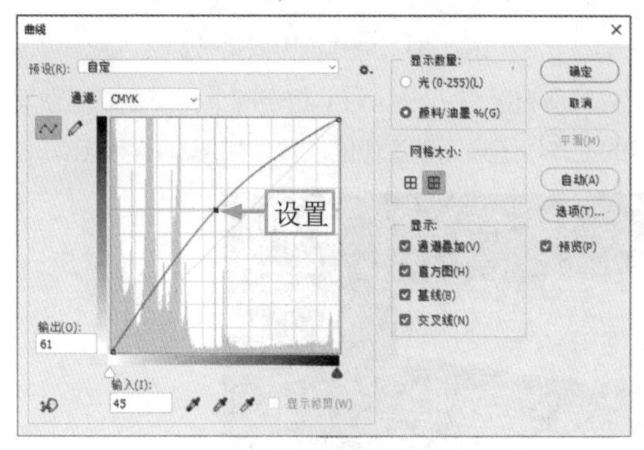

图21-28　设置选项

图21-29　调整曲线后的图像

STEP 09 ⋙ 打开“书籍阴影.psd”素材图像，使用“移动工具”将素材图像拖曳至“书籍封面立体效果.psd”图像编辑窗口中，适当调整图像的位置，效果如图21-30所示。

STEP 10 ⋙ 在“图层”面板中，复制“图层1”图层，得到“图层1 拷贝”图层。按Ctrl＋T组合键，调出变换控制框，单击鼠标右键，在弹出的快捷菜单中选择“垂直翻转”命令，垂直翻转图像，再适当调整图像的位置，在控制框内单击鼠标右键，在弹出的快捷菜单中选择“斜切”命令，将鼠标指针移至右侧的控制点上，按住鼠标左键向上拖曳，对图像进行斜切操作，按Enter键确认，效果如图21-31所示。

图21-30　调整图像的位置

图21-31　对图像进行斜切操作

STEP 11 为“图层1 拷贝”添加图层蒙版，使用渐变工具从下至上填充黑白线性渐变色，制作出倒影效果，如图21-32所示。

STEP 12 复制“图层2”图层，得到“图层2 拷贝”图层，使用同样的操作方法，对图像进行垂直翻转和斜切操作，利用图层蒙版制作出倒影效果，如图21-33所示。

图21-32　制作倒影效果（1）

图21-33　制作倒影效果（2）

STEP 13 在“图层”面板中，复制除“背景”图层外的所有图层，按Ctrl+G组合键，将所复制的图层进行编组，得到“组1”组，将“组1”组调至“背景”图层的上方，适当调整图像的位置，如图21-34所示。

图21-34　调整图像的位置

STEP 14 ▶ 合并“组1”组，得到“组1”图层，使用多边形套索工具创建一个合适的多边形选区，按Delete键删除选区内的图像，效果如图21-35所示。至此，完成《人生百年》书籍包装效果的制作。

图21-35　最终效果

第22章 手提袋包装：《房产广告》

包装设计具有很强的实用性与技术性，集科学性与艺术性为一体，二者相得益彰，缺一不可，包装由商标、文字、色彩、图形、结构几大要素构成，包装袋本身是由几个面组合而成的，每一个局部面都是不可分割的。本章主要介绍制作《房产广告》手提袋的操作方法。

22.1 《房产广告》效果展示

手提袋上的房产广告是一种常见的品牌推广手段，它可以通过在手提袋上印刷品牌标识、广告信息或宣传语，将房地产的品牌形象地传达给消费者。手提袋本身是一种流动的广告媒介，高质量的印刷和设计能够提升品牌的形象，吸引消费者。

在制作《房产广告》效果之前，我们首先来欣赏本案例的图像效果，并了解案例的学习目标、制作思路、知识讲解和要点讲堂。

22.1.1 效果欣赏

《房产广告》的效果如图22-1所示。

图22-1 《房产广告》效果

22.1.2 学习目标

知识目标	掌握《房产广告》的制作方法
技能目标	（1）掌握制作手提袋背景效果的操作方法 （2）掌握制作手提袋文字效果的操作方法 （3）掌握制作手提袋立体效果的操作方法 （4）掌握制作手提袋倒影效果的操作方法
本章重点	制作手提袋立体效果
本章难点	制作手提袋倒影效果
视频时长	15分03秒

22.1.3 制作思路

本案例首先介绍了制作手提袋背景效果的方法，在手提袋上添加相应的Logo与广告文字，然后制作手提袋的立体与倒影效果。图22-2所示为《房产广告》的制作思路。

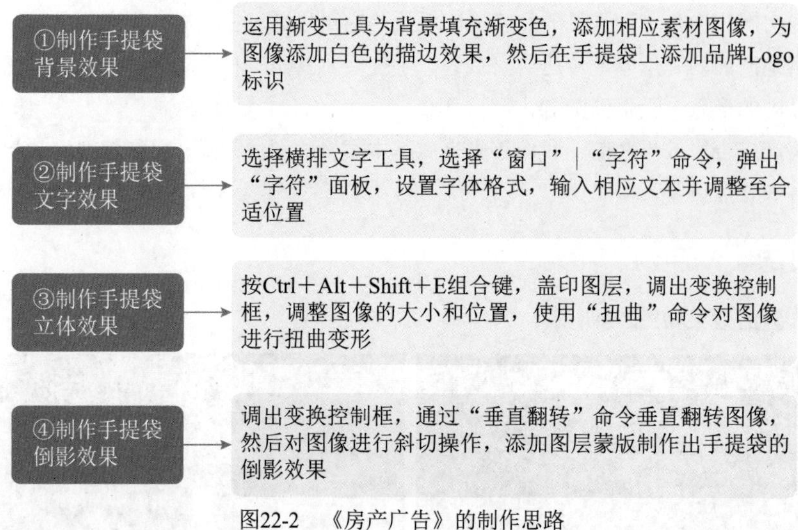

图22-2 《房产广告》的制作思路

22.1.4 知识讲解

手提袋包装既是商品携带工具，又是品牌传播媒介，手提袋上的广告内容包括品牌标识、宣传语、产品信息以及相关的推广活动等，通过独特的设计，手提袋本身成为行走的广告，提升了品牌的知名度。本案例主要介绍使用渐变工具、“描边”图层样式、横排文字工具、“扭曲”命令以及钢笔工具等制作《房产广告》效果。

22.1.5 要点讲堂

为了制作出相应的图像效果，使图像与整体画面和谐统一，在本章内容中用到了变换图像的相关功能，如“扭曲”与“斜切”功能。使用“扭曲”功能，可以对图像进行扭曲变形操作；使用“斜切”功能可以对图像进行斜切操作，该操作类似于扭曲操作，不同之处在于扭曲变换状态下，变换控制框中的控制柄可以按任意方向移动，而在斜切操作状态下，控制柄只能在变换框边线所定义的方向上移动。

22.2 《房产广告》制作流程

本节将为读者介绍制作《房产广告》的操作方法，包括制作手提袋的背景效果、文字效果、立体效果以及倒影效果等内容。

22.2.1 制作手提袋背景效果

扫码看视频

下面主要介绍使用“渐变工具”■与“描边”图层样式等，制作出手提袋包装的背景效果，具体操作步骤如下。

STEP 01 ▶▶ 选择“文件”|“新建”命令，弹出“新建文档”对话框，设置“名称”为“第22章 手提袋包装：《房产广告》”、“宽度”为593像素、“高度”为768像素、“分辨率”为150像素/英寸、“背景内容”为“白色”，如图22-3所示。

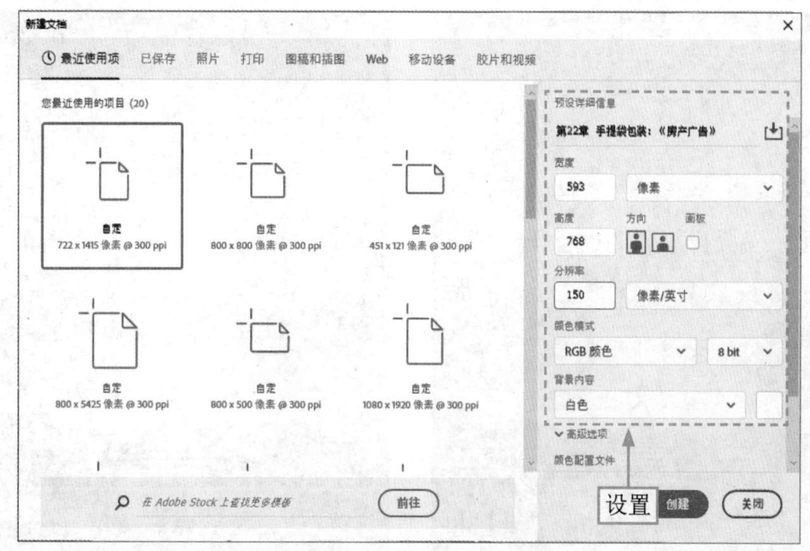

图22-3 新建文档并设置参数

STEP 02 ▶▶ 单击“创建”按钮，新建一个空白图像，选择工具箱中的“渐变工具”，在工具属性栏中设置“对当前图层应用渐变”为“经典渐变”，单击右侧的渐变条，弹出“渐变编辑器”对话框，设置从青绿色（RGB值分别为0、126、128）到深绿色（RGB值分别为0、63、64）的渐变色，如图22-4所示，单击“确定”按钮。

STEP 03 ▶▶ 新建“图层1”图层，在工具属性栏中单击“径向渐变”按钮，将鼠标指针移至图像编辑窗口中的合适位置，按住鼠标左键从中间向下方拖曳，至合适位置后释放鼠标左键，即可填充渐变色，效果如图22-5所示。

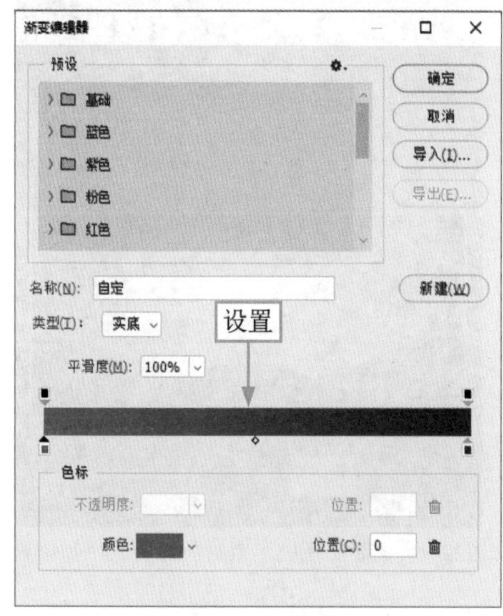

图22-4 设置渐变色

图22-5 新建图层并填充渐变色

STEP 04 ▶▶ 打开“封面.jpg”素材图像，使用“移动工具”✥将素材图像拖曳至房产广告图像编辑窗口中，适当调整图像的大小和位置，效果如图22-6所示。

STEP 05 ▶▶ 双击“图层2”图层，弹出“图层样式”对话框，选中“描边”复选框，设置“大小”为3像素、“位置”为“外部”、“颜色”为白色，单击“确定”按钮，为图像添加描边效果，如图22-7所示。

图22-6　调整“封面”素材图像的大小和位置

图22-7　为图像添加描边效果

STEP 06 ▶▶ 打开“标识.psd”素材图像，使用“移动工具”✥将素材图像拖曳至房产广告图像编辑窗口中，适当调整图像的大小和位置，效果如图22-8所示。

STEP 07 ▶▶ 打开“钥匙.psd”素材图像，使用“移动工具”✥将素材图像拖曳至房产广告图像编辑窗口中，适当调整图像的大小和位置，效果如图22-9所示。

图22-8　调整“标识”素材图像的大小和位置

图22-9　调整“钥匙”素材图像的大小和位置

22.2.2 制作手提袋文字效果

下面主要介绍使用横排文字工具与“字符”面板，制作出手提袋包装的文字效果，具体操作步骤如下。

STEP 01 选择工具箱中的“横排文字工具”T，选择“窗口”|“字符”命令，在弹出的“字符”面板中设置字体类型，然后设置“字体大小”为14点、“颜色”为棕色（RGB值分别为177、145、103），输入相应文本并调整至合适位置，效果如图22-10所示。

STEP 02 使用横排文字工具选中“幸福之城”文字，设置字体类型，然后设置“字体大小”为10点，按Ctrl＋Enter组合键确认操作，效果如图22-11所示。

图22-10　输入文本（1）

图22-11　更改文本字体格式

STEP 03 选择工具箱中的横排文字工具，设置“字体”为“黑体”、“字体大小”为24点、“颜色”为白色，输入相应文本并调整至合适位置，效果如图22-12所示。

STEP 04 打开“文字.psd”素材图像，使用“移动工具”将文字素材拖曳至房产广告图像编辑窗口中，适当调整文字的位置，效果如图22-13所示。

图22-12　输入文本（2）

图22-13　调整文字的位置

22.2.3　制作手提袋立体效果

下面需要先对所有图层进行盖印，然后使用“扭曲”命令、钢笔工具以及“描边”命令等，制作出手提袋包装的立体效果，具体操作步骤如下。

STEP 01 选择“文件”|“打开”命令，打开“手提袋立体背景.psd”素材图像，如图22-14所示。

STEP 02 确认“第22章　手提袋包装：《房产广告》”为当前图像编辑窗口，按Ctrl＋Alt＋Shift＋E组合键，盖印图层，得到“图层5”图层，如图22-15所示。

图22-14　打开素材图像

图22-15　盖印图层

STEP 03 使用移动工具将素材图像移至“手提袋立体背景”图像编辑窗口中，此时“图层”面板中将自动生成“图层1”图层，如图22-16所示。

STEP 04 按Ctrl＋T组合键，调出变换控制框，拖曳图像四周的控制柄，调整图像的大小和位置，再按Enter键确认变换，效果如图22-17所示。

图22-16　自动生成“图层1”图层

图22-17　调整图像的大小和位置

STEP 05 选择“编辑”|“变换”|“扭曲”命令，调出变换控制框，依次向下和向上拖曳右上角和右下角

的控制柄，扭曲图像，按Enter键确认变换操作，效果如图22-18所示。

STEP 06 打开“手提袋侧面.psd”素材图像，使用“移动工具”将素材图像拖曳至“手提袋立体背景”图像编辑窗口中，适当调整图像的位置，效果如图22-19所示。

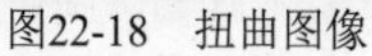
图22-18　扭曲图像

图22-19　调整图像的位置

STEP 07 展开“图层”面板，在“背景”图层上方新建“图层3”图层，选择工具箱中的钢笔工具，在图像编辑窗口中创建一条曲线路径，如图22-20所示。

STEP 08 按Ctrl＋Enter组合键，将路径转换为选区，如图22-21所示。

图22-20　创建一条曲线路径

图22-21　将路径转换为选区

STEP 09 选择“编辑”|“描边”命令，弹出“描边”对话框，设置“宽度”为3像素、“颜色”为白色，单击“确定”按钮，即可描边选区，并取消选区，效果如图22-22所示。

STEP 10 复制“图层3”图层，得到“图层3 拷贝”图层，移动图像至合适位置，效果如图22-23所示。

图22-22 描边选区并取消选区

图22-23 移动图像至合适位置

22.2.4 制作手提袋倒影效果

下面主要使用“斜切”命令、图层蒙版、编组以及多边形套索工具等，制作出手提袋包装的倒影效果，具体操作步骤如下。

STEP 01 在“图层”面板中，复制“图层1”图层，得到“图层1 拷贝”图层。按Ctrl＋T组合键，调出变换控制框，单击鼠标右键，在弹出的快捷菜单中选择“垂直翻转”命令，垂直翻转图像，再适当调整图像的位置，效果如图22-24所示。

STEP 02 在控制框内单击鼠标右键，在弹出的快捷菜单中选择“斜切”命令，将鼠标指针移至右侧的控制点上，单击鼠标左键向上拖曳，对图像进行斜切操作，按Enter键确认，效果如图22-25所示。

图22-24 调整图像的位置

图22-25 对图像进行斜切操作

STEP 03 为“图层1 拷贝”添加图层蒙版，使用渐变工具从下至上填充黑白线性渐变色，制作出倒影效果，如图22-26所示。

STEP 04 ▶▶ 复制“图层2”图层，得到“图层2 拷贝”图层，使用同样的操作方法，对图像进行垂直翻转和移动操作，效果如图22-27所示。

图22-26 为“图层1拷贝”添加图层蒙版

图22-27 垂直翻转和移动操作

STEP 05 ▶▶ 对图像进行斜切操作，将其调整至合适位置，按Enter键确认，效果如图22-28所示。

STEP 06 ▶▶ 为“图层2 拷贝”添加图层蒙版，使用渐变工具从下至上填充黑白线性渐变色，制作出倒影效果，效果如图22-29所示。

图22-28 对图像进行斜切操作

图22-29 为“图层2拷贝”添加图层蒙版

STEP 07 ▶▶ 在“图层”面板中，复制除“背景”图层以外的所有图层，按Ctrl+G组合键，将所复制的图层进行编组，得到“组1”组，将“组1”组调至“背景”图层的上方，根据需要对图像进行等比例缩小，然后适当调整图像的位置，按Ctrl+H组合键，隐藏辅助线，效果如图22-30所示。

STEP 08 ▶▶ 复制“组1”组，得到“组1 拷贝”组，合并“组1 拷贝”组，得到“组1拷贝”图层，隐藏“组1”组，为“组1拷贝”添加图层蒙版，使用多边形套索工具创建一个合适的多边形选区，为选区填充黑色，隐藏选区内的图像，效果如图22-31所示。至此，完成《房产广告》手提袋包装效果的制作。

图22-30 调整图像的位置

图22-31 最终效果